干旱区生态安全与可持续发展全国重点实验室丛书

高寒荒漠地区太阳能电站与生态环境协同发展技术及专利分析

柳本立　任　珩　等　著

本书研究获国家重点研发计划课题"青藏高原大规模太阳能风能发电系统与生态环境协同设计技术"（2022YFB4202102）支持

科学出版社

北京

内 容 简 介

本书详细介绍了光伏发电的关键技术，包括光伏电站选址规划、器件设计、材料选择和电站效益评估等方面；深入分析了光伏电站与青藏高原等高寒荒漠地区特殊生态环境的协同关系，探讨了电站对生态环境的影响以及生态环境对电站运行的影响，并提出了常用的防护措施；对国内外光伏发电相关专利技术态势进行了分析，揭示了太阳能领域的技术发展趋势和竞争态势，并提出了布局建议。

本书可供从事光伏发电产品开发、光伏系统精细设计、高效运维等领域的科研工作者、教学人员、政府部门工作人员参考，也可作为高等院校相关专业学生的学习参考用书。

审图号：GS 京（2025）0939 号

图书在版编目（CIP）数据

高寒荒漠地区太阳能电站与生态环境协同发展技术及专利分析 /
柳本立等著 . -- 北京：科学出版社，2025. 5. -- ISBN 978-7-03-
081910-9

Ⅰ. TM615；X321. 2

中国国家版本馆 CIP 数据核字第 2025EF6760 号

责任编辑：林　剑 / 责任校对：樊雅琼
责任印制：赵　博 / 封面设计：无极书装

科学出版社 出版
北京东黄城根北街 16 号
邮政编码：100717
http://www.sciencep.com

北京市金木堂数码科技有限公司印刷
科学出版社发行　各地新华书店经销
*
2025 年 5 月第 一 版　开本：720×1000　1/16
2025 年 10 月第二次印刷　印张：12 3/4
字数：270 000
定价：158.00 元
（如有印装质量问题，我社负责调换）

序　言

在全球变化与能源结构转型的双重背景下，我国北方荒漠和青藏高原等地区光伏电站的规模化开发已成为实现"双碳"目标的核心路径之一。然而，这些生态脆弱区的特殊自然条件——包括极端气候、脆弱土壤、稀缺水资源及独特的生物多样性——使得光伏开发与生态保护的矛盾尤为突出。《高寒荒漠地区太阳能电站与生态环境协同发展技术及专利分析》一书，恰逢其时地为这一领域提供了系统性解决方案，其研究深度与创新视角令人瞩目。

该书清楚地阐述了太阳能转化利用技术的背景、光伏发电的核心技术、光伏电站与特殊生态环境的协同关系，并对高寒荒漠地区光伏电站及其水资源循环利用、积尘清洁等关键技术的专利发展态势、主要技术领域和申请人、专利技术领域等进行了详细分析，尤为可贵的是指出了电站选址规划、器件性能设计、风沙防治、生态效益提升、电站效益评价等方面的专利布局和空白领域，能够帮助行业人士掌握光伏技术的发展方向。

作为首部聚焦高寒荒漠区光伏-生态协同发展的专著，本书兼具学术严谨性与工程实用性，突破了传统能源开发的单一视角，将生态学、材料科学、知识产权战略等多学科深度融合。期待该书的出版能激发更多学者、企业及政策制定者关注这一议题，共同推动清洁能源与生态文明的共赢发展。

唐建字

2025 年 5 月 5 日

前　言

本书系统探讨了太阳能转化利用技术，深入剖析了光伏与光热发电的核心关键技术，并结合光伏电站在荒漠、高寒等特殊生态环境下的相互作用与影响，全面梳理了相关专利技术的发展态势与布局，为太阳能发电领域的研究与应用提供了学术支撑与创新建议。其学术价值和意义主要体现在以下几个方面：

首先，本书系统地探讨了太阳能转化利用技术的背景与发展，涵盖了光伏发电、光热发电及其他太阳能利用技术，结合中国太阳能资源的分布情况，为相关技术的推广和应用提供了科学依据。这部分内容为研究人员和技术开发者提供了全面的知识基础，有助于推动太阳能领域的持续创新和技术进步。

其次，本书详细介绍了光伏发电的关键技术，包括光伏电站选址规划、器件设计、材料选择和电站效益评估等方面。这些内容不仅有助于提高光伏发电的效率和经济性，还为光伏项目的开发和运营提供了实用指导，具有重要的应用价值。

再次，本书深入分析了光伏电站与特殊生态环境的协同关系，探讨了电站对生态环境的影响以及生态环境对电站运行的影响，并总结了常用的防护措施。这部分研究对推动光伏电站在生态敏感地区的可持续发展具有重要的指导意义，为生态保护与能源开发的协同发展提供了理论支持。

继次，本书的专利技术态势分析及布局建议部分，通过对荒漠、高寒地区光伏电站及光伏电站水资源循环再利用技术和积尘清洁技术的专利数据进行系统分析，揭示了太阳能领域的技术发展趋势和竞争态势。这些分析结果为科研机构、企业和政府制定专利策略、布局技术创新提供了参考。

最后，本书的总结与建议部分结合前文的分析，提出了专利布局的具体建议，具有较强的前瞻性和战略性。这些建议不仅能帮助研究人员更好地把握太阳能技术的发展方向，也为光伏电站的规划和建设提供了科学指导，推动太阳能产业的可持续发展。

在本书写作过程中，编写人员进行了大量的资料整理和分析工作，对于本书的完成至关重要。第 1 章由任珩、刘倩汝完成，第 2 章由刘倩汝、任珩完成，第 3 章由柳本立、郝凯利完成，第 4 章和第 5 章由陈文娟、刘倩汝完成，第 6 章由刘倩汝、陈文娟完成。本书总体框架由任珩设计完成，刘倩汝和陈文娟负责统稿，柳本立担任主审。

本书对于高寒荒漠地区太阳能电站与生态环境协同发展技术现状及专利导航分析的研究是探索性的，希望藉此能够推动相关领域更加深入地探索与实践，以促进区域产业结构升级和产业发展，这也是本书出版的初衷。本书不足之处，敬请专家批评指正。

柳本立　任　珩

2025 年 1 月于兰州

目 录

第1章 太阳能转化利用

太阳能转化利用是将太阳辐射能直接转换为可用能源的过程，是可再生能源领域的重要组成部分。这一过程主要通过多种技术手段实现，旨在减少对传统化石燃料的依赖，促进环境可持续发展。

太阳能转化主要有两大途径：光热转换和光电转换。光热转换利用集热器吸收太阳辐射，将其转换为热能，用于供暖、热水供应及工业蒸汽等领域。这种技术成熟度高，应用广泛。光电转换则通过太阳能电池板（光伏电池）将太阳光直接转换为电能。光伏技术近年来发展迅速，效率不断提高，成本持续下降，使得光伏发电在全球范围内得到广泛应用。从屋顶光伏系统到大型地面电站，光伏发电已成为可再生能源发电的主力军之一。此外，太阳能还可以通过光化学转换和光生物转换等方式被利用，尽管这些技术目前尚处于研发或示范阶段，但它们在未来能源体系中具有巨大潜力。

太阳能转化利用技术多样，应用广泛，对于推动能源结构转型、实现碳中和目标具有重要意义。随着技术的不断进步和成本的进一步降低，太阳能将成为未来能源体系中的核心力量。

本章系统地探讨了太阳能转化利用技术的背景与发展现况，涵盖了光伏发电、光热发电及其他太阳能利用技术，结合中国太阳能资源的分布情况，为相关技术的推广和应用提供科学依据。

1.1 太阳能转化利用技术背景和意义

太阳通过电磁波的形式向宇宙辐射能量，这种能量称为太阳辐射能，通常简称为太阳能。广义上，太阳能是指太阳内部氢原子通过核聚变产生巨大能量，并以辐射的形式释放到外太空的能量。当前人类对这种能量的主要应用领域包括光伏发电和光热利用。太阳能是主要的可再生能源之一，具有来源广泛、清洁无污染、可持续利用等优点。据统计，地球表面每平方米每年的太阳辐射能相当于200t 标准煤的热量。

21 世纪以来，工业部门的迅猛发展和人口的不断增加，全球能源需求呈现出急剧上升的趋势。传统化石燃料的使用会产生二氧化碳和其他污染物，造成环境污染，并且资源量有限。因此，必须开发利用可再生能源和通过相关技术来满足不断增长的能源需求，新能源的开发和利用已经成为当今世界能源领域重要的研究课题。作为一种前景广阔的清洁能源，太阳能相比于其他可再生能源具有较少的地理限制优点，可以在全球大部分地区开发利用。

能源问题关系到我国经济发展、国家安全和社会稳定，能源的可持续发展是支持经济社会可持续发展的关键任务。2021 年，中共中央和国务院联合发布的《关于完整准确全面贯彻新发展理念做好碳达峰碳中和工作的意见》，明确提出要加快构建清洁、低碳、安全且高效的能源体系。文件中强调，必须积极推进非化石能源的发展，实施可再生能源替代行动，以提升非化石能源在总能源消费中的占比。重点推动风能、太阳能、生物质能、海洋能和地热能的发展，不断扩大其在能源结构中的份额[①]。

"双碳"目标的提出为太阳能等清洁能源产业的发展带来了前所未有的战略机遇，预示着未来在这方面将会有更多的政策支持和技术创新。作为新能源产业中发展较为成熟的一部分，太阳能产业为实现我国的"双碳"目标方面发挥关键的作用。2021 年，我国的太阳能发电装机容量达到约 3.1 亿 kW，同比增长 20.9%。这种快速增长不仅表明了太阳能产业的巨大潜力，也反映了国家在推动清洁能源发展方面的坚定决心。通过不断的努力和发展，太阳能产业将为我国实现碳达峰和碳中和目标提供坚实的保障，并推动全球能源结构的绿色转型。

太阳能技术在多个领域展现出巨大的潜力，特别是在绿色氢能、液态阳光甲醇和太阳能发电等方面。目前，太阳能的规模化利用主要集中在光伏发电领域。光伏发电产业链覆盖了从上游的原材料生产到下游的系统集成与安装的各个环节。在上游环节，原材料的生产是关键步骤，包括硅矿石和高纯度硅料的开采、提炼和生产。这一环节涵盖了冶金硅提纯、多晶硅提纯以及单晶和多晶硅片的加工与切割等工艺。通过这些过程，生产出适合光伏电池制造的高纯度硅材料。中游环节是光伏产业链的技术核心，主要涉及单晶和多晶硅电池片的制造。单晶硅电池和多晶硅电池的生产需要精细的工艺和高精度的设备。此外，还包括光伏电池组件的生产与组装，这些组件包括晶硅组件和薄膜光伏组件。组件的质量和性能直接影响到光伏发电的效率和稳定性。下游环节主要是系统集成与安装，这一部分是实现光伏发电实际应用的重要环节，包括太阳能并网发电工程、太阳能电池组件的生产及安装、光伏建筑一体化等。太阳能并网发电工程将光伏电池组件产生的电能输送到电网，实现电力的广泛应用。光伏建筑一体化将光伏组件集成

---

① 资料来源：https://www.gov.cn/zhengce/2021-10/24/content_5644613.htm。

到建筑结构中，实现建筑物自身供电，同时减少对传统能源的依赖①。

我国西北荒漠及青藏高原地区面积广阔，光照条件非常优越，是全国太阳能辐射量最高的区域之一，可以充分利用丰富的太阳能资源，为电网提供稳定的清洁能源。除了自然条件优越外，政策和科技创新也为西北荒漠及青藏高原地区新能源产业的发展提供强有力的支持。近年来，国家高度重视可再生能源的发展，出台了一系列支持政策，为西北荒漠及青藏高原地区的新能源产业发展提供了宝贵的政策红利。例如，对光伏发电、风电和水电等可再生能源项目给予财政补贴、税收优惠等措施，大大降低了项目投资成本，加速了可再生能源的开发利用。在科技创新方面，西北荒漠及青藏高原地区的能源企业不断加大技术研发投入，积极引进和推广新技术，提高能源产业的核心竞争力。例如，部分企业采用了先进的太阳能电池板技术，提高了光电转换效率，使得光伏发电站的成本不断降低。西北荒漠及青藏高原地区新能源产业的发展不仅为我国能源安全提供了有力保障，也为实现能源绿色发展作出了积极贡献。在"十四五"期间，西北荒漠及青藏高原地区将继续加大新能源产业投资力度，加快推进可再生能源的开发利用，力争在全国能源结构调整和绿色发展中发挥更加重要的作用。同时，西北荒漠及青藏高原地区还将以能源产业为依托，通过建设大型能源项目和引入相关产业链，带动当地就业和相关产业的发展，推动区域经济的快速发展。此外，能源产业的发展也将助力西北荒漠及青藏高原地区的乡村振兴工作，为当地农民和企业提供更多创收机会，推动乡村振兴和区域均衡发展。

1.2 太阳能转化利用技术

1.2.1 太阳能光伏发电技术

太阳能光电转化技术是一种能够将太阳能直接转化为电能的技术，其基本原理是通过光子与电子的相互作用来实现电能的产生。光伏发电系统主要由太阳能电池板、逆变器和电池储能装置等组件构成②。

光伏发电具有诸多优点，具体体现在以下几个方面：第一，光伏发电过程中不会产生温室气体和污染物排放，这显著减少了对大气的污染和对气候变化的负面影响。通过采用光伏技术发电，能够有效降低二氧化碳和其他有害气体的排放，助力环境保护和气候变化的缓解。第二，太阳能作为一种取之不尽、用之不

---

① 王阳. 太阳能光伏产业技术分析报告 [J]. 高科技与产业化, 2019 (7): 38-43.
② 陈雪. 太阳能聚焦 3D 打印系统设计及 PLA 熔丝打印工艺研究 [D]. 上海: 东华大学, 2023.

竭的能源，具有储量丰富且分布广泛的特点。利用光伏发电技术，能够持续地将太阳能转化为电能，从而减少对有限的化石燃料资源的依赖，推动可持续发展的实现。第三，光伏发电系统具有灵活的安装特性，可以布置在屋顶、农田、沙漠等多种地点。这样的分散式布局使得能源生产与消费更加接近，从而有效减少了输电过程中的能量损耗和大规模能源传输所带来的成本问题。此外，光伏发电的广泛应用还促进了能源的去中心化，提高了能源供应的稳定性和可靠性，使得电力系统更加具有弹性和多样化。第四，虽然光伏发电技术的初期投资较高，但随着技术的不断进步和生产规模的扩大，发电成本逐渐降低，使光伏发电变得更加经济和可行。近年来，光伏组件和系统的制造成本显著下降，再加上政府和市场的支持，使得光伏发电在经济上逐渐具备了竞争力，成为一个具有长期优势的能源解决方案。综上所述，光伏发电不仅在环境保护和资源利用方面具有显著优势，还通过灵活的部署方式和日益降低的成本，展现出极大的经济潜力和发展前景。光伏技术的广泛应用和不断创新，将在全球能源转型和可持续发展中发挥重要作用①。

与传统能源相比，光伏发电在经济上展现出显著的长期优势。光伏发电能够提供更加稳定和可持续的能源供应，从而有效降低能源成本，推动经济的持续发展。通过利用太阳能这一取之不尽的自然资源，光伏发电可减小对化石燃料的依赖，降低了能源价格波动带来的风险，为经济增长提供了更可靠的保障。光伏发电在全球范围内的应用已经显示出其强大的潜力和影响力。目前，光伏发电的并网装机容量占据了超过99.8%的太阳能发电并网装机总容量，成为太阳能发电技术中的主要力量。然而，光伏发电在实际应用中仍面临一定的局限性。首先，光伏板的发电效率通常在20%左右，光电转化效率相对较低。为了获得足够的电力，需要安装更多的太阳能电池板，这无形中增加了成本。其次，光伏发电的效能受日照时长的影响较大，在日照不足的地区，其发电能力会有所限制。因此，在推动光伏发电技术发展的过程中，应重点关注如何有效减少能源和成本的浪费。例如，通过技术创新和效率提升来降低成本，通过改进储能技术来提高光伏系统的稳定性和可靠性。同时，要尽量避免对环境的不良影响，以促进光伏发电技术的更广泛应用和持续发展。通过这些努力，光伏发电不仅能够在经济上具有竞争力，还能够在环境保护和资源利用方面发挥重要作用。未来，随着技术的不断进步和政策的持续支持，光伏发电有望在全球能源结构中占据更加重要的地位，推动绿色能源的广泛应用，实现人类社会可持续发展的目标。

---

① 唐志超，李祖有，王周毅．光伏发电技术的应用研究［J］．光源与照明，2024（2）：132-134.

1.2.2 太阳能光热发电技术

太阳能热发电技术，又称聚焦型太阳能热发电，是一种利用反射镜或透镜将大面积的太阳光集中到较小集光区的技术。通过光学原理，阳光在集光区内汇聚并产生高温，加热工质形成高温高压蒸汽，进而驱动汽轮机发电。该技术首先将太阳能转化为热能，再通过热机（如蒸汽涡轮发动机）将热能转化为电能。太阳能光热发电具有环境友好、可再生、高效等显著优势，是一种极具发展潜力的清洁能源技术，为未来能源结构的优化提供了重要方向。

太阳能光热发电技术根据太阳能集热方式的不同，可以将发电系统分为塔式、槽式、线性菲涅尔和碟式四种类型。聚光比在发电过程中起着至关重要的作用，聚光比越大，集热温度越高，系统的发电效率提升空间也越大。在这四种光热发电类型中，碟式的聚光比最大，塔式次之，槽式和线性菲涅尔的聚光比相对较小。

塔式聚光太阳能热发电（Concentrated Solar Power，CSP）系统，也被称为点式聚光集热系统，利用大型太阳跟踪镜（定日镜）阵列，将太阳辐射能反射并聚焦到位于塔顶的吸热器上，使传热介质被加热，从而实现光能向热能的转换。然后，通过热力循环系统，将传热介质的热能转化为 540 ~ 560℃ 的水蒸气动能，驱动汽轮机组带动发电机发电。塔式 CSP 技术被认为是最具商业前景的热发电技术之一。美国能源部指出，塔式 CSP 技术的聚光倍率较高，通常可达到 300 ~ 1000 的聚光比，使中心塔顶的热传介质温度可达 1000℃，从而有效提高热力循环系统的发电效率。然而，CSP 系统需要围绕中心塔建设大规模的定日镜场，其占地面积较大，并且需要复杂的控制系统来对每个定日镜进行单独的二维控制。此外，光热转换效率受限于定日镜的余弦效应，因此必须建设足够高的中心塔来改善这一效应。这不仅增加了发电成本，而且在多风地区，过高的中心塔并不适用。

槽式 CSP 系统，又称为线性聚光集热发电系统，是通过大面积的"U"形槽式抛物面聚光镜，将太阳辐射能反射并聚焦到安装在聚光镜抛物线焦线处的接收器上，从而加热接收器中的传热介质，将太阳辐射能转化为内能。槽式 CSP 系统采用单轴控制一维跟踪太阳的方式，集热温度远低于塔式发电系统，属于中高温热力发电。通过串联和并联集成，槽式 CSP 系统的发电容量可以无限扩展。热传递介质可以是导热油、熔盐或水，其中导热油是商业化槽式系统中最常用的传热介质。相对于塔式系统，槽式 CSP 系统具有结构简单、成本较低、安装与维护方便等优势，占地面积比塔式系统和碟式系统要小 30% ~ 50%，因此成为目前商业化运营光热电站占比最大的 CSP 技术。然而，槽式 CSP 系统中反射镜支撑结构的抗风能力较差，但若加强和改进抗风性能，则会导致发电成本大幅升高。此外，大规模的抛物面槽式集热器通过串联或并联的方式连接，形成较大面积的集热场，导致线性接收器过长，散热面积大，增加了热损耗，且热传递介质的温度无法进一步提高，使得槽式 CSP 系统的太阳能利用效率较低。

线性菲涅尔 CSP 系统与槽式 CSP 系统类似，但有所不同。它采用多个平面或微弯曲的线性光学镜组成菲涅尔结构聚光镜来替代槽式抛物面镜。通过线性单轴控制，这些矩形光学镜平放在地面上，形成菲涅尔反射镜场。一部分太阳光直接反射至线性接收器表面，另一部分太阳光则通过反射至曲面反射镜表面，再经二次反射聚焦至安装在曲面反射镜焦线的接收器。接收器吸收这些聚集的太阳辐射能，并将其转化为传热介质的内能①。

蝶式 CSP 系统，也称为抛物面反射点式聚光集热系统，利用碟状的抛物面盘聚光集热镜场，将太阳辐射能聚集至位于抛物镜面焦点处的接收器上。接收器将太阳辐射能转化为传热介质的内能，然后通过斯特林循环或布雷顿循环系统将介质的内能直接转化为电能。蝶式 CSP 系统通过双轴驱动跟踪太阳辐射，使安装在抛物面焦点处的集热器随之转动，避免了镜面余弦效应，从而提高集热效率。其聚光比可达 3000 左右，传热介质的温度和压力分别可达 $700 \sim 750 \, ℃$ 和 $200 \, bar$②，系统效率高达 $28\% \sim 30\%$。蝶式发电系统既可以独立运行，也可以多台装置并联形成模块化的热发电站。

1.2.3　太阳能其他转化利用技术

太阳能的利用不仅限于发电，还包括太阳能光热转换利用技术和光化学转换技术。

太阳能光热转换利用技术是通过反射和吸收等方式将太阳辐射能集中到各种聚光器或集热器中，并转换为高温热能，随后通过热传导、热辐射或对流等方式对物体进行加热，从而获取内能。这种技术的应用范围十分广泛，可以用于加热、干燥、蒸发、蒸汽发生和热水供应等多种用途。太阳能光热利用技术的主要组件包括太阳能聚光器、太阳能集热器、太阳能热水器和太阳能热泵等。

根据光学原理，太阳能聚光器可分为折射式和反射式两种类型。折射式聚光器利用透镜将太阳光线集中，而反射式聚光器则利用镜面将太阳光反射至集热器。太阳能集热器根据应用场景的不同，又可以分为平板式集热器和真空管式集

---

① 赵晓辉，赵坤姣，张晋茂. 线聚焦光热发电传热流体的优化选择 [J]. 能源工程，2017 (6)：45-48.

② $1 \, bar = 10^5 \, Pa$。

热器等形式。这些集热器能够高效地将太阳辐射能转换为热能，用于加热水或空气，广泛应用于家庭、工业和农业等领域。太阳能热泵则通过太阳能热能驱动热泵进行蒸发和冷凝，利用热力循环实现加热和制冷的功能。

与太阳能光电和光化学转换技术相比，太阳能光热转换技术所需的组件较少，技术原理相对简单且稳定性较高。光热转换是将太阳能转化为热能，这种热能可以直接储存，以便在夜间或低光照条件下使用，而光电和光化学转换技术则无法直接储存太阳能。此外，光热设备的损耗较低，使用寿命长，而光电设备的损耗较大，光电转换效率较低，发电成本较高且需要频繁维护和更换。太阳能光热转换利用技术已经相对成熟，并广泛应用于家庭和公共设施中，为用户提供高效可靠的热能供应。

太阳能光化学转换利用技术是利用光能将化学物质转换为其他化学物质的技术。太阳光作为一种稳定且可再生的能源，通过光化学反应可以将其转换为化学能，这种技术可用于制取燃料、化学品和其他高价值产品。光化学反应需要光敏剂（光催化剂）参与，光敏剂能够吸收光子，产生电子和空穴，从而引发化学反应。光催化剂的设计和合成是太阳能光化学转换技术的核心。目前，研究人员已经发现了许多高效的光催化剂，如钛酸盐和氧化铟等。

太阳能光化学转换技术的应用前景广阔。例如，通过光催化剂的作用，可以将水分子分解为氢气和氧气，从而生产可再生燃料；也可以将二氧化碳转化为有机化学品，实现碳循环利用。这种技术具有可持续、清洁和高效的特点，能够为未来的能源和化学工业提供新的发展途径和思路。然而，这项技术尚不成熟，仍需在光催化剂的设计、反应机理等方面进行深入研究和探索。通过不断地技术创新和优化，太阳能光化学转换技术有望在未来实现更广泛的应用，为解决能源和环境问题提供重要的技术支持。

1.3　中国太阳能资源分布

我国幅员辽阔，约占世界陆地总面积的7%，光照资源丰富，为太阳能产业的发展提供了巨大潜力。据估算，我国陆地表面每年接收的太阳辐射能约为5×10^{19} kJ，全国各地的年太阳辐射总量在335～837kJ/cm^2，平均值为586kJ/cm^2。

根据能源转型委员会（Energy Transitions Commission，ETC）的分析，中国2/3 的地区拥有丰富的太阳能资源。只需利用不到1%的土地面积，就可以实现25 亿 kW 的太阳能发电装机容量。除四川盆地及其毗邻地区外，我国大部分地区的太阳能资源都相当丰富，与同纬度的其他国家相比，资源状况与美国相似，远优于日本和欧洲国家，尤其是青藏高原的西部和东南部地区，太阳能资源丰富程度接近世界著名的撒哈拉大沙漠。

中国的太阳能资源分布具有明显的区域特点和差异，主要呈现以下几个方面的特征：首先，太阳能资源的高值中心和低值中心都位于22°N～35°N，其中青藏高原是太阳能辐射的高值中心，而四川盆地则是低值中心。其次，整体而言，西部地区的年太阳辐射总量普遍高于东部地区。另外，南方大部分地区多云多雨的气候特征使得这些地区的太阳能资源相对较少。特别是在30°N～40°N的区域，太阳能的分布情况呈现出与通常纬度变化规律相反的特点，即太阳能随着纬度的升高而增加，而不是减少。这一现象反映了复杂的地理和气候条件对太阳能资源分布的影响。因此，整体来看，中国南方地区的辐射总量通常低于北方地区，西部地区的辐照量普遍高于中东部地区，高原、少雨干燥地区的辐照量较大，而平原、多雨高湿地区的辐照量较小。这种分布特点使得西部地区在太阳能利用上具备了更大的潜力和优势。太阳能资源的地域分布特点明显，为进一步开发和利用太阳能资源提供了重要参考。

为了更有效地利用太阳能资源，20世纪80年代，中国的科研人员根据各地接收到的太阳总辐射量，将全国划分为五类地区，如表1-1所示。这一划分方法有助于因地制宜地发展太阳能资源，充分发挥各地的优势，为太阳能技术的推广和应用提供科学依据和指导。这种区域划分不仅考虑了辐射量的差异，还综合考虑了当地的气候、地形和经济条件，使得太阳能开发和利用更加高效和可行。通过这些科学研究和区域划分，中国在太阳能资源的利用上取得了显著的成就。各地因地制宜的发展策略，使得太阳能技术在不同区域得到了广泛的应用和推广，不仅提高了能源利用效率，还为实现能源结构优化和环境保护目标提供了有力支持。未来，随着科技的不断进步和政策的持续支持，中国的太阳能产业将迎来更加广阔的发展前景。

表1-1　全国五类地区辐射量具体情况①

名称	定义	地区
一类地区	全年日照时数为3200～3300h，每平方米面积上一年内接收的太阳辐射总量为6680～8400MJ，相当于225～285kg标准煤燃烧所产生的热量	甘肃北部、宁夏北部、新疆东南部、青海西部、西藏西部等
二类地区	全年日照时数为3000～3200h，每平方米面积上一年内接收的太阳能辐射总量为5852～6680MJ，相当于200～225kg标准煤燃烧所产生的热量	河北西北部、山西北部、内蒙古南部、宁夏南部、甘肃中部、青海东部、西藏东南部、新疆南部等

---

① 王炳忠. 中国太阳能资源利用区划 [J]. 太阳能学报，1983（3）：221-228.

续表

名称	定义	地区
三类地区	全年日照时数为 2200～3000h，每平方米面积上一年内接收的太阳辐射总量为 5016～5852MJ，相当于 170～200kg 标准煤燃烧所产生的热量	山东东南部、河南东南部、河北东南部、山西南部、新疆北部、吉林、辽宁、云南、陕西北部、甘肃东南部、广东南部、福建南部、江苏北部、安徽北部、天津、北京、台湾西南部等
四类地区	全年日照时数为 1400～2200h，每平方米面积上一年内接收的太阳辐射总量为 4190～5016MJ，相当于 140～170kg 标准煤燃烧所产生的热量	湖南、湖北、广西、江西、浙江、福建北部、广东北部、陕西南部、江苏南部、安徽南部、黑龙江、台湾东北部等
五类地区	全年日照时数为 1000～1400h，每平方米面积上一年内接收的太阳辐射总量为 3344～4190MJ，相当于 115～140kg 标准煤燃烧所产生的热量	四川、贵州、重庆等

一类、二类、三类地区年日照时数大于 2200h，年太阳辐射总量高于 5016MJ/m²，是中国太阳能资源丰富或较为丰富的地区，覆盖面积较大，占全国总面积的 2/3 以上，具有良好的太阳能利用条件。尽管四类、五类地区的太阳能资源相对较差，但也具有一定的利用价值，部分地区甚至具备开发利用的潜力。总的来说，从全国范围看，中国是太阳能资源极其丰富的国家，具备发展太阳能利用事业的优越条件。

根据世界银行提供的中国光伏发电潜力图，利用 SolarGIS 提供的高分辨率太阳能资源数据和光伏模拟软件进行计算，综合考虑了太阳辐射、空气湿度和地形因素，并模拟了能量转换及光伏电站其他组件中的损耗，最终模拟结果显示，西藏、青海、新疆、宁夏南部、甘肃、内蒙古南部、山西北部、陕西北部、辽宁、河北东南部等广大地区的光伏发电潜力较大（图 1-1）。这些地区为我国光伏产业的发展提供了巨大的空间和潜力。

根据中国气象局公布的数据，2023 年全国平均年水平面总辐射量约为 1496.1kW·h/m²，比近 30 年的平均值低 1.55%，比近 10 年的平均值低 1.27%。全国平均光伏发电年最佳斜面总辐照量约为 1740.4kW·h/m²，比近 30 年的平均值低 2.03%，比近 10 年的平均值低 1.74%，比 2022 年低 4.16%。

利用 SolarGIS 提供的最佳倾角下辐照量的长期多年平均值数据和光伏模拟软件进行计算，结果显示，全国平均光伏发电年最佳倾角总辐照量的地理分布特征表现为：西部地区普遍高于中东部地区，高原和干旱少雨区域的辐照量较丰富，而平原及多雨湿润区域则相对较低（图 1-2）。

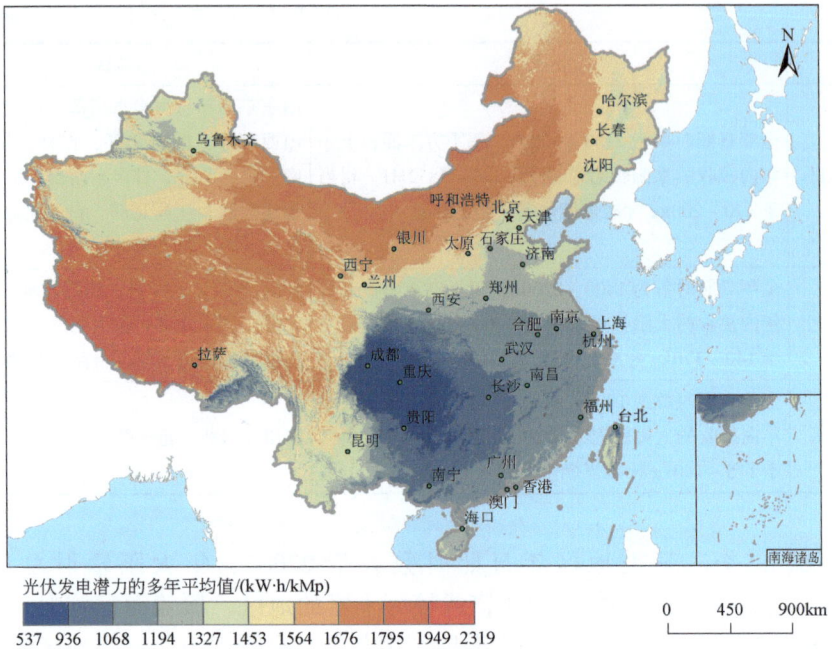

光伏发电潜力的多年平均值/(kW·h/kMp)

537 936 1068 1194 1327 1453 1564 1676 1795 1949 2319

0   450   900km

图1-1   中国光伏发电潜力图

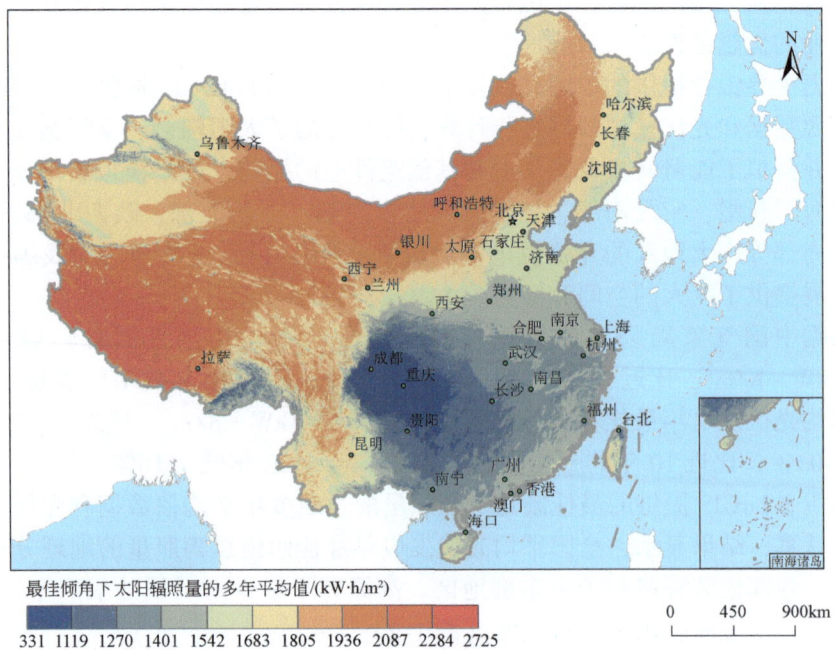

最佳倾角下太阳辐照量的多年平均值/(kW·h/m²)

331 1119 1270 1401 1542 1683 1805 1936 2087 2284 2725

0   450   900km

图1-2   中国光伏发电最佳倾角年总辐射量分布图

总的来说，我国西北荒漠及青藏高原地区的太阳能资源非常丰富，特别是在一些人烟稀少的荒漠、高原等地区。在这些地区开展太阳能利用项目不会占用优质耕地和林牧区，同时还能为当地带来可观的经济效益，因此非常适合发展大规模太阳能利用项目。然而，需要注意的是，由于这些地区气候干旱、少雨多风、高寒、高温等特点，植被结构相对简单，生态环境也相对脆弱。因此，在推进太阳能利用项目的过程中，必须高度重视与当地生态环境的协同关系，采取有效的保护措施，确保项目的可持续发展和生态环境的稳定性。

第 2 章 ┃ 太阳能发电

如图 2-1 所示，从 2014 ~ 2023 年我国太阳能发电装机容量的变化趋势来看，目前我国太阳能发电装机容量呈现快速增长的趋势[①]。从光伏发电、光热发电装机容量的数据变化来看，我国 99.8% 以上的太阳能发电形式为光伏发电，光伏、光热发电项目在近年来均在逐步增加，但目前光热发电整体占比变化不大（表 2-1）。因而，本书的太阳能发电与生态环境协同发展技术调研中以光伏发电站为代表。

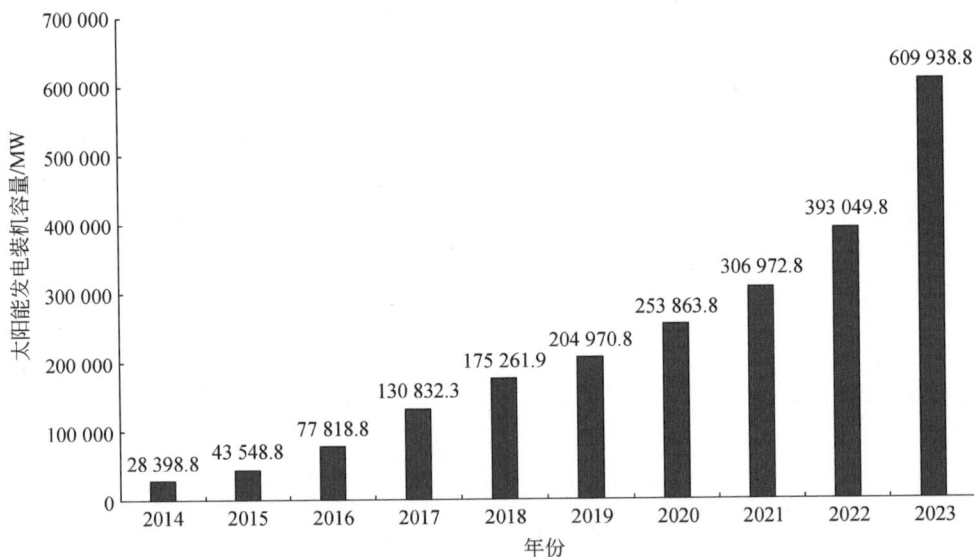

图 2-1 我国太阳能发电装机容量年度变化

表 2-1 我国太阳能发电及光伏发电、光热发电的装机容量年度变化

年份	太阳能发电/MW	光伏发电/MW	光热发电/MW	光伏发电占比/%	光热发电占比/%
2014	28 398.8	28 387.8	11	99.96	0.04
2015	43 548.8	43 537.8	11	99.97	0.03
2016	77 818.8	77 787.8	31	99.96	0.04

① 数据根据国际可再生能源机构（IRENA）统计。

年份	太阳能发电/MW	光伏发电/MW	光热发电/MW	光伏发电占比/%	光热发电占比/%
2017	130 832.3	130 801.3	31	99.98	0.02
2018	175 261.9	175 015.9	246	99.86	0.14
2019	204 970.8	204 574.8	396	99.81	0.19
2020	253 863.8	253 413.8	450	99.82	0.18
2021	306 972.8	306 402.8	570	99.81	0.19
2022	393 049.8	392 461.8	588	99.85	0.15
2023	609 938.8	609 350.8	588	99.90	0.10

2.1 光 伏 发 电

2.1.1 光伏电站选址规划

光伏电站的选址规划是电站建设的首要环节，选址的质量直接影响到电站的发电效率、经济效益、社会效益等。根据《光伏发电站设计规范》（GB 50797—2012）的规定，光伏阵列的布置应确保在当地冬至日的真太阳时间上午九点至下午三点，前、后、左、右的光伏组件互不遮挡，以保证最佳的光照条件和发电效率。此外，选址时还需要充分考虑环境敏感区域的影响，并避免在这些区域内建设光伏电站。光伏电站选址规划应与环境敏感区域保持一定的缓冲距离，以减少对生态环境的扰动。这不仅有助于保护当地的生态系统，还能防止由于场地平整操作不当或施工期间遇到极端气候条件而对环境敏感区域造成的潜在损害[①]。具体选址考虑因素包括土地适宜性分析、阴影遮挡、辐照度、地面反射率等，流程如图 2-2 所示。

1. 土地适宜性分析

1) 用地政策分析

光伏发电项目的规划必须严格遵守 2015 年由国家林业局印发的《国家林业局关于光伏电站建设使用林地有关问题的通知》（林资发〔2015〕153 号）的要求。这一规定明确了光伏发电项目在选址和用地方面的具体限制，旨在协调光伏发电产业的发展与生态环境保护的需求。

---

① 雷鸣，韦关祥，赵青. 基于 GIS 技术的大规模光伏电站宏观选址方案研究［J］. 太阳能，2023（1）：43-48.

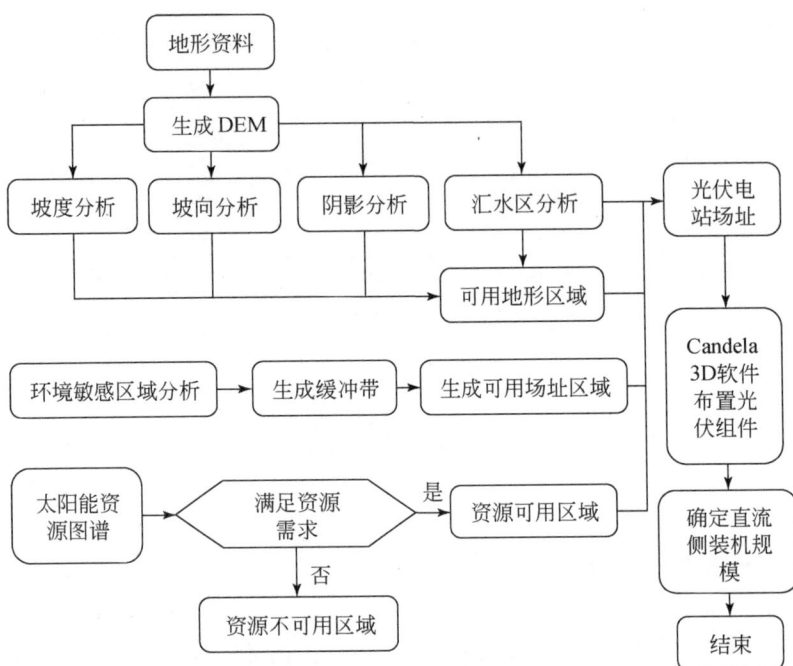

图 2-2 大规模光伏电站宏观选址流程图

根据该通知，光伏发电项目不得在以下区域建设：自然保护区、森林公园（含同类型国家公园）、濒危物种栖息地、天然林保护工程区以及东北、内蒙古重点国有林区。这些区域的保护对维持生态平衡和保护自然资源至关重要，因此被严格限制为光伏发电项目的禁建区域。此外，光伏发电项目的建设还必须避开有林地、疏林地、未成林造林地、采伐迹地、火烧迹地等特定林地。这些区域虽然不属于严格保护区，但同样具有重要的生态价值和资源利用功能，需要加以保护和合理利用。

对于灌木林地，该通知的要求也非常明确：年降水量低于 400mm 且植被覆盖度超过 30% 的灌木林地，以及年降水量超过 400mm 且植被覆盖度超过 50% 的灌木林地，也被划定为光伏发电项目的限建区域。这样的规定是为了保护脆弱的生态环境，避免因光伏电站建设对植被和水资源造成的不利影响。通过严格遵守这些规定，光伏发电项目在选址和规划过程中，不仅可以有效避免对生态环境的破坏，还能促进光伏产业的可持续发展。只有在确保生态环境保护的前提下，光伏发电项目才能实现长期稳定的生态效益和经济效益。

2）坡度及坡向分析

在光伏电站选址过程中，选择合适的地形是确保发电效率和经济效益的关键因素。不同地形的坡度会影响光伏组件的布置和整体发电效率，因此在选址时需要针对不同的坡向设定相应的极限坡度，以优化发电效益和土地利用率。平坦地形或缓坡山地通常被视为理想的场址，因为它们能够最大限度地利用太阳能资源，并便于设备的安装和维护。

具体来说，在平坦地形上布置光伏组件相对简单，因为没有复杂的地形变化，可以最大限度地减少组件之间的相互遮挡，确保每个组件都能充分接收太阳光照射。然而，在山地光伏电站中，由于地形的变化，光伏组件的布置需要更加精细的规划。为了最大限度地提高发电效率，同时考虑经济性和组件之间的遮挡问题，建议对不同坡向的坡度进行如下控制：南坡的坡度应控制在30°以内，东坡和西坡的坡度应均控制在10°以内，而北坡的坡度则应控制在5°以内。

这种坡度设定主要基于以下考虑：①南坡的最大坡度设定为30°是为了确保光伏组件能够充分利用阳光照射，并减少坡度过大而导致的安装困难和成本增加；②东坡和西坡的坡度控制在10°以内，是为了平衡发电效率和经济性，避免组件之间的相互遮挡；③北坡的坡度控制在5°以内，则是因为北坡接收的阳光照射较少，过大的坡度会进一步减少光伏组件的发电效率。

通过合理地设定不同坡向的极限坡度，可以在山地光伏电站中有效优化光伏组件的布置，最大限度地提高整体发电效益。同时，这样的规划也有助于减少土地资源的浪费，确保光伏电站的长期经济效益和可持续发展。

2. 阴影遮挡

在影响光伏发电系统发电量的众多因素中，阴影遮挡是最常见的问题之一，轻则影响光线透射率，降低组件表面的光照辐射量，重则在组件局部形成热斑效应，降低光伏组件的发电效率和使用寿命，甚至可能导致组件局部烧毁，形成暗斑等永久损坏，带来安全隐患。

遮挡因素主要包括自然遮挡物，不同环境的电站面临的自然遮挡物有所不同。例如，水面电站和林光互补电站周围植被茂密，山体、植被、杂草和落叶等会形成遮挡。此外，鸟类在组件表面停留，留下排泄物、羽毛等，也会影响光伏组件的正常工作。

光伏电站常建于地面、山顶、屋顶、水面等户外场景，组件表面易附着粉尘、沙尘、积雪、冰层等自然堆积物。这些杂物会削弱太阳光的穿透，使组件表面温度升高，从而影响发电效能。在光伏电站的建设前期，需对周边环境进行详细勘察，选择合适的地理位置进行安装，尽量避开山体、电线杆、栏杆、植被、建筑物等可能形成遮挡的物体，结合地形、朝向、组件间阵列遮挡和楼层间隔等因素，设计出最优的组件摆放方式，以减少阴影遮挡的影响。如果遇到零散的植被，可以与当地林业部门商讨是否可以迁移或砍伐；若是大面积树林，则应在选址前期避开。此外，还需考虑未来可能产生的遮挡因素，如规划中的建筑物、植被的生长速度和地理环境导致的天气变化等，以排除潜在隐患。

为了避免串联支路出现热斑效应，需要在光伏组件上加装旁路二极管，其作用是将高电抗的太阳能电池单元或光伏组件中的电流分流，以增强系统的可靠性。此外，为防止串联回路的热斑效应，必须在每一组光伏串联回路上安装直流保险，这样可以保护光伏组件并维持光伏发电装置的正常运行。

为了提高光伏组件的发电效率，需要进行科学的运维管理。例如，定期巡检光伏阵列，及时清理遮挡光伏阵列的杂草、积灰、鸟粪等异物，防止遮挡和热斑效应的产生，做到防患于未然。在清洗光伏组件时，应注意季节、早晚和水温，避免使用腐蚀性的碱性试剂及其他化学用品，必要时可以寻求专业的光伏清洁人员的帮助。密切关注天气情况，如遇大雪、冰雹、台风、沙尘暴等恶劣天气，要及时检查并清除组件表面的积雪、冰层和树木残枝等遮挡物，在极端天气来临前做好准备工作，发现发电故障时要立即修复或更换光伏组件①。

3. 辐照度

光伏电站标准辐照度是指在一定的条件下，太阳辐射在垂直于太阳光线方向的标准平面上的辐照度，通常以 kW/m² 为单位表示。在国际惯例下，标准辐照度的计算通常采用一个标准的大气层，即所谓的 AM1.5 大气质量，同时还需要考虑地球表面海拔、空气湿度等因素的影响。

影响光伏电站标准辐照度的因素有以下几个方面。

第一，地理位置。不同地区的纬度、气候和地形等因素都会影响光伏电站的标准辐照度。一般来说，热带和亚热带地区的辐照度较高。因此，选择光伏电站建设地点时，地理位置和方位的选择尤为重要。

第二，季节变化。季节变化也会对光伏电站的标准辐照度产生影响，通常，夏季的光照条件更为理想，而冬季的辐照度则相对较低。

第三，空气质量。空气质量、大气厚度等因素也会对光伏电站的辐照度产生影响。例如，海拔越高的地区的大气层越薄，对太阳光线的吸收和散射作用较弱，因此辐照度就较高②。

---

① 资料来源：https://solar.in-en.com/html/solar-2421656.shtml。

② 王忆麟. 采用双面光伏组件的光伏电站在系统集成设计中应考虑的因素分析 [J]. 太阳能, 2023 (8)：58-65.

4. 地面反射率

光伏组件倾斜面接收到的辐射量主要包括太阳的直射辐射量、天空的散射辐射量及地面的反射辐射量。这三种辐射量中，直射和散射辐射量之和构成了水平面的总辐射量。在评估某地的光资源时，从气象站获取的资料通常包括水平面总辐射量、直射辐射量和散射辐射量，而后两者之和就是水平面总辐射量。

在计算光伏组件倾斜面接收到的辐射量时，考虑地面的反射辐射是必不可少的。反射辐射量与地面的性质密切相关，即环境物体的特性，因此通过反射率来反映地面的反射情况（表2-2）。反射率越高，阳光的反射效果越好，环境也会显得更亮，光伏组件倾斜面接收到的反射辐射量也就越多。这意味着在高反射率环境中，光伏组件可以获得更多的辐射量，从而提升其发电效率[1]。

表 2-2　不同环境下的反射率

地面性质	反射率	地面性质	反射率
草地（7~8月）	0.25	沥青	0.15
草坪	0.18~0.23	沙质地	0.1~0.25
干燥草地	0.28~0.32	水表面（$\theta>45°$）	0.05
旷野	0.26	水表面（$\theta>30°$）	0.08
荒土	0.17	水表面（$\theta>20°$）	0.12
沙砾	0.18~0.23	水表面（$\theta>10°$）	0.22
干净的混凝土	0.3	森林	0.05~0.18
腐蚀的混凝土	0.2	新雪层	0.8~0.9
干净的水泥	0.55	旧雪层	0.45~0.7
沙漠	0.24~0.28	冰面	0.69

注：水表面反射中 r 为光线的入射角

表 2-2 中所列的水表面反射率是针对平静水面的情况。然而，实际环境中水表面的反射率难以准确评估，因为水表面始终处于波动状态，波浪不仅会反射太阳光，还会增强反射效果。

不同物体在不同光谱波段对太阳光的反射率各异。例如，雪地、湿地、小麦地和沙漠等地物在相同波段的反射率不同，而同一地物在不同波段的反射率也会有所差异。光伏组件通常在标准工况条件下测试，其光谱要求为 AM1.5。由于光

---

[1]　吴沂洋，刘继春，伍峻杭. 考虑不同区域气象与地理条件差异的广域光伏电站规划［J］. 电网技术，2024（9）：1-13.

伏组件对不同波段光能的吸收效率不同,如果光谱与 AM1.5 不匹配,就会在微观层面上影响电池片对光能的吸收和发电输出。因此,光伏电站的设计和规划需要综合考虑各种因素,包括地物反射率的变化和光谱匹配问题,以最大限度地提高光伏组件的发电效率。

2.1.2 光伏器件设计

1. 光伏阵列

1) 板间距

光伏板间距是指太阳能电池板之间的距离,这个距离对于太阳能电池板的发电效率及光伏组件的寿命有重大影响。合理的光伏板间距可以提高太阳能电池板的发电效率,还能减少阴影遮挡和互遮挡的影响,延长光伏组件的使用寿命,减少安装成本和维护成本。

通常情况下,光伏板之间的间隙大小是根据组件的尺寸和安装位置来决定的,光伏板之间的间隙大小一般为 0.1~0.3m,但是具体间距大小需要考虑多种因素,包括光伏板的尺寸、安装位置和防风等级等。不同种类和规格的光伏板会对间隔大小产生影响,如单晶和多晶硅光伏板的尺寸不同,间隙的大小也不同。光伏板的安装位置也会对光伏板之间的间隔产生影响,在集中式光伏电站中,当光伏板列距大于 8m 时,间距应该相应地扩大。不同的风压等级要求不同的间隔大小,特别是在飓风等特殊环境下,间隔大小需要比普通情况下略大。

2) 阵列间距

光伏支架阵列间距是指光伏阵列中,相邻两行光伏组件之间的距离,即光伏组件等间距排列的中心间距。光伏支架阵列间距是影响光伏发电效率的一个重要参数,不同的间距设置会影响光伏组件的光利用率及阴影覆盖率。

间距的影响因素包括以下几个方面。

第一,光照条件,不同的地域、不同的季节光照条件不同,光伏组件的最佳排列方式也不同。在光照充足的情况下,较小的间距可以使光伏组件之间的空地减少,提高光利用率。但是,较大的间距可以降低组件之间的阴影覆盖率,提高整个光伏阵列的发电效率。

第二,模块类型,不同类型的光伏组件由于尺寸、重量等方面的差异,对间距的要求也不同。例如,大型光伏组件的间距应该设得更大,这样就可以减少组件的框架数量,提高建设效率,同时还能减少投资成本。

第三,底部地形,底部地形的高差和不规则程度对光伏组件的放置也有一定的影响。对于凸起的地块，可以设置较大的间距，减少阴影覆盖，而对于下凹的地块，则应该设置较小的间距，这样能更好地利用光照。

一般的原则是，在受光条件下，光伏组件之间的阴影互相遮挡不应超过10%。基于以上影响因素，不同的光伏阵列对间距有不同的要求。当地光照条件较差时建议较小的间距。在中国南方的雨季里，云层浓厚，光照条件较差，而且气温较低、湿度较大，这种情况下建议采用较小的间距。因为这样可以使光伏阵列中处于阴影范围内的组件减少，提高整个光伏阵列的发电效率。当地光照条件较好、阴影覆盖率较小时，建议采用较大的间距，这样可以减少支架、闪避器等配件的使用，提高安装效率和减少投资成本[①]。

3）离地高度

光伏板距离地面的高度是影响光伏发电量的一个重要因素。根据现有的研究，合适的安装高度不仅可以有效避免阴影和底部污染等影响光伏板发电的情况，还能提高光伏板的安全性和美观度。在选择光伏板的安装高度时，需要考虑多个因素，包括地理位置、环境条件以及光伏板的类型和尺寸。

光伏板的性能受多种因素影响，其中包括安装高度。例如，一项研究指出，光伏板的安装高度会影响其接收的太阳辐照量，进而影响植物生长和光伏系统的效率。此外，高海拔地区的光伏系统由于大气中太阳辐射的衰减较小，可能会提供更高的能量输出。

沙漠地区的光伏板安装高度需要考虑到沙尘沉积的影响。研究表明，光伏板周围的流场结构会直接影响沙尘的沉积量。例如，当光伏板间距较小时，前光伏板对后光伏板近表面风速的影响较大，从而导致沙尘沉积量增加[②]。因此，在设计沙漠光伏电站时，应选择适当的板高–板间距比，以最小化沙尘沉积量，从而减少对光伏板输出功率的影响。此外，沙漠地区的光伏板安装高度还应考虑到光伏板的倾斜角度和太阳辐射的影响。研究表明，太阳能光伏板的最佳倾角可以显著提高其输出功率，同时，光伏板表面温度的升高会降低其输出功率[③]。因此，在沙漠地区安装光伏板时，应选择一个既能保证足够的太阳辐射接收又能有效控制光伏板表面温度的高度。

4）方位角和倾斜角

光伏阵列的方位角是指光伏阵列垂直面与正南方向之间的夹角，其中向东偏

---

① 茆俊伟. 光伏电站优化设计研究 [D]. 合肥：合肥工业大学，2022.

② 李煜雯，李诗源，徐路遥，等. 光伏板间距对近表面流场和沙尘沉积量的影响 [J]. 应用力学学报，2021，38（4）：1745-1752.

③ 苏忠贤，周建军，潘玉良. 固定式太阳能光伏板输出功率的若干问题 [J]. 机电工程，2008，25（12）：31-34.

设定为负角度，向西偏设定为正角度。通常，当光伏阵列正对正南（即方位角为0°）时，太阳能电池的发电量是最大的。然而，在实际应用中，方位角往往会有所偏离，这对发电量有显著影响。例如，在北半球，如果光伏阵列的方位角偏离正南方向30°，发电量会减少10%~15%；如果偏离大于50°，则发电量会减少20%~30%。这是因为光伏阵列的最佳方位角使其能够在一天中最长时间内接收到最多的太阳辐射。然而，这种最优设置并不是固定不变的，具体情况还需要根据季节和天气条件进行调整[1]。

光伏阵列的安装位置通常受到多种因素的制约。例如，在地面上安装时需要考虑土地的方位角，以确保光伏阵列能够最大限度地接收太阳光照射。在屋顶上安装时，则要考虑屋顶的方位角和建筑物的结构特点。除了方位角，还需要考虑周围环境中的障碍物，如树木、建筑物等，这些障碍物可能会在一天中的某些时间段投下阴影，影响光伏阵列的发电效率。

倾斜角是指光伏阵列平面与水平地面之间形成的夹角。在理想情况下，这个夹角应被优化，以使光伏阵列在一年中获得最大的发电量。最佳倾斜角与当地的地理纬度密切相关，通常来说，纬度越高，所需的倾斜角也越大，以便更好地捕捉太阳光[2]。在设计光伏阵列时，还需要综合考虑多个因素。例如，如果光伏阵列安装在屋顶上，屋顶本身的倾斜角会对光伏阵列的倾斜角产生影响。此外，在寒冷地区，积雪的滑落问题也需要考虑。为了确保积雪能够顺利滑落并避免堆积，通常建议光伏阵列的倾斜角应大于50°~60°[3]。

对于正南方位（方位角为0°）的光伏阵列，随着倾斜角从水平面（倾斜角为0°）逐渐增加到最佳倾斜角，阵列接收到的日射量也会随之增加，直至达到最大值。如果倾斜角继续增加，日射量将开始减少。特别是当倾斜角超过50°至60°时，日射量急剧下降，最终在阵列垂直放置时，发电量降至最低。对于非正南方位角的光伏阵列，情况有所不同。斜面上的日射量通常较低，其最大值通常出现在接近水平面的倾斜角附近。这意味着，虽然适当调整倾斜角可以在一定程度上提高发电量，但对于非正南方位的光伏阵列，最佳倾斜角往往较小，以确保系统能尽可能多地接收阳光[4]。

综合来看，确定光伏阵列的最佳倾斜角不仅要考虑地理纬度和安装位置，还

① 宋海川，赵志刚，张鹏娥，等．光伏直驱变频离心机中发电与耗电实验研究 [J]．制冷，2015，34（2）：80-83.

② 马曦伟，董应龙．从施工角度浅析影响光伏发电效率的因素 [J]．水电站机电技术，2016，39（S1）：19-21.

③ 高扬．考虑天气因素的光伏发电系统可靠性研究 [D]．北京：华北电力大学，2016.

④ 宋宏佺．小型分布式光伏项目勘查和设计要素分析 [J]．现代建筑电气，2018，9（9）：22-29.

需评估当地气候条件和全年日照情况。通过科学合理地设置倾斜角，光伏发电系统可以在不同季节和气候条件下都保持较高的发电效率，最大化全年总发电量，从而实现更高的经济效益和能源利用效率[①]。

2. 逆变器

逆变器是光伏系统中的核心电子电力设备，它的主要功能是将直流电转化为频率和幅值可调的交流电，从而维持光伏阵列系统的平衡。逆变器的种类主要包括集中式逆变器、组串式逆变器和集散式逆变器，每种类型都有其独特的应用场景和技术特点。

集中式逆变器功率大，通常应用于光照条件较好的地面光伏电站等大型项目。它具有体积大、成本低、安全性高和设备元器件数量少的特点。集中式逆变器通过将多个光伏组件产生的直流电流进行汇流和对最大功率点跟踪，然后集中进行直流与交流电的转化与升压，从而实现并网发电的效果。这种方式有效地提高了电力传输效率，适用于大规模光伏电站。

组串式逆变器则具有高防护等级，可以直接安装在室外。它的直流输入采用光伏专用的 MC4 防水端子，能够直接与电池板相连，无须经过直流汇流箱。组串式逆变器的输出电压范围宽，输出交流相电压在 $180 \sim 280V$，可以直接接入本地单相或三相电网。这种逆变器适用于分布式光伏系统，特别是在住宅和小型商业项目中。

集散式逆变器实现了组串级的最大功率点跟踪（Maximum Power Point Tracking，MPPT），使得光伏电站在复杂山地地形上的发电量更高。它提升了直流和交流传输电压，远距离传输时线损大幅降低。集散式逆变器可以根据地形灵活配置子阵容量，从而进一步降低系统成本。这种灵活性使得集散式逆变器成为复杂地形光伏电站的首选，能够在不同的地形条件下高效运作。

综上所述，不同类型的逆变器在光伏系统中的应用各有优劣。集中式逆变器适合大型光伏电站，具有成本低、安全性高的优势；组串式逆变器适用于分布式系统，安装方便、输出电压范围宽；集散式逆变器则在复杂地形上表现优异，能够灵活配置、降低系统成本。选择合适的逆变器类型对于优化光伏系统的整体性能至关重要。

逆变器选型要考虑以下几个方面：第一，考虑额定输出功率设计。额定输出功率是逆变器供电负载能力的关键指标，直接决定了其能够承载的用电负荷大小。额定输出功率越高，逆变器能够支持的用电设备越多。因此，在选择逆变器

---

① 李磊. 500kV 河沥站站用电光伏储能系统设计及应用研究［D］. 北京：华北电力大学，2017.

时，应特别重视其额定输出功率，确保能够满足光伏系统扩容后的需求以及系统在最大负荷下的电力需求。这不仅能保证光伏系统的高效运行，还能提高系统的稳定性和可靠性。第二，考虑输出电压的调整性能。输出电压的调整性能是衡量逆变器输出电压稳定性的重要指标。直流输入电压在允许范围内波动时，逆变器输出电压波动的偏差百分率被称为电压调整率；负载从0%~100%变化时，逆变器输出电压的偏差百分率被称为负载调整率。通常，高性能逆变器的电压调整率不应超过±3%，负载调整率不应超过±6%。确保逆变器具有良好的电压和负载调整性能，可以使其在不同工作条件下保持稳定的输出电压，保证系统的可靠运行。第三，考虑整机效率。整机效率是逆变器自身功率损耗的体现，直接影响光伏系统的发电量和发电成本。不同容量的逆变器在不同负荷下的效率有所不同。一般来说，千瓦级以下的逆变器效率为80%~85%，10kW级别的逆变器效率为85%~90%，大功率逆变器的效率可达90%以上。因此，在选择逆变器时，应结合实际需求，选择整机效率高的逆变器，以提高光伏系统的整体发电效率，降低发电成本[1]。第四，考虑启动性能。启动性能是逆变器在额定负载下正常启动的能力。性能较好的逆变器可以在满负荷条件下多次启动，并且不会对其他器件和电路造成损伤。如果使用小型逆变器，应采取限流启动、软启动等方式，以确保其安全启动。选择启动性能良好的逆变器，可以保证其在各种工况下的稳定运行，延长设备寿命，减少维护成本。

综上所述，在光伏系统中选择逆变器时，应综合考虑额定输出功率、输出电压调整性能、整机效率和启动性能等因素。这些指标不仅影响逆变器的工作性能和可靠性，还直接关系到整个光伏系统的发电效率和经济效益。合理选择逆变器，能够有效提高光伏系统的整体性能，实现可持续的高效运行。

3. 支架

光伏支架是光伏系统中用于光伏组件的安装、固定、支撑、转动支持的一类特殊功能支架，在光伏产业链中处于中游环节。作为承载光伏电站发电主体的重要骨骼，其性能直接影响光伏电站的发电效率及投资收益，是所有光伏电站的主要设备之一。定制化、模块化应是光伏电站支架核心特点，以满足不同项目中对光伏组件及逆变器的适配性，同时兼顾轻量化、便携性、稳定性和可靠性。

根据光伏支架是否能够支持光伏阵列跟随太阳入射角变化而转动，光伏支架

---

① 沈辉. 基于异质结光伏组件的系统设计方案 [J]. 上海电力大学学报，2023，39（3）：271-274，280.

可分为固定式光伏支架和跟踪式光伏支架两类，如图 2-3 所示。固定式光伏支架根据所在地光照资源测算最佳入射倾角安装光伏组件并接收太阳辐射。固定式支架又可分为最佳倾角式、可调倾角式以及（斜）屋面平铺式。跟踪式光伏支架能追踪太阳方位转动光伏组件，最大化接收太阳辐射。跟踪式光伏支架通过机械装置使得组件随着太阳的入射角变化而调整角度，从而获得更多辐射量，提高光伏阵列单位发电能力，可细分为平单轴跟踪系统、斜单轴跟踪系统和双轴跟踪系统[①]，如表 2-3 所示。

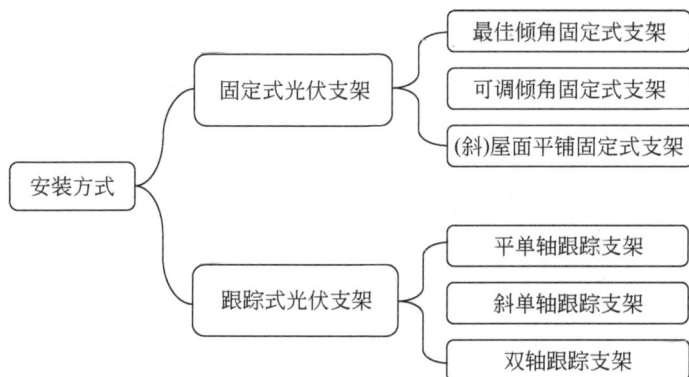

图 2-3　光伏支架分类图

表 2-3　光伏支架分类表

分类	细类	特点
固定式光伏支架	最佳倾角	理论计算最佳角度，不可调节
	可调倾角	定期调节，增加吸收量
	（斜）屋面平铺	直接平铺，分布式光伏应用较多
跟踪式光伏支架	平单轴	广泛应用于低纬度地区
	斜单轴	适合较高纬度地区
	双轴	提升最高，成本相对也最高

在实际工程中，投资方的主要关注点是效益最大化。因此，需要综合考量不同支架选型对发电量和投资收益的影响，以选择最适合的安装方式。

相比于固定倾角安装方式，可调倾角固定式支架在电站成本方面的影响主要体现在支架成本的增加、土地占用面积的增大和运营费用的提高。这种安装方式

---

① 王可，王晶．我国光伏支架用钢现状及发展趋势浅析 [J]．中国钢铁业，2022（2）：23-25，34.

的灵活性虽然提供了更高的发电效率，但相应的支架成本和维护费用也会增加[①]。与固定式光伏支架相比，跟踪式光伏支架系统虽然可以显著提高发电量，但其系统建设成本也明显增加。根据以往的项目经验，与固定式光伏支架相比，采用平单轴跟踪支架的项目预算通常增加约10%，而使用斜单轴跟踪支架则需增加约12%，双轴跟踪支架的预算则增加约20%。此外，自动跟踪装置的使用还会增加项目的土地成本，因此，这类系统更适合在荒漠区建设的大型并网光伏电站。随着光伏技术的不断进步和电池组件价格的持续下降，跟踪支架系统的发电量收益逐渐抵消了其高昂的成本，使得其综合优势越加显著[②]。

4. 控制系统

1）系统功能架构

光伏电站远程监控系统需要采集大量的数据，随着时间的推移，系统会增加相应的设备，这将导致系统的复杂程度逐渐提升。为了解决这一问题，采用分层设计思想，可以有效降低整体系统的复杂性。分层设计虽然会扩大软件系统的规模，在一定程度上牺牲运行速度，并增加代码量和维护工作量，但其带来的低耦合、高内聚的优势是显而易见的。每一层的功能模块都是建立在下层的基础之上，保持了各层次之间的独立性和灵活性。

基于这一设计理念，光伏电站远程监控系统可被分解为六个功能层次，具体如图2-4所示，分别为数据采集、显示与传输，系统安全和数据管理，故障监

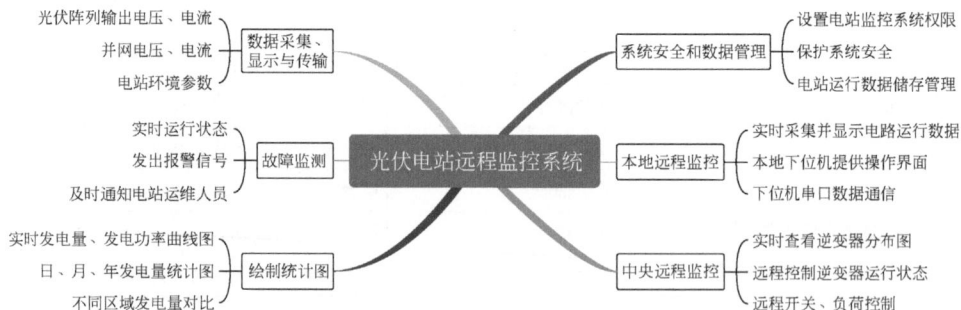

图2-4 光伏电站远程监控系统功能架构

① 毛文旭. 集中式光伏电站支架经济性比对及选型研究 [J]. 现代工业经济和信息化, 2021, 11 (9)：164-165.

② 马庆虎, 张勃, 李宪, 等. 不同安装倾角对双面光伏组件光伏电站发电量的影响研究 [J]. 太阳能, 2020 (12)：82-84.

测，绘制统计图，本地远程监控，中央远程监控。这六大功能模块共同覆盖了光伏电站远程监控系统的所有基本功能范畴。

通过对上述功能架构的分析，可以发现系统的六大功能模块中，有四项基本功能和两项专用功能。数据采集、显示与传输，故障监测、绘制统计图和系统安全和数据管理这四种功能对于本地远程监控端和中央远程监控端都有不同程度的体现，而后两项专用功能则在自身监控层次中具体体现。这种分层设计不仅提高了系统的可维护性和可扩展性，还确保了各功能模块的独立性，使得系统能够更灵活地应对未来的升级和扩展需求。

2）系统架构设计

在光伏电站远程监控系统中，所要监控的对象和设备通常是分散的。为了有效解决这一问题，采用集中式远程监控的设计思想，总体框架如图 2-5 所示。这种监控方式可以在线访问并监测系统中的所有设备，全面细致地分析和控制设备的运行情况，及时记录电站中逆变器的故障信息，并查询历史运行数据，实现光伏电站实时运行数据的一体化管理。

集中式远程监控系统的优势在于它能够通过统一的监控平台，实现对整个光伏电站设备的综合管理。这样不仅提高了管理效率，还能及时发现和解决设备故障，确保光伏电站的高效运行。具体来说，该系统能够实时采集和记录光伏电站各个设备的运行参数，包括电压、电流、功率等关键指标。当系统检测到设备异常时，能够立即发出警报，并通过监控平台提供详细的故障信息，便于运维人员快速响应和处理。

此外，系统还支持对运行数据的分类整理和归纳。基于光伏电站运行参数的特性，系统能够对数据进行分类存储，并生成各类统计报表和分析图表。各层级之间的数据流向可以从上到下追踪溯源，确保数据传输的透明性和可追溯性。这种数据管理方式不仅便于运维人员查看和分析，还能为光伏电站的长期优化和管理提供可靠的数据支持①。

（1）光伏电站现场设备层。光伏电站现场设备层是光伏电站的基础层次，包含所有核心发电设备和监控采集设备。这个层次的主要设备包括光伏阵列、逆变器、变压器、汇流箱、各种设备传感器和柜体等。这些设备共同组成了光伏电站的发电和初步数据采集系统，以确保光伏电站的正常运行和基础数据的准确收集。

---

① 曾敏. 光伏发电系统监控、功率预测及故障检测相关技术的研究 [D]. 广州：广东工业大学，2018.

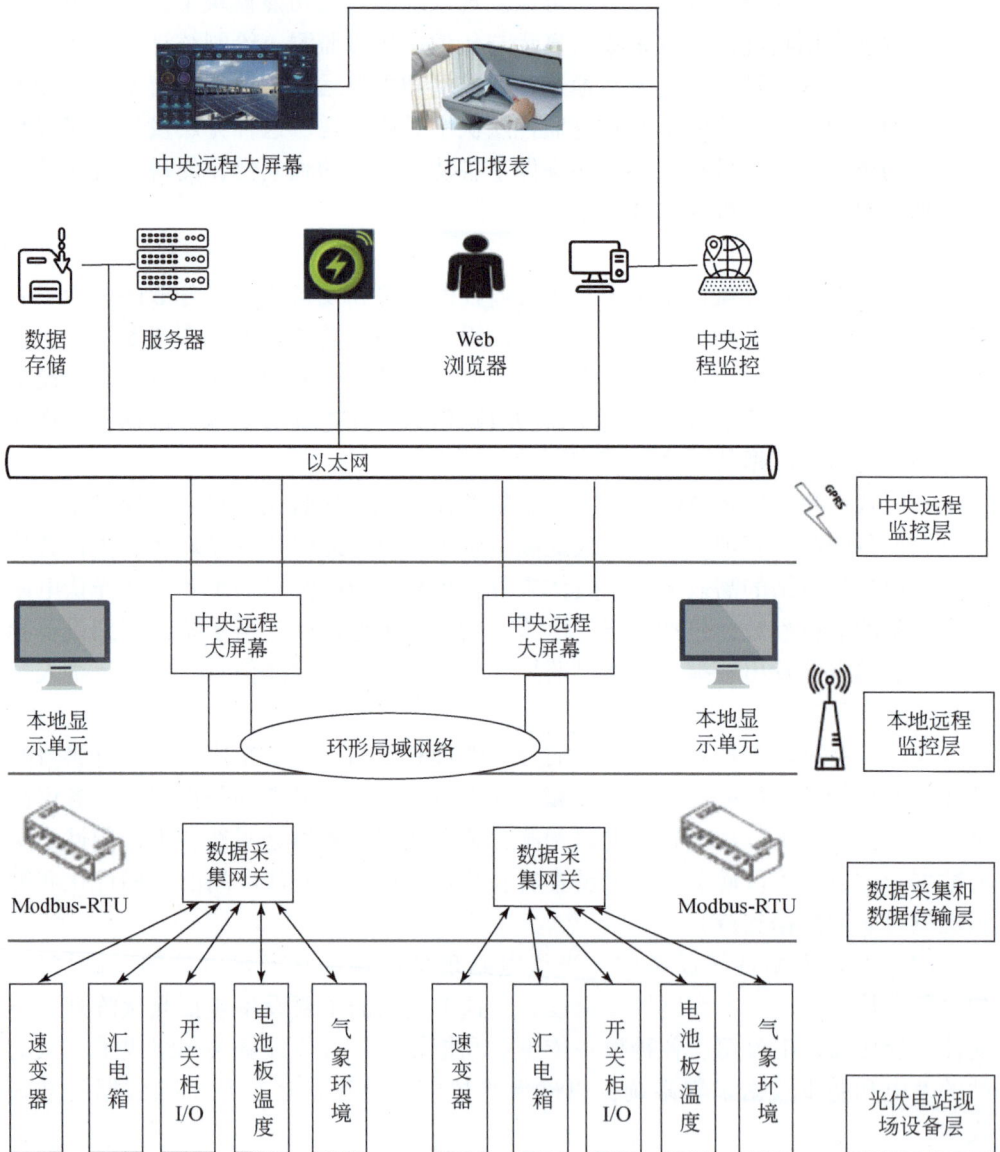

中央远程大屏幕　　　打印报表

数据存储　　服务器　　Web浏览器　　中央远程监控

以太网

中央远程监控层

本地显示单元　　中央远程大屏幕　　中央远程大屏幕　　本地显示单元　　本地远程监控层

环形局域网络

Modbus-RTU　　数据采集网关　　数据采集网关　　Modbus-RTU　　数据采集和数据传输层

速变器　汇电箱　开关柜I/O　电池板温度　气象环境　　速变器　汇电箱　开关柜I/O　电池板温度　气象环境　　光伏电站现场设备层

图 2-5　光伏电站远程监控系统总体架构

（2）数据采集和数据传输层。数据采集和数据传输层是连接本地远程监控层和现场设备层的关键中间层，起到桥梁和纽带的作用。这一层的核心处理器是系列单片机，它负责将光伏电站运行数据从底层接口设备采集上来，通过介质传输上传到数据处理层。数据采集及数据传输层主要由采集网关、数据传输接口和数据传输网络构成。

（3）本地远程监控层。本地远程监控层是光伏电站监控系统的核心环节，担负着关键的监测和控制任务。本地监控中心是整个系统下位机的核心部分，起到关键作用，其主要功能包括显示光伏电站实时运行状态和关键设备参数，并将这些数据以友好的方式进行人机交互展示。此外，最为重要的是要为光伏电站现场运维人员提供一个可操作的控制界面，以便他们能够实时监控和管理多台逆变器机柜设备。

本地监控系统不仅可以显示实时运行状态，还可以记录和存储光伏电站的历史运行数据。运维人员可以通过该系统选择特定时间段的运行参数图，进行详细的分析和比较。这为光伏电站的后期运行维护提供了重要的数据支持，使运维人员能够根据历史数据和实时状况动态调整运行参数，从而优化电站的运行效率和设备维护。

（4）中央远程监控层。中央远程监控层是光伏电站监控系统的最高级别应用层，承担着整个系统的全局控制和远程管理任务。该层次的主要功能是对各个现场监控层进行远程控制，实现真正意义上的光伏电站远程监控功能。中央远程监控层通过收集、归纳、分类和整理分散的数据信息，利用数据库和数据结构等技术将这些数据汇总到中央数据库中。这一层次不仅为数据分析人员和管理决策人员提供了更加合理的分析和统计依据，还能进行大数据分析和预测，帮助决策者制定更加科学合理的运行策略和维护计划。中央远程监控系统可以生成多种报表和图表，直观展示光伏电站的运行状况和性能指标，为管理层提供有力的支持。为了确保系统的高效运行，中央远程监控层还具备强大的数据处理能力和信息管理功能，能够快速处理大量的数据请求和查询任务。系统开发人员需要确保其具备高可靠性、高稳定性和高安全性，以满足用户的多样化需求[①]。

3）系统实现

系统实现方案需要经过多个阶段来实现，每个阶段都需要精心设计和开发，才能够确保整个系统的可靠性和稳定性，其主要包括以下几个方面。

（1）硬件设计。在硬件设计阶段，需要根据光伏电站的具体需求选择合适的传感器设备和数据采集模块。这些设备必须安装在电站的各个关键位置，如光

---

① 王伟. 光伏电站远程监控系统的设计与实现［D］. 北京：北京交通大学，2015.

伏组件、逆变器和变压器等，以确保全面监测电站的运行状态。此外，还需要建立可靠的无线网络和云平台服务，以保证数据的实时传输和存储。无线网络的搭建需要考虑电站现场的环境因素，选择信号覆盖广、传输速度快的网络设备。而云平台服务则需要具备高效的数据处理和存储能力，确保数据能够安全、快速地上传和存储在云端。

（2）软件开发。软件开发是智能巡检系统的重要组成部分，需要开发一个完整的系统，包含数据采集、数据处理、算法模型训练和预测、用户界面等多个模块。数据采集模块和数据处理模块可以使用 Python、Java 等常见编程语言开发，以便高效地处理和分析采集到的数据。算法模型训练和预测模块需要选用适合光伏电站设备监测的机器学习算法，并使用相应的开发工具进行模型的训练和测试。用户界面的设计可以采用 Web 应用或移动端应用的方式实现，确保用户能够方便地访问和操作系统，实时监控电站的运行状态，获取各类设备的健康状况报告和预测信息。

（3）系统集成和测试。在系统集成阶段，需要将硬件设备与软件应用程序进行无缝集成，确保数据能够顺利传输和处理，并需要进行全面的功能测试和性能测试。功能测试主要包括各个模块的功能性测试，确保系统各部分都能按照设计要求正常工作。性能测试则需要评估系统在高负载和复杂环境下的稳定性和响应速度，确保智能巡检系统能够在各种情况下稳定运行。测试过程中，需要不断进行调试和优化，解决发现的问题，提高系统的稳定性和准确性。通过迭代测试和优化，确保智能巡检系统能够准确判断和预测设备状态，及时发现潜在问题，并向运维人员提供可靠的决策支持，从而保障光伏电站的高效运行和安全管理[1]。

2.1.3　光伏发电材料

1. 主料

1）硅材料

硅材料广泛存在于地球上的石英和沙子中，以二氧化硅的形式存在。为了将二氧化硅还原为硅，需要在高温电弧炉中进行还原反应，这个过程会消耗大量能量。生产高纯度的电子级硅，需要将杂质含量控制在 10ppm[2] 以下。制备半导体

---

① 海文斌. 基于 AI 大数据分析技术的光伏电站智能巡检研究应用 [J]. 电气技术与经济, 2023,（10）: 201-203.

② 1ppm $= 10^{-6}$。

级硅的常用方法是通过冶金级硅与氯化氢反应生成三氯氢硅，然后采用西门子法对其进行进一步纯化。西门子法是一种工业上成熟的制备高纯度硅的方法，其关键步骤包括三氯氢硅的生成、纯化和最终还原为高纯硅。

硅材料可分类为：①单晶硅材料；②多晶硅材料；③非晶硅材料。

单晶硅是由单一晶体结构组成的材料，是目前广泛应用于光伏发电的主要材料之一。单晶硅太阳能电池是硅基太阳能电池中技术最成熟的类型，其光电转换效率高于多晶硅和非晶硅太阳能电池。高效单晶硅电池的生产依赖于高质量的单晶硅材料和成熟的加工工艺。单晶硅材料的高纯度（99.999%）和良好的晶体结构，使得其在光电转换效率方面具有显著优势。传统的晶体硅太阳能电池生产工艺需要在真空环境中进行，这不仅增加了生产成本，还使得工艺过程复杂化，并且存在一定的技术风险。这些限制使得单晶硅太阳能电池的生产难以实现大规模应用。尽管如此，单晶硅太阳能电池仍然是市场上的主流产品，因为其高效能和稳定性为光伏发电提供了可靠的保障。

为了解决传统工艺的局限性，Abdul lah Uzum 等研究人员通过模拟和实验开发了非真空制备晶体硅太阳能电池的方法。这一创新方法有望降低生产成本，简化工艺流程，并减少技术风险，使得单晶硅太阳能电池的生产更加经济高效[①]。

多晶硅片的生产具有显著的能耗低和无污染等优点，这使得多晶硅太阳能电池在经济性上更具竞争力。与单晶硅太阳能电池相比，多晶硅太阳能电池的制造成本更低，这主要归功于其简化的生产工艺和较低的材料成本。然而，多晶硅材料内部存在明显的晶粒界面和晶格错位等结构缺陷，这些缺陷对电池效率产生了不利影响。具体表现为多晶硅太阳能电池在载流子迁移率、寿命和扩散长度等方面均低于单晶硅太阳能电池。这些物理性能上的差距导致多晶硅太阳能电池的整体转换效率较低。

多晶硅太阳能电池制备的关键技术在于结晶工艺。结晶工艺的优化可以显著减少多晶硅内部的晶粒界面和晶格错位等缺陷，从而提高电池的光电转换效率。通过精确控制结晶过程中的温度、时间和冷却速率，研究人员可以获得更均匀的晶体结构，减少缺陷的形成[②]。

非晶硅是一种内部原子排列短程有序但长程无序的材料，这种结构导致其内部存在大量的结构缺陷。因此，通常情况下制备的非晶硅不能直接用于太阳能电池。为了克服这些缺陷，提高其适用性，需要采用特定的制备方法和技术。

---

① 王大才，曾杰，陈卫鹏. 新型高效光伏组件技术对比及经济性分析［J］. 水利水电快报，2023，44（11）：95-98.

② 王聪，代蓓蓓，于佳玉，等. 太阳能光电、光热转换材料的研究现状与进展［J］. 硅酸盐学报，2017，45（11）：1555-1568.

常见的非晶硅制备方法包括高频辉光放电法、反应溅射法和等离子体化学气相沉积（PECVD）等。这些方法可以有效地减少非晶硅中的缺陷，提高其材料性能。此外，通过氢稀释技术，可以进一步降低非晶硅的缺陷密度，提高其稳定性，从而使其更适用于太阳能电池的生产。

非晶硅太阳能电池具有生产成本低、制备过程简单的优点，因而在低成本太阳能电池市场中占据重要地位。由于其良好的弱光性能，非晶硅太阳能电池在阴天或低光照条件下仍能有效发电。此外，这种电池多采用 p-i-n 结构，制作工艺简单，易于实现大面积制备。这些特点使非晶硅太阳能电池成为一种实用且廉价的太阳能电池选择。

2）薄膜材料

为了降低光伏电池的生产成本并实现薄膜化生产，薄膜光伏电池的厚度已被控制在 $23\mu m$ 左右。薄膜光伏电池包括硅薄膜型、多元化合物薄膜电池以及聚合物薄膜电池等几种主要类型。随着对薄膜材料研究的不断深入，科学家们在这些材料中积极引入碳组分或其他成分，使初始效率超过 15% 的高效硅薄膜电池成为可能[①]。薄膜材料主要有以下几种。

（1）铜铟镓硒（Cu（In，Ga）Se$_2$）薄膜材料。Cu（In，Ga）Se$_2$（CIGS）是目前在多元半导体薄膜光伏材料领域中占据重要地位的材料之一。CIGS 是一种具有直接带隙的半导体，带隙能量约为 1.04eV。通过用部分 Ga 替代 In，可以将带隙调节到 1.04~1.70eV，同时在膜厚方向上调整 Ga 元素的掺入比例，从而形成梯度带隙半导体，这种结构能够显著提高光吸收效率。CIGS 的光电转换效率接近多晶硅太阳能电池，因此在光伏产业中备受关注。

铜铟硒（Cu In Se$_2$，CIS）太阳能电池于 20 世纪 80 年代初由 Boeing 公司开发，是一种多晶薄膜电池。CIS 太阳能电池因其低廉的成本、高效的性能、接近单晶硅太阳能电池的稳定性和较强的空间抗辐射性，受到了全球光伏研究人员的广泛关注，成为 21 世纪最具前景的太阳能电池之一。现今，CIS 太阳能电池在实验室中的转换效率已超过 20%，而大面积集成组件的效率也超过了 13%。

CIGS 薄膜电池的生产成本较低，主要采用共蒸发法和硒化法制备。这些方法不仅成本效益高，而且工艺成熟，易于规模化生产。在 CIGS 薄膜电池中，通过调节 Cu 和 In 的比例，可以制备出具有不同导电类型的材料，即 P 型或 N 型材料。这种灵活性使得 CIGS 薄膜电池能够适应多种光伏器件结构设计，进一步提升其应用潜力。

（2）铜锌锡硫薄膜材料。由于 CIGS 薄膜材料中的铟（In）和镓（Ga）元素

---

① 王姿. 用于太阳能电池的柔性碳对电极的优化研究 [D]. 荆州：长江大学，2023.

相对昂贵且稀有，研究人员开始探索使用更为经济的材料，如铜锌硒硫（$Cu_2 Zn Sn (S, Se)_4$，CZSS）材料作为替代。尽管 CZSS 的最初效率仅为 0.66%，但这一尝试为新型薄膜太阳能材料铜锌锡硫（$Cu_2 Zn Sn S_4$，CZTS）的开发奠定了坚实基础。根据 Shockley-Queisser 理论，CZTS 的光电转换效率理论上可达到 32.2%，在微观结构上具有锌黄锡矿结构，属于 P 型半导体。其独特的光伏特性最早由 Ito 和 Nakazawa 发现。CZTS 的结构使其在光吸收和电荷分离方面表现出色，成为一种具有很大潜力的光伏材料。

CZTS 薄膜的制备可以通过多种方法实现，包括磁控溅射法、化学溶液法、真空热蒸镀法、电沉积法和喷涂热解法等。其中，磁控溅射法和化学溶液法被认为能够制备出高质量的 CZTS 薄膜。

（3）聚合物薄膜材料。在太阳能电池技术中，使用聚合物代替无机材料代表了一种全新的发展方向。通过利用不同氧化还原型聚合物的多层复合，可以打造出单向导电装置，这一过程基于不同氧化还原型聚合物的不同氧化还原趋势。相比传统的无机材料，有机聚合物太阳能电池材料具有广泛的来源、制作简单、生产成本低廉等优势，极适合大规模推广。聚合物薄膜电池具有更强的柔韧性，这使其在应用方面具有显著的优势。聚合物薄膜电池不仅具有经济优势，在性能方面也有显著提升，如能够改善光谱吸收和提高载流子迁移效率[1]。

3）钙钛矿

钙钛矿太阳能光伏材料因其优异的光吸收性能和高效的电荷传输速率，受到了国内外学术界和生产企业的高度关注。该材料通过多种结构设计，能够显著提升光电转换效率，目前其光电转换效率已高达 50%。钙钛矿太阳能光伏材料主要由钙钛矿吸光材料、空穴传输材料和电子传输材料组成。

（1）钙钛矿吸光材料。钙钛矿吸光材料是一种有机–无机杂化材料，其晶体结构为典型的钙钛矿结构，化学通式为 ABX_3，其中 A 为有机阳离子，B 为金属离子，X 为卤素离子。在这种结构中，金属离子 B 位于立方晶胞的体心，卤素离子 X 位于立方体的面心，而有机阳离子 A 则位于立方体的顶点。这种结构不仅稳定，而且有利于缺陷的扩散和迁移，使材料具有良好的光吸收和电致发光、光致发光特性。通过能带工程调整 ABX_3 三种组分的组合，可以有效调节钙钛矿光伏材料的能带带隙，进一步提升其光电转换性能[2]。

（2）空穴传输材料。空穴传输材料的主要功能是快速高效地传输空穴，其

---

① 李珂，郝奕帆，方振华，等. 高功率化学电源体系发展及军事应用分析［J/OL］. 储能科学与技术，2024（2）：1-26.

② 杨阳. 基于吸电子核心的新型小分子空穴传输材料的设计、合成及其应用［D］. 重庆：西南大学，2021.

能级需与钙钛矿材料的最高已占轨道高度匹配，并具有较高的空穴迁移率。根据材料性质，空穴传输材料可分为无机和有机两种。其中，市场上应用最广泛的有机空穴传输材料是 Spiro-OMETAD，虽然其光电转换性能优异，但制备难度大，生产成本高，不利于大规模生产和应用。因此，研究人员也在不断寻找更为经济高效的替代材料①。

（3）电子传输材料。电子传输材料的作用是阻挡空穴和电子的复合，并促进电子的高效稳定传输。这类材料需要具备高电子迁移率和良好的透光性，同时其能级应与电极的导带位置相匹配，以实现最佳的电子传输效果。优化电子传输材料的选择和结构设计，对于提升钙钛矿太阳能电池的整体性能至关重要。

4）其他材料

（1）石墨烯。石墨烯凭借其独特的单原子层结构，展示出一系列卓越的物理化学特性，包括优异的导电性、高热导率、极高的载流子迁移率以及优异的柔韧性。这些特性使石墨烯成为新一代具有良好发展前景的太阳能光伏材料。然而，石墨烯在完整状态下的应用仍然面临诸多挑战，主要包括其表面化学性能较为稳定，导致与常用介质的亲和性较低，以及石墨烯片间强烈的范德华力导致片层团聚。这些问题增加了研究难度并限制了其在实际应用中的范围。

为了克服这些材料上的困难并充分发挥石墨烯的优良特性，研究人员开发了一系列处理方法，包括功能化、化学掺杂和结构改性。例如，利用卟啉对石墨烯进行共价键功能化可以显著促进电子及能量在石墨烯与卟啉之间的转移，从而提升其光电性能。此外，通过化学掺杂和杂化处理，石墨烯材料展现出优异的非线性光学性质，进一步拓宽了其应用前景。

（2）染料敏化太阳能电池（Dye-sensitized solar cell，DSSC）。这是一种模仿自然界植物光合作用原理开发出的新型太阳能电池。这类电池主要利用低成本的纳米二氧化钛和光敏染料作为关键原料，通过模拟植物在光合作用中对太阳能的吸收和转化过程，将太阳能转化为电能。染料敏化太阳能电池的显著优势在于其原材料丰富、成本低廉、生产工艺相对简单，适合大规模工业化生产。此外，染料敏化太阳能电池的原材料和生产工艺均为无毒、无污染的，部分材料还可回收利用，对环境保护具有重要意义②。

① 窦海林，王波，张靖宇，等. 太阳能光伏发电材料研究进展 [J]. 现代制造技术与装备，2016（12）：46-48.
② 房庆圆. 浅谈太阳能光伏发电材料的研究进展及发展前景 [J]. 当代化工研究，2020（17）：12-13.

2. 辅料

1）光伏银浆

光伏银浆是制造太阳能电池片电极的关键材料，其成本占电池片非硅成本的33%左右，并且其性能直接影响电池的光电转换效率。光伏银浆是一种配方型产品，主要成分包括银粉、树脂黏接相、溶剂、添加剂和玻璃粉。这些成分的合理配比和原材料的质量是制备优良浆料的关键因素。

在这些原材料中，玻璃粉是 PERC（Passivated Emitter and Rear Cell，钝化发射极和背面电池）和 TOPCon（Tunnel Oxide Passivated Contact，隧穿氧化钝化接触）电池的配方原料，但并不适用于 HJT（Heterojunction Technology，异质结）电池的配方。国内高端银粉的来源主要依赖进口，这是因为国内银粉在批次稳定性、粒径调控和分散性能方面仍存在不足，难以满足高端光伏银浆的需求。目前，高端银粉市场主要被日本的同和控股集团（Dowa Holdings）和美国的 AMES 公司所垄断，这也带来了技术封锁的风险[1]。

光伏银浆的出色表现，得益于它的一些独特特点。首先，由于银是优良的导电材料，光伏银浆具有出色的导电性能，有助于降低电阻，使电流的流动更为顺畅，从而提高电池的电流收集效率。其次，光伏银浆能够牢固地附着在硅片表面，这种良好的黏附性确保了电气连接的稳固可靠。最后，经过精心设计的光伏银浆，能在长期使用中保持稳定的电性能，不易受环境的影响，显示出优异的抗老化性能。

在太阳能电池的制造过程中，光伏银浆的作用远不止于此。它由银粉、有机溶剂和黏结剂等组成，被涂覆或印刷在电池片的表面上，形成电极结构。银粉的导电性能优良，提供了良好的电子传输路径。光伏银浆的导电性、抗氧化性和耐腐蚀性使得其能够在不同工艺条件下保持稳定的性能[2]。

2）光伏胶膜

光伏电池封装胶膜［EVA，乙烯-乙烯基醋酸盐（Ethylene Vinyl Acetate）］是一种具有热固性和黏性的胶膜，通常用于夹胶玻璃的中间层。由于 EVA 胶膜在黏着力、耐久性以及光学特性方面表现出色，因此在电流组件和各种光学产品中的应用越来越广泛[3]。

---

① 廖志辉，王建勇，袁再芳，等. 光伏银浆配方原料对太阳能电池性能影响综述［J］. 贵金属，2023，44（S1）：28-35.

② 董弋. 晶硅太阳能电池导电浆料用有机载体的制备及性能研究［D］. 太原：太原科技大学，2021.

③ 秦磊. 光伏产业逆向物流运作模式及回收量模型研究［D］. 北京：华北电力大学，2019.

EVA胶膜具有以下特性：①高透明度和高黏着力。EVA胶膜具有极高的透明度和黏着力，适用于多种界面材料，包括玻璃、金属和塑料（如PET）。②良好的耐久性。这种胶膜能够抵抗高温、湿气和紫外线，确保在各种恶劣环境下依然稳定可靠。③易于储存。在室温下储存时，EVA的黏着力不会受到湿度和吸水性胶片的影响，保持其优良性能。④优越的隔音效果。相较于PVB（聚乙烯醇缩丁醛），EVA胶膜在隔音方面表现更佳，特别是在高频率音效的隔离上更加突出。⑤低熔点和易流动性。EVA胶膜的低熔点使其易于流动，适用于各种玻璃夹胶工艺，包括压花玻璃、钢化玻璃和弯曲玻璃等。总之，EVA胶膜凭借其多种优越特性，已成为光伏电池封装和其他光学应用中不可或缺的材料，持续推动着相关产业的发展。

3）光伏焊带

光伏焊带主要包括汇流带和互连条，其结构和分类如图2-6所示，广泛应用于光伏组件电池片的连接过程中。汇流带和互连条分别在光伏组件中扮演着重要角色。汇流带用于将光伏组件内部的电流汇集并传导至外部电路，而互连条则负责连接单个电池片，从而形成一个完整的电流路径。这两种焊带的质量和性能对于光伏组件的效率和可靠性至关重要。焊带在光伏组件中起到连接电池片的关键作用。在串联电池片的过程中，焊带必须确保焊接牢固，防止出现虚焊或假焊现象。焊接质量的好坏，直接关系到组件的整体性能和寿命。

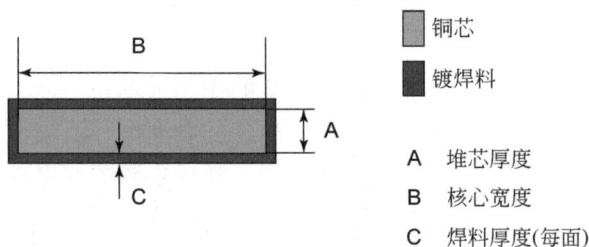

图2-6　光伏焊带结构和分类图

焊带选择的关键因素如下。

（1）电池片特性：选择焊带时，首先要考虑所使用电池片的特性。不同的电池片对焊带的要求不同，因此必须根据电池片的具体情况来决定焊带的状态。

（2）厚度和短路电流：焊带的厚度通常根据电池片的厚度和短路电流来确定。较厚的电池片和较高的短路电流需要使用较厚的焊带，以确保电流的顺利传输和减少电阻。

（3）宽度和主栅线：焊带的宽度要与电池片的主栅线宽度一致。这不仅有助于提高焊接质量，还能确保电流在电池片之间的有效传输。

（4）软硬程度：焊带的软硬程度一般取决于电池片的厚度和所使用的焊接工具。适度的硬度可以确保焊带在焊接过程中不易变形，从而保证焊接的牢固性和可靠性。

总之，选择合适的焊带对于光伏组件的性能至关重要。通过合理选择焊带的厚度、宽度和硬度，可以有效提升光伏组件的电流收集效率和功率输出，进而延长组件的使用寿命[①]。

4）光伏背板

光伏组件的背板是一种关键的封装材料，安装于太阳能组件的背面，直接暴露在外部环境中。因此，背板需要具备卓越的耐久性，以应对长时间的环境考验，包括湿热、干热和紫外线等的影响。此外，它还需要具有良好的电气绝缘性能和出色的水蒸气阻隔能力。

背板的主要功能是保护太阳能组件的内部结构和材料，使其能够在长达 25 年的使用寿命中保持稳定和高效运作。具体而言，背板必须在耐老化、耐绝缘和耐水汽等方面达到较高的标准，以确保组件在各种环境条件下的性能不受影响。它不仅提供了对组件内部原辅材料的保护，还有效隔绝了汇流带，从而保障了组件的整体稳定性和安全性[②]。

根据国家标准《晶体硅太阳能电池组件用绝缘背板》（GB/T 31034—2014）的规定，光伏组件背板的主要性能指标包括以下几点。

（1）厚度偏差：背板的厚度偏差绝对值应不超过标称厚度的 10%。

（2）断裂伸长率：纵向和横向断裂伸长率均应达到或超过 80%。

（3）热收缩率：纵向热收缩率应小于或等于 1.5%，横向热收缩率应小于或等于 1%。

（4）水蒸气透过率：应小于或等于 $2g/(m^2 \cdot a)$。

（5）层间剥离强度：应大于或等于 4N/cm。

（6）背板与 EVA 胶膜的剥离强度：应大于或等于 40N/cm。

这些指标确保了背板在各种严苛的环境条件下能够长期有效地保护太阳能组件，避免性能下降和寿命缩短。通过严格的质量控制和先进的生产工艺，现代背板材料不仅能够满足这些标准，还能够在不断的技术改进中提升其综合性能，以适应不断发展的光伏产业需求[③]。

目前市场上主流使用的背板有 TPT、TPE、KPK、KPE、KPF、PPE 等结构，

---

① 吴迪. 光伏焊带涂锡设备的改进设计［D］. 武汉：武汉轻工大学，2017.

② 刘海东，吴旭东，尹洪锋. 太阳能电池背板膜的市场现状和发展趋势［J］. 塑料包装，2015，25（3）：9-12，8.

③ 文劲松. 塑料薄膜之光伏背板市场分析［J］. 中国塑料，2022，36（12）：71-77.

以 TPE 结构背板为例，其结构如图 2-7 所示。外层保护层：氟层。通常采用聚氟乙烯（PVF）或聚偏氟乙烯（PVDF），具有良好的抗环境侵蚀、自清洁、机械保护等功能；中间层：PET 层。通常采用聚对苯二甲酸乙二醇酯（PET），具有良好的电气绝缘、机械支撑、尺寸稳定等功能；内层：黏接层。通常采用乙烯-醋酸乙烯酯共聚物（EVA），具有良好的黏接性能、电气绝缘、耐湿热等功能。

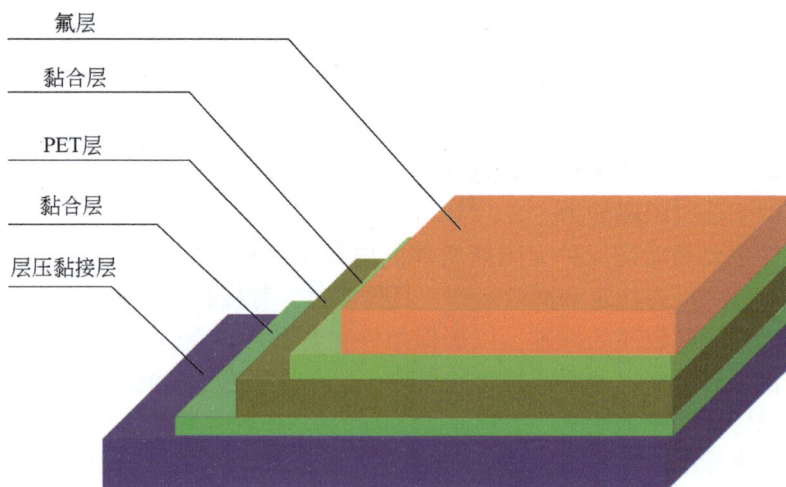

氟层
黏合层
PET层
黏合层
层压黏接层

图 2-7　光伏背板结构图

5）光伏玻璃

光伏玻璃，又称"光电玻璃"，其主要组成部分包括玻璃基板、太阳能电池片、胶片、背面玻璃和特殊金属导线等。由于其独特的功能和结构，光伏玻璃在各种应用场景中得到广泛使用。光伏玻璃不仅可以作为传统建筑材料，还可以发挥能源生成的功能。它常应用于太阳能智能窗、太阳能凉亭、光伏玻璃建筑顶棚和光伏玻璃幕墙等创新建筑设计中。通过将光伏玻璃集成到建筑物的各个部分，不仅提升了建筑的能源利用效率，还实现了美观与功能的完美结合。

根据光伏电池类型，光伏玻璃可以分为晶体硅光伏玻璃和薄膜光伏玻璃两大类。晶体硅光伏玻璃可进一步分为单晶硅和多晶硅两种类型，常用于建筑幕墙材料。这两种类型的光伏玻璃各有特点，其中，单晶硅光伏玻璃具有较高的光电转换效率，但成本较高；多晶硅光伏玻璃则成本较低，适合大面积应用。

光伏玻璃是一种能为光伏组件提供保护、透光的特种玻璃，是电池组件的重要封装辅材。根据玻璃封装的不同结构，组件可分为单玻组件和双玻组件，如图 2-8 所示。单体太阳能电池板结构脆弱，直接暴露在室外环境易受到自然界水分腐蚀、空气氧化衰老及其他外力破坏，需要光伏玻璃作为盖板提供保护。因光伏电站依靠太阳能电池板接收太阳辐射进行发电，光伏玻璃的强度、透光率直接决定了光伏组件的寿命和发电效率[①]。

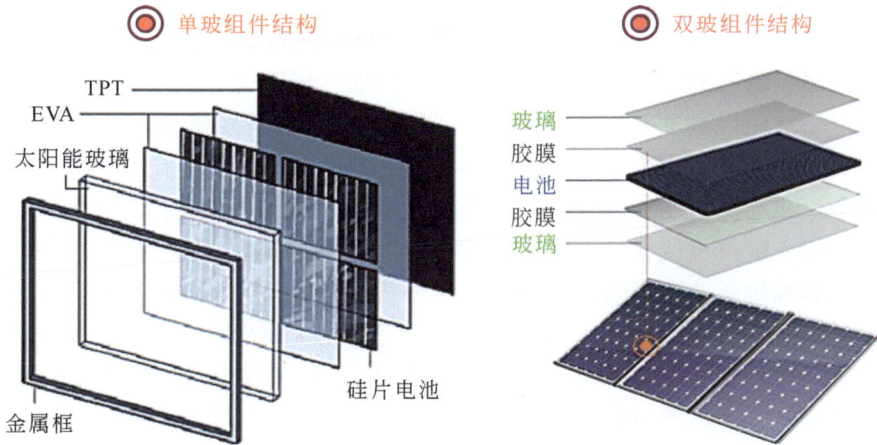

图 2-8　单双玻组件结构图

根据华经产业研究院统计，光伏玻璃约占光伏组件总成本 7%。近年来，随着大尺寸电池和双玻组件渗透率上升，玻璃用量有上升趋势，N 型组件亦提高了对玻璃性能和工艺的要求。原材料与燃料是光伏玻璃的主要成本，根据福莱特招股说明书中对光伏玻璃的成本结构拆分，以石英砂和纯碱为主的原材料成本合计占总成本的比例超过 40%；燃料成本（包括天然气、电力、轻质柴油、重油等）占比在 35% 以上，其余为直接人工和制造费用。

2.1.4　光伏电站相关效益

荒漠化地区光伏电站的效益评估方法研究，不仅可以帮助我们更全面地理解光伏电站在经济、生态、社会和环境等多方面的综合效益，还可以为光伏电站的设计、建设和运营管理提供科学的指导和参考。因此，开发和应用适合荒漠化地区特点的效益评估方法，对于推动光伏产业的健康发展，以及促进荒漠化地区的生态环境改善和社会经济发展具有重要意义。

1. 经济效益

沙漠光伏电站具有显著的经济产出，不需要占用耕地和其他可用土地资源，

---

① 刘玉豪. 光伏玻璃压延成型与退火过程中温度场的研究 [D]. 郑州：河南工业大学，2023.

有利于保护中国有限的耕地资源。此外，光伏治沙模式与传统的种植治沙和燃煤发电模式相比具有良好的综合效益，其能源利用效率更高①。

目前，光伏电站的经济效益评估方法已较为成熟，能够从多个角度全面评估项目的经济性。其经济效益评估主要依赖于对项目投资成本、运营成本、收益以及电力产出、政府补贴等因素的综合考量。例如，杨茂等在成本-效益分析中考虑光伏电站从建设到废弃的整个生命周期，这是评估其经济性和可持续性的关键。因此，他提出采用全寿命周期成本-效益分析方法，考虑了集中式光伏发电在其整个生命周期内的成本和效益，包括初始投资、运行维护成本以及环境效益等。通过引入碳排放权交易，将环境效益量化为经济效益，从而优化经济评估指标，并对影响效益的不同因素进行敏感性分析②。张弘扬的研究指出，通过构建光伏发电平准化发电成本（LCOE）模型来测算光伏发电的经济性③。李田珍等提出，利用单位供电成本模型公式计算光伏电站的经济效益④。杨晶的研究表明，通过构建基于传统投资决策方法的投资效益分析模型和引入环境价值的期望投资效益分析模型，可以对光伏发电项目的投资效益进行全面评估，从政治、经济、社会和技术四个维度对光伏电站的经济效益进行评估，为项目投资决策提供科学依据⑤。此外，还有郑伟烁等的研究表明，光伏电站的发电效率受到多种因素的影响，包括光照条件、环境温度、相对空气湿度、光伏组件衰减特性等，因此建立考虑多种影响因素的光伏电站发电效率综合评估模型，并通过仿真验证其准确性和实用性⑥。

在光伏产业发展的早期，由于资金、人才、技术和市场壁垒的存在，该产业的进入门槛相对较高，因此竞争对手较少。这种高门槛环境，加上政府财政补贴的推动，使得光伏产业整体的盈利能力表现优异。然而，2008年国际金融危机后，光伏产业面临的挑战逐渐加剧。尤其是2012年，美国和欧盟对中国光伏产业提出了反倾销政策，对中国光伏产品的国际贸易产生了显著影响。同时，中国光伏产业也因生产过剩而导致盈利能力大幅下降。

---

① 蔡林美，张金锁，宋晓倩. 陕北地区煤炭生产的能源投入回报评价研究 [J]. 煤炭经济研究，2021，41（10）：4-12.

② 杨茂，王少帅，李大勇，等. 全寿命周期下考虑环境效益的集中式光伏发电成本-效益分析 [J]. 东北电力大学学报，2018，38（6）：21-28.

③ 张弘扬. 我国集中式光伏发电经济性研究 [D]. 北京：华北电力大学，2018.

④ 李田珍，刘立勇，张良忠，等. 光伏发电及储能系统经济效益分析模型研 [J]. 中国锰业，2019，37（4）：108-111.

⑤ 杨晶. 集中式光伏发电项目投资效益分析 [D]. 西安：西安理工大学，2020.

⑥ 郑伟烁，吴芳芳，郑文悦，等. 一种光伏电站发电效率多参数综合评估模型及仿真验证 [J]. 电测与仪表，2021，58（12）：96-103.

近年来，得益于国家对分布式光伏政策的大力支持，一系列鼓励政策的出台，包括补贴和激励措施，进一步促进了光伏产业的发展，推动了分布式光伏系统的广泛应用，并鼓励企业技术创新，提升了生产效率。这些政策措施不仅有效缓解了产能过剩问题，还促进了光伏产业链的健康发展①。全国范围内分布式光伏的产量显著增加，国内市场对光伏产业的需求也大幅上升，使得分布式光伏行业的利润逐步提升。

光伏产业的快速发展不仅促进了能源结构的优化，还为经济增长和就业创造了新的动力。首先是能源成本的降低。光伏电站的建设成本虽然相对较高，但太阳光是免费的，不需要额外的燃料费用。与传统的化石能源相比，太阳能光伏发电能够有效降低电力供应的成本，特别是当太阳能光伏技术的成熟度不断提高以及生产规模不断扩大时，太阳能光伏发电的经济效益将会更加显著。其次，光伏发电的经济效益还表现在就业岗位的增加。太阳能光伏产业的发展，不仅需要大量的技术研发和生产制造人才，还需要大量的施工、维护和运营人员。根据国际能源署的预测，到 2030 年，全球太阳能光伏产业的就业岗位将达到 2500 万个，这将为全球经济带来巨大的就业机会和经济增长。随着智能电网和储能技术的发展，光伏产业在能源系统中的作用日益重要，未来前景广阔。众多企业在加大技术研发投入的同时，也在积极探索多元化的商业模式，以适应市场的快速变化和激烈竞争。总之，光伏产业正在迎来一个新的发展阶段，潜力巨大，前景可期。

2. 生态效益

近年来，随着大规模光伏电站在干旱荒漠地区的迅速扩张，其对脆弱的荒漠生态环境的影响日益受到学术界的高度关注。光伏电站的生态效益评估方法和模型研究是一个多维度、跨学科的研究领域，涉及环境科学、经济学、社会学等多个学科。其中，光伏电站的生态效益评估方法主要包括环境影响评价、生命周期评价、综合效益评价等。例如，朱林等分析比较国内外光伏发电项目的环境影响和评价要求时提出，环境影响评价关注光伏电站建设、运行对环境的影响，如噪声、电磁辐射、固体废物处理等②；申卫华等指出，生命周期评价从光伏组件的生产、使用到废弃全过程评估其环境效益，如温室气体排放量和能源偿还时间③；杨立滨等指出，综合效益评价则更加全面，不仅考虑经济效益，还包括社

---

① 汤琳娜. 分布式光伏电站的发展与应用分析 [J]. 光源与照明，2021（9）：60-61.
② 朱林，吴菲，李健. 国内外光伏发电站环境影响评价方法简析 [J]. 环境科学与管理，2012，37（1）：173-178.
③ 申卫华，江浩，亢超群. 太阳能光伏发电环境效益研究 [J]. 电力与能源，2014，35（5）：627-631，635.

会效益和环境效益，如层次分析法与劳瑞模型的结合使用①。

在光伏电站的生态效益评估中，当前已开发了多种模型来提高评估的准确性和科学性。例如，基于层次分析法与劳瑞模型的综合效益评估方法，这种方法将光伏电站建设对区域社会经济发展的影响纳入考虑，通过劳瑞模型分析人口分布、产业新增与用地类型转变，同时利用层次分析法确定各项效益的权重，有效解决了间接经济效益欠缺考虑以及社会效益难以量化的问题；罗凤章等研究了并网光伏发电工程的低碳综合效益评估模型和方法，这种模型主要关注光伏发电在减少碳排放方面的贡献，并结合经济效益进行综合评估，它从光伏发电收益、成本、系统网损改善效益和系统备用容量成本四个方面进行分析，提出了低碳效应模型和经济效益模型②；谷秀等运用模糊综合评价法对光伏充电站的环境效益进行综合评价，这种评价方法通过构造区间互补判断矩阵等步骤计算模糊评价矩阵，并进行归一化计算，对光伏充电站的环境效益进行综合评价，为光伏充电站行业的健康发展、环境保护防治等方面提供一定依据③；翁琳和陈剑波以上海临港某光伏发电项目为研究案例，运用了全生命周期碳排放量计算模型，这种模型关注光伏发电系统从生产到废弃的整个生命周期内的碳排放，通过详细分析各阶段碳排放的独特性和来源，为光伏发电系统的环境与经济效益提供客观评价④；Liu等在宁夏毛乌素沙漠光伏电站的研究显示，"光伏+植被"组合模式所提供的生态系统服务是自然恢复土地的 24 倍，每年可提供的生态系统服务价值为 1361.38 万美元，占所提供电力效益的 34.93%⑤；Walston 等采用 InVEST 模型，对美国中西部 30 个太阳能电站原生植被带来的生态系统服务改善进行了定量评估⑥；武琛昊基于生命周期视角构建光伏电站生态效率评价模型，并在生态环境和社会经济两方面分别构建终点类光伏电站生命周期环境影响评价模型和光伏电站生命周期效益评价模型来展开测度。这种模型基于生命周期视角，构建了终点类光伏电站生命周期环境影响评价模型和光伏生命周期效益评价模型来展开测度，以评估我国光伏产业生

① 杨立滨，冯冀，乔梁，等．基于层次分析法与劳瑞模型的光伏电站综合效益评估［J］．电力系统及其自动化学报，2018，30（11）：120-125.

② 罗凤章，米肇丰，王成山，等．并网光伏发电工程的低碳综合效益分析模型［J］．电力系统自动化，2014，38（17）：163-169.

③ 谷秀，赵志勇，李捍东．光伏充电站环境效益综合评价［J］．环境与发展，2016，28（4）：32-38.

④ 翁琳，陈剑波．光伏系统基于全生命周期碳排放量计算的环境与经济效益分析［J］．上海理工大学学报，2017，39（3）：282-288.

⑤ Liu Y, Zhang R Q, Ma X R, et al. Combined ecological and economic benefits of the solar photovoltaic industry in arid sandy ecosystems ［J］. Journal of Cleaner Production, 2020, 262：121376.

⑥ Walston L J, Li Y, Hartmann H M, et al. Modeling the ecosystem services of native vegetation management practices at solar energy facilities in the Midwestern United States ［J］. Ecosystem Services, 2021, 47：101227.

态效率①。Lv 和 Tang 评估了青藏高原光伏发电的生态系统服务价值和光伏电站建设的土地适宜性，发现高适宜性地区的生态系统服务价值最低，为 1031.6 亿元，低适宜性地区价值最高，为 2525.2 亿元，从而为电站规划与生态价值权衡提供了依据②。

目前，对荒漠地区光伏电站带来的生态系统服务价值，特别是采取风沙治理和生态建设措施后所产生的生态价值提升仍缺乏了解和评估。因此，需要在以下两个方面加强研究：①在较大区域范围内，评估光伏电站采取生态建设措施后的生态系统服务价值提升潜力；②在不同用地情景下评估荒漠地区电站的发电潜力。这将有助于更好地理解光伏电站对生态系统的贡献，实现发电与生态保护的协调发展。

光伏治沙模式为沙漠地区的生态治理和经济发展提供了新的模式和思路。通过转化太阳辐射，光伏电站不仅提供了清洁能源，还能有效调节地表的热力平衡，有助于改善沙漠、戈壁地区的环境气候，是经济与生态发展的双赢模式。光伏组件铺设密度大，能够有效挡风防风，减少沙尘暴和风沙流的发生，从而对防沙治沙起到积极作用③，并且减少土壤中水分蒸发，明显改善植物生长环境。研究表明，光伏电场内植被盖度显著大于光伏电场外围，有利于促进植物生长。光伏电站还具有集雨遮阴的功能，能够促进植物生长，使得光伏板下沿地面 80cm 宽的范围内土壤含水率提高 30%～60%，从而增加了植物的密度和多样性④。

3. 社会效益

光伏电站的社会效益主要体现在以下几个方面：①减少二氧化碳排放。光伏电站利用太阳能发电，不会产生二氧化碳等有害气体，可以有效减少二氧化碳的排放，降低空气污染，改善环境质量。②促进经济发展。光伏电站建设需要大量的投资和人力资源，可以促进当地经济的发展，创造就业机会，提高当地居民收入水平。③提高能源安全。光伏电站利用太阳能发电，不受石油、天然气等能源价格波动的影响，通过推广和普及太阳能光伏发电，国家能够减少对进口能源的依赖，提高能源的自主性和安全性。④推动可持续发展。光伏电站是一种清洁能源，可以有效减少化石能源的使用，推动可持续发展，保护生态环境。总之，光伏电站的社会效益非常显著，可以为社会和环境带来很多积极的影响。

① 武琛昊. 我国光伏产业生态效率评价研究 [D]. 北京：中国环境科学研究院，2022.

② Lv F, Tang H. Sustainable photovoltaic power generation spatial planning through ecosystem service valuation：A case study of the Qinghai-Tibet plateau [J]. Renewable Energy, 2024, 222：119876.

③ 刘世增，常兆丰，朱淑娟，等. 沙漠戈壁光伏电厂的生态学意义 [J]. 生态经济, 2016, 32 (2)：177-181.

④ 常兆丰，刘世增，王祺，等. 沙漠、戈壁光伏产业防沙治沙的生态功能——以甘肃河西走廊为例 [J]. 生态经济, 2018, 34 (8)：199-202, 208.

2.1.5　光伏电站增值效益

太阳能光伏电站除以自身性质产生的直接相关效益外，还可发展"光伏+"产业模式，对光伏电站区域空间进行二次合理利用。"光伏+"是指通过光伏发电技术与其他领域技术的融合应用，合理地保护和利用自然资源，实现多样化、综合化的能源利用和增值应用。目前，荒漠化地区"光伏+"有多种模式，包括光伏旅游、牧光互补、农光互补等（图2-9）。充分挖掘"光伏+"产业开发及其立体化空间布局带来的增值效益，可实现跨界融合和多能互补，不仅能提升光伏产业的相关效益，还能促进相关行业的低碳化转型和可持续发展，同时为光伏产业的技术创新和市场拓展提供了新的增长点。

(a)光伏旅游　　　　　　　(b)牧光互补　　　　　　　(c)农光互补

图 2-9　"光伏+"模式

1. 光伏+农业

光伏+农业模式在不改变土地使用性质且不额外占用土地的情况下，既能节约土地资源，又能促进现代农业和配套农业的发展，为农民提供多种收入来源，是目前应用较多的产业模式。这一模式在乡村振兴战略的推动下，将在土地改革、农业规模化经营、基础设施建设等领域带来巨大的投资机会，因此光伏农业项目受到了广泛关注。

光伏农业依托观赏苗和有机农产品的观赏与采摘，可开发集观光、休闲和体验于一体的旅游资源，形成观光农业，从而提高农民收入。目前，光伏农业形式发展较为成熟的有光伏+大田种植、菌菇光伏及药材光伏等。

光伏+大田种植：随着光伏与农业结合的生产模式迅速发展，国家相关部门为避免不合理占用耕地资源，出台了严格规定，明确禁止光伏项目占用基本耕地和农田。这一政策旨在确保耕地资源得到有效保护，防止光伏项目建设而导致的农业用地减少。然而，光伏发电在农田中的应用仍具有巨大潜力。

这种结合的生产方式被称为"敞开式光伏设施"，特别适合种植低矮或藤本作物，如瓜类、茶树、红薯、油用牡丹等。在这种模式中，光伏板架设在农田上方，同时在光伏板间或者板下进行林果种植。此外，还可以结合光伏塑料大棚等设施，进一步促进植物的生长。这类项目不仅能提高土地的综合利用率，还可以发展旅游农业，吸引游客观光，增加农民收入。

为了确保光伏板下的作物能够获得充足的太阳辐射，光伏板与地面的距离需要保持在 2.5m 以上。此外，根据不同作物对光照需求的差异，可以适当调整光伏板之间的间距。这种灵活的设计方式不仅使光伏组件的布置更加方便，还能优化光能利用效率，从而提高农业生产效益。

光伏板产生的电能在大田种植领域具有广泛的应用潜力。例如，可以用于农田灌溉系统的供电，确保作物在不同生长期得到充足的水分；还可以为农业配套设施供电，如温室大棚的环境控制系统。此外，光伏发电还可以为大田种植的物联网设备供电，这些设备能够实时监测和调控土壤湿度、温度、光照等关键参数，从而实现精准农业，提高作物产量和品质[①]。

光伏+大田种植不仅能够避免对耕地资源的占用问题，还能有效利用太阳能资源，促进农业生产的现代化和可持续发展。通过这种模式，农民可以获得多种收入来源，进一步提升农村经济水平。这种模式的推广，不仅为光伏产业提供了新的发展空间，也为现代农业注入了新的活力。随着技术的不断进步和政策的持续支持，光伏+大田种植模式具有广阔的发展前景[②]。

光伏+食用菌：该模式通过在菇棚顶部建设光伏大棚发电，同时在闲置土地上种植速生植物，不仅能够有效利用废弃资源，还能解决大量固体废弃菌包带来的环境压力，进而打造珍稀药食两用食用菌特色产业。适宜种植的食用菌种类包括：羊肚菌、鸡枞菌、大球盖菇、蟹味菇、灵芝菇、猴头菇、杏鲍菇、香菇、牛肝菌、白玉菇、竹荪等。根据效益测算，在每亩土地上建设光伏食用菌传统简易菇棚的投资回报极具吸引力。以每个菇棚为例，初始投资为 5 万元（包括原材料成本），每年可生产 3 万 kg 鲜菇。按市场价格每千克 5 元计算，每个棚的年毛收入可达 15 万元，投资可在第一年内完全收回，并实现 10 万元的纯利润。与传统农作物相比，光伏食用菌种植的经济效益更显著，其效益分别是西红柿的 4.8 倍、棉花的 29.4 倍、玉米的 53 倍、小麦的 67 倍。这种高效的生产模式不仅显

---

① 汤俊超，吴宜文，张姚，等．浅谈"光伏+农业"产业的发展模式 [J]．中国农学通报，2022，38（11）：144-152.

② 陈永亮．"光伏+"助力农业绿色化 [J]．江苏农村经济，2024（6）：46.

著提升了土地的利用价值，还为农民提供了可观的经济回报，具有广阔的发展前景。

光伏+药材：该模式是与中药材种植进行结合，在上方建设光伏板发电，在光伏板下、板间或搭建光伏大棚种植中药材。适宜种植种类有：肉苁蓉、梭梭嫁接肉苁蓉、锁阳、麻黄、甘草、大黄、沙拐枣、枸杞等。

从短期来看，光伏农业不仅能种植蔬菜和粮食，还能发电。在满足自身用电需求的同时，将多余电力输送到国家电网，这是解决当前光伏产业困境的有效措施之一。从长期来看，与一般大型地面光伏项目需要荒山、荒坡等未利用地的条件相比，光伏农业更具优势。因此，在广袤的农村地区，光伏+农业模式有着巨大的市场潜力。目前，我国日光温室和塑料大棚的总面积已超过 200 万 hm^2，居世界首位。现有的光伏农业大棚项目主要集中在山东、江苏、江西等传统农业大省和光伏产业大省。如果未来光伏农业大棚能够在全国范围内大面积推广，将形成一个千亿级别规模的大市场。

光伏农业不仅代表着绿色转型发展的未来，也承载着国计民生的根基。光伏技术为传统农业注入了新的生命力，在当前光伏行业快速发展的背景下，光伏农业扮演着重要角色，具有广阔的发展前景。

光伏农业模式将继续为农业和光伏产业的发展带来新的机遇，通过有效结合农业生产和光伏发电，实现土地资源的高效利用，促进农村经济的可持续发展。在未来，随着技术的进步和政策的支持，光伏农业将展现出更大的发展潜力和应用空间。

1）效益分析

经济效益：促进土地综合利用，光伏+农业模式实现了土地的立体综合利用，不改变土地属性，同时扩大了可再生能源供电比例，带来了双向效益。这种模式还能最大限度地发挥土地空间的经济价值，提升项目的经济性。光伏农业被视为未来我国农业发展的主要方向之一，有望打开千亿级市场空间。通过科学设计和合理嫁接光伏的经营模式，可以有效促进农业经济效益的提高[①]。

生态效益：通过在光伏板下种植耐旱植物，如梭梭、四翅滨藜等，实现了沙漠治理和植被恢复，这种模式不仅减少了扬尘，还提高了土地的生态价值。光伏农业通过提供遮阴，减少了水分蒸发，提高了植被的存活率和生长速度，从而改善了当地的空气质量。

社会效益：带动就业与乡村振兴，光伏项目的建设和运营为当地居民提供了大量就业机会，特别是在偏远地区，这对于当地经济发展具有重要意义。

---

① 资料来源：https：//m. in-en. com/article/html/energy-2321981. shtml。

2）光伏+农业相关实践案例

案例 1：内蒙古巴彦淖尔市磴口县的乌兰布和沙漠光伏产业生态治理示范基地项目。该项目总投资达 49 亿元，装机容量为 500MW，占地 20km²。吸引了包括昌盛日电、中电投、国电、国华、蒙华和神州等多家企业入驻。基地内光伏板间距设计为 8m，确保了足够的空间来种植植物。光伏发电为整个基地提供了稳定的电源，特别是支持滴灌设施的高效运行。光伏板下主要种植沙地柏和饲草等耐旱植物，既适应沙漠环境，又为当地生态系统提供支持。

按照发展规划，该基地成功打造成一个集光伏发电、沙草产业、现代农牧业和生态旅游为一体的生态光伏示范基地。光伏基地不仅注重能源生产，还通过多种产业的结合，实现了生态和经济的双重效益。

在磴口沙漠光伏农业园区内，昌盛日电光伏农业观光区将光伏发电、设施农业和休闲观光有机结合，形成一个综合性的农业科技示范区。该区域内已建成了 253 个光伏设施农业科技大棚，种植了茶树、菌类、花卉和蔬菜等多种作物，并配套 30MW 光伏发电项目。该项目通过科学分配太阳辐射，既满足了植物生长的需求，又实现了光电转换，达到了双重效益①。此外，园区还发展了循环农业模式。例如，在华盛绿能（磴口）农业科技示范园区内，沙地经改良后变成基本农田，再搭光伏大棚，在里面养殖蚯蚓，夏天光伏板可以挡住太阳光，蚯蚓不会被晒死，冬天光伏大棚又可以保温。蚯蚓吃畜禽粪便和秸秆，产出的蚯蚓粪又可以用来改良土壤，改良的土壤可以种出鲜花和蔬菜。目前，以光伏大棚的甜瓜标准化种植、以工厂化育苗的科普示范和科技推广、以蚯蚓养殖为代表的循环农业，使园区的规模化、集约化、现代化的格局凸显。

光伏农业产业园区建设以来，各企业充分发挥光伏+农业的比较优势，在科技引领、高效节水、人才聚集等方面成效显著，同时将农业创客与乡村振兴相结合，引进农民入园免费培训和技术指导，帮助他进行生产创业。

案例 2：武威市凉州区九墩滩光伏治沙示范园项目。该项目坐落于腾格里沙漠边缘，地处海拔约 1510m 的九墩镇。该园区目前采用两种光伏治沙模式，其中以亿恒 20 万 kW 光伏治沙项目为代表的高架立体光伏模式为典型。这一模式将太阳能开发与沙漠治理巧妙结合，采用"板上发电、板间养殖、板下种植、治沙改土"的综合方法，推动优质牧草生产、畜牧业养殖、肉苁蓉生产加工等多产业的协同发展，实现了"产业多层化、生态多样化、效益多元化"的目标。示范项目建成后，预计每年将向社会提供绿色电力约 9 亿 kW·h，创造经济产值达

---

① 杨青. 磴口县："光伏治沙+智慧清洁能源建设"为高质量发展添动能［N］. 巴彦淖尔日报（汉），2023-05-16（001）.

3.5 亿元。这一项目的实施将节约标准煤约 28 万 t/a，同时减少二氧化碳排放 74 万 t/a，对环境产生显著的正面影响。通过有效治理沙漠，该项目改造的 8 万余亩①沙漠区域，使原本的"无人区"转变为一个新的"经济宝地"，为区域经济发展带来新的机遇，并在环境保护和资源利用方面取得了重要成果。

通过多种创新手段和技术手段的结合，武威市凉州区九墩滩光伏治沙示范园项目在生态治理和经济发展方面取得了显著成就，为沙漠地区的生态保护和经济发展提供了有益的探索和示范②。

园区采用了一种创新的治沙模式，通过在光伏区域外围设立草方格系统，显著增强了防沙治沙效果。具体措施包括在迎风面种植梭梭草以阻挡风沙并固定土壤，在其他区域则种植沙米和沙蒿，以进一步巩固土壤并提高生态恢复能力。科研团队在选择植物时，经过对场址区域类型及周边植被的详细调查，综合考虑了植物的适应性、耐旱性、造林难度以及生态经济价值等因素，最终决定采用灌木与草本植物相结合的模式。具体实施中，沙米和沙蒿以 1 : 1 的比例进行混播，覆盖在固沙区和造林区。同时，园区配备了地埋式蓄水桶，并结合"水罐车+人工浇灌"的灌溉方法，以确保植物在前期的高存活率。此外，园区内还采用了四翅滨藜这一耐干旱、耐严寒的植物进行土壤改良。四翅滨藜不仅是一种优质高蛋白饲草，还可以接种肉苁蓉，其产量比梭梭接种肉苁蓉高出两倍。同时，发电板下规划了养殖区，畜禽的粪便用于进一步改良土壤，形成了一个可持续的农业生态系统。园区还采用了微喷、膜下滴灌、渗灌等节水技术，有效提高了植物的成活率，成活率提高可达 30% 以上。这一系列措施不仅实现了多层次的产业发展，还兼顾了生态环境的改善，提供了经济和生态效益的双重保障。

截至 2023 年 10 月，园区已吸引了 11 家光伏企业入驻，实施了 13 个光伏发电项目，总装机容量达到 220 万 kW。项目建成后，年发电量预计达到 260.25 亿 kW·h，年产值可实现 75 亿元，并预计上缴税金 5 亿元。这些成果标志着园区在光伏发电与生态修复方面取得了显著进展，为区域经济发展和环境保护作出了重要贡献。

案例 3：宁夏银川宝丰集团生态牧场电站项目。该牧场位于银川市兴庆区牧兰公路，作为荒漠化土地的生态治理项目，已种植枸杞、苜蓿、果树等作物，总面积达 2000hm²。光伏电场采用旋转式单轴跟踪光伏支架，最大限度地利用太阳光能，同时减少对下垫面遮光的影响，使光照分布均匀，对枸杞和牧草的生长影响较小。这种土地立体化利用模式在荒漠区具有推广价值，充分结合了地方资源

---

① 1 亩≈666.7m²。

② 资料来源：http://wzgl.zwfw.gswuwei.gov.cn/art/2022/10/7/art_178_966708.html。

与优势，探索出具有特色的"光伏+"模式，实现了生态效益与经济效益的良好结合。

过去，牧场依赖传统灌溉方式，每年消耗超过 800 万 m³ 的水资源。为提高水资源利用效率，充分利用光伏电场的太阳能电力，牧场引入了全球领先的远程无线控制灌溉系统，实施精准喷灌技术。通过这一先进系统，每年节约约 235 万 m³ 的水资源，相当于两个银川北塔湖的蓄水量。这一改进不仅显著减少了水资源浪费，还提升了土壤的水分保持能力，为牧场的可持续发展提供了有力支持。

2. 光伏+牧业

"光伏+牧业"包括"光伏+养殖业"的发展模式，该模式将畜牧养殖与光伏发电系统相结合，主要有三种形式：第一种将光伏板安装在畜禽舍的屋顶；第二种将光伏系统与屋面养殖设施融合；第三种将光伏系统与露天散养结合。

在第一种形式中，光伏太阳能组件被铺设在大棚屋顶，实现了"棚下养殖、棚上发电"的功能。这种布置不仅能有效发电，还具有隔热降温、遮阴保温的效果，从而提高了养殖环境的舒适度，在节省土地成本、不影响农业生产的前提下，利用养殖圈舍房屋顶架设光伏发电面板，发展牧光互补的光伏农业，实现土地立体化增值利用，带来生态和经济效益的双重提升。

在第二种形式中，通过光伏板的设置，既可以实现发电，又可以对养殖棚内的环境进行调节，减少热量积累，降低室内温度，从而改善畜禽的生活条件。这种设计方案利用光伏板的遮阴功能，降低了养殖棚内的温度，增强了牲畜的舒适感，同时实现了能源的自主生产。

第三种形式则是在露天场地上安装太阳能板，在太阳能板下方种植牧草。该形式为牛、羊等畜禽提供了充足的饲料，并且通过提供阴凉，避免过度暴晒而造成的热应激和烧伤。为了确保畜禽不会损坏光伏板，这种设计要求光伏板的安装高度必须大于 3m，以保持足够的空间和避免畜禽的直接接触，适宜养殖种类有羊、牛、驴、鸡、鸭、鹅等动物。这种模式有助于改善牧场环境，提高畜牧业可持续发展水平。光伏牧场降低运营成本，提高畜牧业经济效益，同时为社会提供清洁能源，实现双赢。

1）效益分析

经济效益：通过光伏+牧业模式，当地群众可以从农牧业中获得稳定的收入，实现了产业融合发展。在光伏园区内建成的光伏生态牧场，不仅提升了畜牧业的收益，还培育了新的经济增长点，拓宽了增收渠道。

生态效益：光伏+牧业模式通过在沙漠光伏电站种植牧草、放牧、养殖畜禽，既实现了发电，又起到了防风固沙的作用，减少了常规治沙的费用，节约了国家财政支出。

社会效益：光伏+牧业模式不仅能提供稳定的放牧、养殖的工作岗位，还提供了光伏电站的建设、维护、营运岗位，解决了当地农牧民的就业问题，很好地兼顾了社会效益，带动乡村振兴。

2) 光伏+牧业相关实践案例

案例1：青海省塔拉滩共和光伏电站牧光互补项目。海南藏族自治州（简称海南州）共和县塔拉滩光电园目前是全球最大的光伏基地之一，年均发电量达到100亿 kW·h。园区的植被覆盖率高达80%，不仅使得原本的荒漠地带焕发了生机，还在生态环境上取得了显著的改善。园区内的风速降低了约50%，土壤水分蒸发量也减少了30%[①]。

园区建设过程中，光伏板的遮挡效应引发了一个新的问题：园区内野草的快速生长影响了光伏板吸收太阳能的效率。为解决这一问题，塔拉滩共和光伏电站采取了一项创新举措——牧光互补。园区引入了藏羊放养这一创新做法，显著改善了生态环境，并带来了额外的经济效益。通过在光伏园区内实施"光伏板上发电、光伏板下放牧"的模式，光伏板下放牧藏羊，不仅有效抑制了野草的生长，还减少了牧民的饲料开支和光伏园区除草的人工费用。这种模式充分利用了光伏园区的空间资源，实现了光伏企业和农牧民的双重受益，既维护了园区的生态平衡，又提升了当地农牧民的经济收入。

截至2022年底，园区已成功放养了2万多只藏羊，年牧草产量达11.8万t，年节约养殖成本高达720万元。这不仅为当地农牧民带来了可观的经济回报，还为光伏园区的可持续发展奠定了坚实的基础。

青海省塔拉滩共和光伏电站牧光互补项目在实现光伏发电和生态保护的同时，通过创新的牧光互补模式，为当地农牧民和光伏企业带来了双重收益，展示了一种可持续发展的新路径。

案例2：库布齐200万kW光伏治沙项目。该项目位于内蒙古自治区鄂尔多斯市杭锦旗独贵塔拉镇的沙漠核心区域，在十万亩沙漠区域内布置了大规模光伏组件，并已成功并网发电。该项目的重大突破是中国在沙漠地区首次大规模应用柔性支架材料，柔性支架高度最低为3m，跨度达到32m，这为实现"板上双面发电、板下双层生态、板间双层养殖"的立体生态光伏治沙模式提供了坚实的基础。

在技术方面，该项目利用双玻组件技术，使光伏板能够进行双面发电，相比于传统的单面发电系统，发电量提升了5%~10%。在光伏板下方的区域种植了

---

① 陈郁. 青海积极探索"光伏羊"生态畜牧业新路径 [J]. 畜牧业环境, 2023 (3): 4.

优质牧草和药材，实现了立体生态种植，充分利用了光伏板下的空间。

此外，光伏板之间的区域采用了"先养鸡后养羊"的"畜禽草耦合"治沙技术。这种方法通过养殖畜禽以及利用其粪便还田来改良土壤，不仅改善了土壤质量，还促进了沙漠化土地的治理。整个项目通过集成光伏发电、生态种植、畜禽养殖和沙漠治理，成功实现了多重效益，包括提升电力生产能力、改善生态环境、促进乡村经济发展等。

3. 光伏+水利

"光伏+水利"是将光伏技术与水利建设相结合的一种新模式，于 2009 年 5 月提出。它利用光伏扬水系统，为偏远无电或缺电地区的农林灌溉、荒漠治理、草原畜牧、生活用水和苦咸水淡化等提供动力电源和系统解决方案。光伏扬水系统主要由光伏扬水逆变器、水泵和电池组件组成。通过光伏扬水逆变器，将电池板吸收的太阳能直流电转换成交流电，以驱动水泵进行提水。整个系统全自动运行，无须人工看护，不依赖柴油和其他电力，节能环保。2011 年，光伏扬水系统被纳入国家水利先进实用技术重点推广指导目录[①]。

光伏+水利的发展模式特别适合偏远干旱缺水的农村地区，这一创新模式不仅有效解决了这些地区生产和生活用电的问题，还大力推动了农村机电排灌和节水灌溉等现代农田水利技术的发展，从而达到了节省人力、财力、物力和电力的目标。光伏水利系统的应用领域非常广泛，涵盖了光伏提水系统（也称光伏扬水系统）、农田排灌、节水灌溉及其控制系统、光伏生活用水系统和光伏污水处理系统等。光伏提水系统利用太阳能驱动水泵，将地下水提取到地表，解决了偏远地区的用水问题。而在农田排灌和节水灌溉方面，光伏技术的应用不仅提高了灌溉效率，还减少了对传统能源的依赖，促进了农业的可持续发展。

1）效益分析

经济效益：随着光伏水利技术成本的不断降低和电价的持续上涨，使用光伏水利技术能够为企业节约大量的能源成本。同时，光伏水利系统在偏远农村地区不仅解决了生产和生活用电问题，还推动了现代农田水利技术的发展，如机电排灌和节水灌溉等。这些技术的应用不仅节省了人力、财力和物力，还大幅提高了电力供应，促进了农村经济的发展和现代化进程。

生态效益：光伏水利在水质保护和减少水分蒸发方面具有显著优势。通过在水利工程中的闲置水面上安装光伏系统，不仅能有效保护水质和减少水分蒸发，还能利用太阳能进行发电，从而大幅提高工程的整体利用率。同时，光伏水利技

---

① 白瑜. 太阳能光伏设施在乡村景观设计中的应用［D］. 徐州：中国矿业大学，2019.

术在农业基础设施建设、粮草肉增产、生态环境改善、荒漠治理和土地整治等方面也表现出了显著的效果，进一步促进了生态环境的改善①。

社会效益：光伏水利技术在促进乡村振兴、实现碳达峰碳中和目标方面发挥着重要作用。它推动了全球"光伏节水"产业的创新与发展。对于边远无电或缺电地区，光伏扬水系统提供了可靠的能源供应，解决了农林灌溉、荒漠治理、草原畜牧、生活用水和苦咸水淡化等问题，显著改善了这些地区的生活和生产条件。

2）光伏+水利相关实践案例

案例：永胜县光伏提水工程。永胜县境内沿江两岸耕地高、水源低，生活生产用水极为匮乏，而面对近在咫尺的江水却无力开发利用。多年来，用上方便水、喝上放心水成为沿江百姓的夙愿。2018年，永胜县抢抓"六个一百"中"建设100个光伏提水项目"的政策机遇，确立了"建设光伏提水工程，发展种植经济林果，以林果收益促进群众脱贫致富"的思路。2019年5月，一个每小时抽水量110m³的光伏提灌站在金移村开始修建，同年10月底，随着光伏提灌站的投入使用，将金沙江水抽到了距江面230m高位水池。根据总体规划，永胜县将在金沙江沿线建设68座光伏提水电站，通过光伏提水电站的建设，新增和改善的灌溉面积将超过4000hm²，并合理利用水资源，因地制宜发展经济林果，荒山荒坡披绿挂果，变身绿水青山和金山银山，为金沙江干热河谷地区探索出了一条"生态优先、绿色发展"的有效路径。

4. 光伏+旅游

"光伏+旅游"是通过将农业、牧业和生态结合起来发展旅游业，利用田园景观、农业生产活动、农业生态环境以及生态农业经营模式，打造贴近自然的特色旅游项目，吸引周边城市的游客，从而最大限度地利用资源，增加农业和旅游的收益。这种综合发展的模式不仅提供了一个休闲度假的理想场所，还展示了现代农业和生态保护的成功案例②。

1）效益分析

经济效益：研究表明，太阳能消耗量每增加1%，游客人数就会增加约

---

① 魏琦，白保华，何继江，等. 能源与水利结合模式探索——以南水北调西线光伏天河工程为例[J]. 工程科学与技术，2022，54（1）：16-22.

② 陶庆华，李颖. 农业生态观光旅游发展模式现状及优化策略[J]. 农业工程，2018，8（12）：129-131.

0.35% ①，这说明太阳能投资在扩大旅游业方面具有重要作用。通过光伏+旅游模式，地方政府和企业可以实现经济效益的提升。

文化和休闲效益：通过"光伏+旅游"模式，可以开发出集沙、风、光于一体的休闲旅游度假区，吸引更多游客。光伏小镇和光伏科技馆等项目不仅展示了光伏技术，还为游客提供了独特的旅游体验。

生态效益：光伏电站的景观建设有助于改善沙漠恶劣环境，恢复植被，提升生态质量。

社会效益：光伏旅游项目的建设和运营需要大量的劳动力，不仅提供了新的就业机会，还带动了当地其他产业的发展，如农业、制造业等，从而促进了乡村振兴。

2）光伏+旅游相关实践案例

案例1：宁夏银川昌盛光伏生态科技园。该科技产业园位于宁夏银川市永宁县闽宁镇原隆村，园区依托棚顶的太阳能发电系统和棚下的现代农业及文旅特色产业，形成了完备的产业链。昌盛光伏生态科技园提供了多种旅游产品，如自驾游、观光、研学、时令采摘、制香体验、农耕体验、爱国主义教育、特色餐饮和帐篷野营等。此外，园区还利用其现代农业资源，不断创意创新，提高农业附加值，升级旅游服务项目内容，延伸旅游产业链，扩大旅游市场，如园区大力发展瓜果蔬菜种植、苗木培育、中草药种植和高端菌菇生产，这些都为游客提供了更多的观光和体验机会。昌盛光伏生态科技园的建设和运营也为当地带来了丰厚的经济效益。

案例2：甘肃省敦煌市的敦煌光电博览园是综合性 AAA 级景区。该景区位于国道215线以北的戈壁滩，规划面积254km²，是当地重要旅游景区的必经之地。截至2023年9月，已成功接待来自北京、上海、山东、四川、广西、浙江等地的研学团队150多个，总计6000多人次。敦煌光电博览园集旅游观光服务、新能源科普教育、专业人才培训、太阳能野外检测、新能源技术应用推广为一体的综合性服务场所。这种模式不仅丰富了游客的体验，还通过科普教育提高了公众对新能源技术的认识和理解，从而增强了其对新能源产业的支持和信任。敦煌市还加快了交通基础设施建设，如建成敦格铁路、柳敦高速等项目，这些都为敦煌光电博览园提供了便捷的交通条件，进一步促进了游客流量和旅游收入的增长②。

---

① Li J, Cao B. Resources policies for solar development and eco-tourism expansion in emerging economies ［J］. Resources Policy, 2024, 88：104460.

② 资料来源：https：//www.thepaper.cn/newsDetail_forward_24554579。

2.2 光热发电

光热发电是一种将太阳能转化为热能，并通过热能转换过程发电的系统，其基本原理与火力发电相似，后端技术设备也完全一致。其主要的区别在于，光热发电利用太阳能来收集热量，而火力发电则是通过燃烧煤炭、天然气等化石燃料来获取热量。光热发电系统通常配置有储热系统，可以在白天储存热能，并在夜间或阴天时释放这些热能，从而实现 24h 连续稳定发电，以此提高系统的发电稳定性和可靠性，降低发电成本。

我国对太阳能光热发电技术的研究始于 1979 年。经过四十多年的发展，已经在太阳能吸热材料、热电转换材料、储能材料、聚光设备、槽式真空管、吸热器和碟式聚光系统的设计方面取得了显著进展[①]。光热发电产业的发展不仅能消化并提升特种玻璃、钢铁、水泥、熔融盐等传统产业的产能，还能推动新材料、精密设备、智能控制等新兴产业的进步。

光热发电的规模化开发和利用将成为我国新能源产业的新增长点。大规模应用光热发电技术，不仅能够提高能源的利用效率，还能够减少对化石燃料的依赖，降低碳排放，促进生态环境的改善。同时，光热发电产业的蓬勃发展也将带动上下游相关产业链的快速增长，为国家的经济发展提供新的动力和机遇。

光热发电是一种极为清洁的能源生产方式，主要通过物理手段将光能转化为电能，对环境的影响极小。光热发电过程中不会产生任何污染物，不会对大气、水源和土地造成任何损害。其全生命周期内单位电量的碳排放量为 13 ~ 19g/（kW·h），仅为火电的 1/50、光伏发电的 1/6，展现出显著的生态环境效益，有助于实现碳达峰和碳中和的目标。尽管光热发电技术具备众多优势，但也存在一些挑战。例如，光热发电设备的成本较高，初始投资需求巨大。此外，光热发电系统需要大面积的土地来安装太阳能热集中器，这对建设用地的要求较高，可能会限制其在某些地区的应用[②]。

近年来，为推动光热发电产业的发展，我国出台了一系列支持性政策，显著促进了该行业的进步。2016 年 12 月 8 日，国家能源局发布的《太阳能发展"十三五"规划》明确指出，到 2020 年底，太阳能发电装机容量要达到 1.1 亿 kW以上，其中光伏发电装机容量达到 1.05 亿 kW 以上，太阳能热发电装机容量达到 500 万 kW。2021 年 10 月 24 日，《国务院关于印发 2030 年前碳达峰行动方案

---

① 刘志海，张建波. 光热发电产业发展及光热玻璃需求分析［J］. 玻璃，2024，51（4）：1-11.

② 毛岳珂. 太阳能光热发电系统原理及分类［J］. 大众用电，2018，32（1）：22-23.

的通知》强调，要积极发展太阳能光热发电，推动建立光热发电与光伏发电、风电互补调节的综合可再生能源发电基地。2022 年 3 月 22 日，国家发展和改革委员会、国家能源局联合发布的《"十四五"现代能源体系规划》进一步表明，"十四五"期间将推动光热发电与风电光伏融合发展、联合运行，并因地制宜发展储热型太阳能热发电。2023 年 4 月 7 日，国家能源局发布的《关于推动光热发电规模化发展有关事项的通知》指出，力争在"十四五"期间，全国光热发电每年新增开工规模达到 300 万 kW 左右，并结合沙漠、戈壁、荒漠地区的新能源基地建设，尽快落地一批光热发电项目。

随着多能互补的发展趋势，光热发电在"十四五"期间迎来了新一波的发展热潮。我国新能源发电装机规模快速增长，储能的重要性日益突出，而光热发电可以承担"基荷电源+调节电源+同步电源"多重角色，能够与光伏、风电协同互补，形成更为稳定的能源供应。因此，"风光热储""光热储能+"等一体化项目将成为未来的重要发展方向，推动我国新能源产业迈向新的高度。

第3章 太阳能电站与特殊生态环境协同关系

我国西北荒漠及青藏高原地区具备开发太阳能等新能源的独特优势。然而，由于该区域气候干旱、降水稀少、多风、高寒且温差大，植被结构单一，生态环境相对脆弱①。太阳能电站在选址和建设过程中涉及多个区域，包括发电区、站区道路区、控制管理中心区、围栏边界区、施工生产生活区、进场道路区、站外供水管线区和送出线路区建设，建设规模往往较大，机械化作业程度高，容易引起生态环境问题②。

太阳能电站生产建设项目扰动地表、破坏地表植被后，极大地改变了地表形态，损害生态环境，如局部小气候变化、风蚀、水土流失、土壤变化、动植物资源的变化等。此外，要适应这些多风沙、高辐射、高寒、高温变环境，对太阳能电站设备本身的要求也有别于其他地区。例如，沙漠环境在提供丰富的太阳能资源以及廉价的土地资源的同时，风沙问题常伴电站的日常运行。多风沙区带来的沙埋、风蚀、积尘、大风灾害等会对设备造成损害及影响发电效率，而高寒地区光伏电站可能出现冻害裂缝、地基冻胀、冻融破坏及电池组件损害等。但是，电站建成后，可以增加电站地表的粗糙度，减弱近地表风速；电站阵列会改变局部区域的流场，起到较好的阻风、固沙作用，能发挥类似沙障的挡风阻沙作用，有效减弱沙尘暴、风沙流发生发展动力过程。

目前，我国的太阳能电站99.8%以上为光伏电站，光热电站极少，因此，本书主要针对光伏电站与生态环境的协同影响进行研究。

光伏电站初期发展时，主要关注的是光伏电站的节能减排效果和光伏组件的自身特性。集中式光伏电站在陆地生态系统中大规模覆盖地表，引起土地利用方式的改变，从而显著影响地表能量平衡和降水再分配。这一变化进一步导致土壤

---

① 袁方. 西北风沙区光伏电站施工迹地工程措施的风蚀防治效益及其机理研究 [D]. 咸阳：西北农林科技大学，2016.

② 贾瑞庭. 沙区光伏电站不同植被恢复措施对土壤理化性质的影响 [D]. 呼和浩特：内蒙古农业大学，2021.

养分循环和植物生产力的改变，产生明显的生态环境效应①。光伏电站虽具有节能减排的正面效应，但其长期累积的环境影响不容忽视，目前关于生态环境气候影响评价研究尚显薄弱，发展时仍需权衡生态环境气候的利弊。因此，在电站的设计规划中，应充分考虑到与其所在地区生态环境的关系，实现经济效益、社会效益及生态效益的最大化。

3.1 电站对特殊生态环境的影响

3.1.1 对局地微气候的影响

集中式光伏电站影响地表特征，进而影响空气能量传递，改变局地微气候。对微气候影响的研究涉及野外观测、卫星遥感及模型模拟分析。研究内容涵盖了地表太阳辐射、空气温湿度、降水量等几个方面。

1) 地表太阳辐射

相较于传统发电方式，光伏发电更具有减排优势，但会对地表辐射分配产生影响，进而改变区域气候。太阳辐射照射地表时，部分能量被吸收反射，光伏电站铺设形成暗区，降低反照率并影响辐射通量。这种辐射变化不仅影响地表温度，还可能改变局地的微气候环境。研究发现，青海共和荒漠光伏电站的站内与站外辐射特征显著不同：夏季站内短波辐射低于站外，冬季则呈相反趋势，总体而言，站内年均辐射低于站外②。美国红石光伏电站观测数据显示，站内净短波辐射增加和光伏组件特性导致的感热通量明显高于周边区域③。

2) 空气温湿度

多种因素综合影响陆表能量变化，不同地点的光伏电站对环境条件和下垫面特征的响应不同，温度和湿度变化复杂多样。

在荒漠地区的大范围光伏电站一般会增温降湿，这是因为空气会接收光伏组

① 田政卿，张勇，刘向，等. 光伏电站建设对陆地生态环境的影响：研究进展与展望 [J]. 环境科学，2024，45 (1)：239-247.

② Chang R, Shen Y B, Luo Y, et al. Observed surface radiation and temperature impacts from the large-scale deployment of photovoltaics in the barren area of Gonghe, China [J]. Renewable Energy, 2018, 118: 131-137.

③ Broadbent A M, Krayenhoff E S, Georgescu M, et al. The observed effects of utility-scale photovoltaics on near-surface air temperature and energy balance [J]. Journal of Applied Meteorology and Climatology, 2019, 58 (5): 989-1006.

件辐射的能量①, 引发局地"热岛效应", 使局地气温升高②。同时, 虽然光伏组件热容量小, 但具有双向热辐射特性, 使光伏电站内温度高于周围环境。

针对光伏组件尺度方面的研究发现, 光伏组件安装时倾角和微地貌变化可能引发"冷岛效应"③。以干旱戈壁地区的甘肃酒泉东洞滩光伏电站为例, 光伏组件的遮阴和降水再分配影响地表水分蒸散, 集群安装能降低地表温度、增加湿度, 并可能引发局部降水增多, 改善微气候环境④。

光伏电站会影响空气温湿度日变化。研究结果表明, 白天光伏电站内气温较低, 表现降温效应; 傍晚时存在时滞效应, 导致气温略高于周边环境⑤; 夜间则因热传递过程呈现保温效应, 影响地表冷却过程, 减缓降温速度⑥。此外, 夜间气温低可能是白天地表能量收支差异所致⑦。

光伏电站显著影响空气温湿度的季节性变化。以草原生态系统为例, 研究表明, 夏季光伏板遮阴区温度较周围环境低约5℃, 湿度明显降低; 冬季未遮阴区温度低约1.7℃⑧。

3) 降水量

关于光伏电站建设对降雨影响的研究, 有结果表明反照率变化会间接影响降雨。局部反照率增加会减少蒸发量及降水量⑨, 而撒哈拉沙漠大规模光伏电场降低反照率引发气流汇聚上升气流, 导致降水量增加⑩。计算机模拟显示, 西北荒

---

① 田政卿, 张勇, 刘向, 等. 光伏电站建设对陆地生态环境的影响: 研究进展与展望 [J]. 环境科学, 2024, 45 (1): 239-247.

② 李培都, 高晓清. 光伏电站对生态环境气候的影响综述 [J]. 高原气象, 2021, 40 (3): 702-710.

③ Zhang C, Lu D S, Chen X, et al. The spatiotemporal patterns of vegetation coverage and biomass of the temperate deserts in Central Asia and their relationships with climate controls [J]. Remote Sensing of Environment, 2016, 175: 271-281.

④ 卢霞. 荒漠戈壁区光伏电站建设的环境效应分析 [D]. 兰州: 兰州大学, 2013.

⑤ 王祯仪, 汪季, 高永, 等. 光伏电站建设对沙区生态环境的影响 [J]. 水土保持通报, 2019, 39 (1): 191-196

⑥ Barron-Gafford G A, Minor R L, Allen N A, et al. The photovoltaic heat island effect: larger solar power plants increase local temperatures [J]. Scientific Reports, 2016 (6): 35070.

⑦ 杨丽薇, 高晓清, 吕芳, 等. 光伏电站对格尔木荒漠地区太阳辐射场的影响研究 [J]. 太阳能学报, 2015, 36 (9): 2160-2166

⑧ Armstrong A, Ostle N J, Whitaker J. Solar park microclimate and vegetation management effects on grassland carbon cycling [J]. Environmental Research Letters, 2016, 11 (7): 074016.

⑨ Li S, Weigand J, Ganguly S. The potential for climate impacts from widespread deployment of utility-scale solar energy installations: An environmental remote sensing perspective [J]. J. GIScience Remote Sensing, 2017, 2 (6): 580430.

⑩ Li Y, Kalnay E, Motesharrei S, et al. Climate model shows large-scale wind and solar farms in the Sahara increase rain and vegetation [J]. Science, 2018, 361 (6406): 1019-1022.

漠及青藏高原地区光伏电场建设会导致局地降水量增加趋势明显[①]。综上，光伏电站建设会改变地表反照率，从而间接影响降雨过程[②]，但不同地区的具体影响机制和改变程度并不一致。

3.1.2 对土壤的影响

光伏电板布设与遮阴作用对建站前后土壤生态作用显著。相关研究聚焦土壤侵蚀抗性、温度和理化性质变化等方面。电站建设各阶段地表扰动不同，导致水土流失强度有显著差异。准备施工阶段扰动较小，主要活动是移除地表植被；施工阶段清除大量地面覆盖物，地表往往被强烈扰动，风蚀和水蚀等水土流失现象加剧；运行阶段大部分施工区域已得到覆盖或硬化处理，水土流失现象减轻。

王喜君研究发现，光伏电站建设区域，原土壤侵蚀级别为中度，建设过程中显著增强至极强烈级别；施工中土壤侵蚀模数为原地貌的 3.73 倍，运营中采取防护措施后，土壤侵蚀强度减轻至轻度级别；由于采取了防护措施及形成地表结皮等举措，运营期内电站占用区域内的土壤侵蚀强度显著减轻，下降到轻度级别；相较于原地貌条件，运营期内的土壤侵蚀模数减少了约 46%（即降低至原地貌侵蚀模数的 54%）[③]。在光伏电站运行过程中，光伏电板将太阳能转换成电能。这一转化导致地表接收的太阳辐射减少，进而减缓了土壤水分的蒸发速率。相应地，地表土壤的温度和湿度可能会出现一定程度的微小增加，具体表现在以下几个方面。

1）土壤粒度（抗蚀度）

光伏板列间不同位置受风蚀、光照及人为扰动等因素影响，导致土壤颗粒组成变化各异。基于内蒙古境内 30MWp 光伏农林牧示范基地的研究表明[④]，对于前檐、列间和后檐这三个位置，细沙含量最高，占总量的六成。其中，小于 0.01mm 的颗粒含量最少，占比仅为一成左右；小于 0.001mm 及介于 0.25～2mm 的颗粒在前檐分布最多。在土壤剖面层次分析中，前檐、后檐和列间的表层土壤均以沙粒为主，黏粒较少，在 0～40cm 剖面中前檐小于 0.01mm 的土壤颗粒累计百分比略高于列间和后檐，显示其土壤质地更为细腻。前檐区域的沙粒含量最高，可能是长期受到清洗光伏板的冲刷、雨水冲刷以及防火隔离带耕翻的扰动影

① 梁红，魏科，马骄．我国西北大规模太阳能与风能发电场建设产生的可能气候效应 [J]．气候与环境研究，2021，26（2）：123-141

② 岳生娟．青海荒漠区大规模光伏开发生态环境效应研究 [D]．西安：西安理工大学，2022.

③ 王喜君．河西走廊戈壁荒漠区光伏电站占地分析及水土流失特征研究 [J]．中国水土保持，2019（9）：11-14.

④ 宋威震．光伏电站内土壤颗粒组成变化和碳分布研究 [D]．呼和浩特：内蒙古农业大学，2021.

响，导致土壤沙化程度较高。相比之下，后檐区域的团聚体更多，颗粒组成更大，因此土壤稳定性最佳，这可能与光伏板的遮阴作用减缓了风蚀影响有关，从而保存了大粒级微团聚体；而前檐区域因频繁翻耕活动，大粒级微团聚体受到破坏。

2）土壤温度和水分

光伏电站影响地表反照率和辐射平衡，导致"光伏热岛效应"[1]，影响土壤温度和水分蒸发。

光伏阵列对土壤温度的影响受地理位置和季节变化等因素影响，在不同气候区域，这种影响各异：干旱区降低 3.1℃，赤道、温带区域降低 1.1℃。针对英国境内光伏电站的研究表明[2]，光伏板覆盖下的生长季节平均土壤温度比空旷处低 4℃。光伏板下土壤水分较高，这是由遮阴效应及雨水引导所致。

根据内蒙古 30MWp 光伏农林牧示范基地光伏电站内的土壤储水量的监测[3]，光伏电站内，非光伏区域自然草地分配格局变化显著，而光伏组件下土壤储水量呈现局部强变异性。不同位置的土壤对降水响应各异，前檐区域响应与浅层土壤相似且敏感度高，有汇水效应，储水量大于组件下方；组件下方土壤因遮挡无法直接接触降水，储水量变化较小且趋于稳定。未架设组件区域的浅层土层对有效降水响应良好，深层土层储水量变化不显著。

此外，定期清洗光伏板对提升发电效率至关重要，但也可能会改变土壤水分分布，并引入额外水分。在荒漠光伏开发区，这会对植被恢复造成不可忽视的影响，且一般是正面的。

3）土壤养分

土壤养分指标是评价土壤自然肥力的重要因素之一，能为植物生长发育提供必需的营养元素，对光伏电站植被恢复影响重大。光伏板引发的小气候变化可能影响土壤呼吸和陆地生态系统碳循环，并可能通过改变植物群落间接影响土壤条件[4]。

对毛乌素沙漠南缘靖边县光伏电场研究表明[5]，光伏场内土壤各项参数与场

---

① Barron-Gafford G A, Minor R L, Allen N A, et al. The photovoltaic heat island effect: Larger solar power plants increase local temperatures [J]. Scientific Reports, 2016 (6): 1-7.

② Makaronidou M. Assessment on the Local Climate Effects of Solar Photovoltaic Parks [D]. Lancaster: Lancaster University (United Kingdom), 2020.

③ 翟波, 高永, 党晓宏, 等. 内蒙古中部草原区光伏电站对土壤水分及其脉冲响应的作用机制 [J]. 太阳能学报, 2022 (6): 49-56.

④ González-Ubierna S, Lai R. Modelling the effects of climate factors on soil respiration across Mediterranean ecosystems [J]. Journal of Arid Environments, 2019, 165: 46-54.

⑤ 王涛, 王得祥, 郭廷栋, 等. 光伏电站建设对土壤和植被的影响 [J]. 水土保持研究, 2016, 23 (3): 90-94.

外相比有所不同，有机质、含水量等含量增加，电导率和 pH 则降低。未遮阴区域与板下相比，土壤多项参数也有变化，容重下降，土壤含水量、pH、电导率增加。对共和荒漠区光伏电场研究表明①，围封+光伏区两年后土壤有机质和全氮含量大幅上升。对河西走廊荒漠戈壁的光伏电场研究则表明②，光伏板间与场外区域的土壤养分差异不大，光伏开发对土壤养分的影响较小。然而，对美国科罗拉多州的光伏电场的现场调查发现③，光伏电场建成 7 年后，场区土壤碳氮含量仍低于场外对照区，表明养分循环未完全恢复，土壤颗粒粗化。

4）土壤碳排放

光伏能源对清洁能源体系和低碳经济的意义重大，深入研究其碳循环和关键影响因素，对于能源转型和碳中和至关重要。光伏电站影响局地微气候，进而影响土壤碳循环。光伏组件的遮阴效应间接影响土壤有机质分解速率，同时温湿度的变化也对土壤有直接调控作用④。

光伏电站建设可能影响气候和土壤条件，进而对土壤碳循环产生影响，固碳潜力可能会被抵消一部分。植被土壤界面的碳通量受多重生态因素影响，包括气候、土壤质地和植被类型等。在特殊气候区域，光伏电站的微气候变化可能影响季节性土壤呼吸动态⑤。

例如，法国南部地中海气候区的光伏组件对土壤碳排放影响的研究发现，3 月和 6 月组件下方碳排放量较低，可能与春季光照和温度影响有关⑥。光伏电站通过拦截辐射，改变地表光合有效辐射量，进一步影响植被土壤界面的碳通量。

5）土壤微生物群落

微生物在土壤生态系统中发挥关键作用，包括生物降解、养分释放等。它们对气候变化敏感，光伏电站建设影响区域土壤微生物群落结构。

在青海荒漠地区的光伏电站内，相较于电站外部区域，土壤原核微生物系统

① 李少华，高琪，王学全，等. 光伏电厂扰下高寒荒漠草原区植被和土壤变化特征［J］. 水土保持学报，2016，30（6）：325-329.

② 周茂荣，王喜君. 光伏电站工程对土壤与植被的影响——以甘肃河西走廊荒漠戈壁区为例［J］. 中国水土保持科学，2019，17（2）：132-138.

③ Choi C S, Cagle A E, Macknick J, et al. Effects of revegetation on soil physical and chemical properties in solar photovoltaic infrastructure［J］. Open Access Publishing Fund, 2020（8）：140.

④ Davidson E A, Janssens I A. Temperature sensitivity of soil carbon decomposition and feedbacks to climate change［J］. Nature, 2006, 440（7081）：165-173.

⑤ Gonzalez-Ubierna S, Lai R. Modelling the effects of climate factors on soil respiration across Mediterranean ecosystems［J］. Journal of Arid Environments, 2019, 165：46-54.

⑥ Lambert Q, Bischoff A, Cueff S, et al. Effects of solar park construction and solar panels on soil quality, microclimate, CO_2 effluxes, and vegetation under a Mediterranean climate［J］. Land Degradation & Development, 2021, 32（18）：5190-5202.

发育呈现多样性下降现象。研究表明，多样性指数在电站建设后明显下降[①]，且冗余分析（RDA）表明土壤含水量是微生物多样性的主要影响因子，二者呈现负相关关系。此外，光伏电站建设导致微生物网络交互关系单一化，正反馈增强，生态系统稳定性可能下降[②]。

3.1.3　对风沙活动的影响

在光伏电站建设的初始阶段，由于施工活动的影响，地表会受到一定程度的扰动。这种扰动会破坏原有的植被覆盖，使地表裸露的松散物质易受风的影响，从而为风沙活动提供了丰富的物质来源。此外，光伏电站的建设会改变当地的气流模式，引发显著的微气象变化。这些变化可能加剧区域风蚀过程，导致局部土壤侵蚀和砂土堆积现象的出现，进而对光伏电站的安全运行构成潜在威胁。然而，在光伏电站建设完成后，太阳能发电板因其不透水性和遮阴性特点，为植被生长和生物结皮的形成提供了有利条件。同时，光伏阵列的建设增加了地表粗糙度，从而对风速起到了减弱作用，改变了气流模式、风速及流场分布。这些改变有助于降低光伏电站所在区域的风沙活动强度，进而实现阻风固沙的效果。光伏电站区域内风沙活动受地表下垫面变化的显著影响，主要是光伏阵列的建设导致其物理环境发生变化。光伏电站对风沙活动相关的影响主要表现为以下方面。

1）对风蚀的影响

风力侵蚀（wind erosion）是气流冲击导致的土壤颗粒或沙粒脱离地表并被搬运和堆积的过程。此外，沙粒撞击岩石表面会引发岩石碎屑剥离，形成擦痕和蜂窝状现象。这一过程是地貌塑造和土地沙漠化的关键环节。

光伏电站建设对地表的扰动及植被破坏会立即激活下覆的松散物质，提供充足的风蚀源。风蚀作用在侵蚀力的影响下，显著改变了地表形态，导致原本平缓的气流在经过施工遗迹时风速发生剧烈变化。

袁方通过对毛乌素沙漠东南缘光伏电站现场考察发现，项目区域的风蚀现象极为严重。太阳能板排列导致的通道效应使主导风向风经过时，形成进宽出窄的通道，导致出风口一侧土壤遭受严重风蚀掏蚀。而在距离出风口约 2.5m 处，且接近下一个太阳能板的进风口位置，则出现了明显的风沙堆积现象。这一风蚀特

① Shi Y, Zhang K P, Li Q, et al. Interannual climate variability and altered precipitation influence the soil microbial community structure in a Tibetan Plateau grassland [J]. Science of the Total Environment, 2020, 714: 136794.

② 丁成翔, 刘禹. 光伏园区建设对青藏高原高寒荒漠草地土壤原核微生物群落的影响 [J]. 草地学报, 2021, 29 (5): 1061-1069.

征是该区域光伏建设项目施工后地形地貌的基本表现，若不及时采取有效的防治措施，经过一个风季的风蚀作用，将对电站的正常发电造成重大损害。①

唐国栋基于对内蒙古库布齐沙漠光伏电站的风蚀现象研究，确定了在沙区光伏阵列地表中，导致地表蚀积的关键夹角区间确定为−45°～45°。在光伏电站的边缘地带，南北两侧的地表土壤出现了风蚀现象，其中板下和板前区域尤为显著，沙土在板间区域形成沙垄堆积；而在东西两侧，则出现了土壤流失和基柱裸露的现象。在腹地区域，随着光伏电板与地面夹角的改变，其对地表风速产生的影响也随之变化。当夹角为正值时，由于光伏电板的汇流加速效应，电板下沿及板前出风口的风速有所增加，进而引发下沿地表土壤的吹蚀现象，同时在板前及板间区域形成堆积。光伏电板的不同角度产生不同的气流效应，引发地表土壤的吹蚀与堆积。夹角为0°时，板下形成偏转气流，造成土壤吹蚀并堆积。负角夹角则产生"狭管效应"，加剧吹蚀现象。不同风况下形成扁"V"形风蚀沟槽。②

2）对风速的影响

杨帆等基于毛乌素沙地光伏电站的研究，发现从水平方向上的观察来看，当到达距离地面仅20cm的高度时，向光伏矩阵内部深入的过程中，平均风速呈现出先上升后下降的趋势。这可能是由于光伏阵列的布局对气流产生了引导作用③。从垂直方向上的观察来看，无论是太阳能板之间的空间还是在板外围200cm高的地方，风速普遍都比在20cm高的地方要高。特别是太阳能板下方，20cm和200cm高度的风速相差不大。这个情况说明，太阳能板的存在让空气流过板背面出口时变得更快。而且，由于太阳能板挡住了一部分风，所以在板内的通道，当高度达到某个特定范围，风速一般会比在开阔地带要小。因此，在光伏电站内部形成了一个相对稳定的区域，该区域内的风沙活动受到一定影响。

殷代英等基于共和盆地荒漠区光伏电站布设对风环境影响的研究，发现光伏电站的设立使得局部风向趋向单一，且观测到的风速显著下降，其降幅达到了53.92%④。然而，有模拟实验显示，光伏电站上风向的风速有增加趋势，而在其下风向的位置，则表现出减弱的趋势。也有其他风洞试验结果表明，光伏板的设置主要降低了其上方及周围区域的湍流强度，但对整体的平均风速和风向并未产

① 袁方. 西北风沙区光伏电站施工迹地工程措施的风蚀防治效益及其机理研究 [D]. 咸阳：西北农林科技大学，2016.

② 唐国栋. 沙区光伏阵列地表形变规律及其动力学机制 [D]. 呼和浩特：内蒙古农业大学，2021.

③ 杨帆，牛天祥，张振师，等. 沙漠地区光伏电站风沙活动规律及其影响因素 [J]. 西北水电，2022（5）：79-84，115.

④ 殷代英，马鹿，屈建军，等. 大型光伏电站对共和盆地荒漠区微气候的影响 [J]. 水土保持通报，2017，37（3）：15-21

生显著影响①。

3) 对风速廓线的影响

风速廓线反映了风速的垂直分布情况，光伏阵列的布置对近地层垂直方向的风速分布有显著影响。在光伏电站外围的观测点，垂直方向的风速梯度表现为随高度增加呈"J"形变化趋势，并符合指数分布规律。光伏板间的过境气流在被光伏板阻隔后，其内部的风速波动得到了缓解。在高度 40~100cm，风速随着高度的增加呈现出明显的增大趋势②。在光伏阵列的不同背侧位置，风速分布图显示了先降低后上升的趋势，这种变化特征可能与光伏阵列的布设方式密切相关②。

4) 对风速流场的影响

光伏阵列的存在显著改变了周围的风速流场分布。研究表明，过境气流进入光伏板铺设区域后，气流过境断面面积的逐步缩小，导致光伏板下方 100cm 范围内的风速逐渐增加；在光伏板的出风口位置，光伏板对过境气流的阻碍作用在地表 20~80cm 处引发气流涡旋，进而使得光伏板背面形成低风速区域，直至气流完全消失。当过境气流被光伏板阻挡后，其背侧的风沙流能量呈现出阶梯式的衰减。随着气流的进一步深入，行道间的风场等压线出现了明显的波动。对库布齐沙漠光伏电站的观测显示③，太阳能光伏板对气流模式产生了显著的干扰，形成了不同的气流区域，包括电池板下方的气流汇聚加速区、电池板前后的气流受阻减速区、电池板表面上升区以及电池板间隙的气流恢复区。然而，在太阳能光伏基地的边缘区域与中心区域之间，气流的分布和走向存在明显的差异。

5) 对风沙输移的影响

风速、输沙量和下垫面性质等因素都会影响风沙输移过程，同时这些因素之间相互作用，并且会受到研究者所选用的观测仪器的影响，因此，目前对于风沙流通量模型的研究尚未形成统一的见解。总的来说，指数函数、幂函数以及它们的变体函数能够较为有效地模拟地表层的沙尘流量。

研究表明，在内蒙古乌兰布和沙漠地区，光伏电场的建设对于降低近地表风速及减少输沙率具有显著效果。具体而言，光伏阵列的存在使得电板前沿、电板

---

① Pratt R N, Kopp G A. Velocity measurements around low-profile, tilted, solar arrays mounted on large flat-roofs, for wall normal wind directions [J]. Journal of Wind Engineering and Industrial Aerodynamics, 2013, 123：226-238

② 陈曦. 沙区光伏电站对气固两相流及地表土壤粒径的影响研究 [D]. 呼和浩特：内蒙古农业大学, 2019.

③ 郭彩赟，韩致文，李爱敏，等. 库布齐沙漠 110MW 光伏基地次生风沙危害的动力学机制 [J]. 中国沙漠, 2018, 38 (2)：1-8.

后沿以及电场矩阵行道处的输沙量随高度的增加而呈现下降趋势①。此外，各观测位置的输沙量随高度变化的最佳拟合曲线均为多项式函数，这一发现为沙漠地区光伏电站的设计与管理提供了重要的理论依据和技术支持②。

太阳能电池板的前端和后端区域，由于电池板的倾斜作用，风沙流受到扰动，形成风速加快的区域。这导致上层气流挟带沙尘的能力增强，风沙流保持在非饱和状态，从而导致地面表层发生风蚀。与此同时，在电池板阵列的行间区域，上层的沙尘输送量因为电池板的阻隔而减少，风沙流达到过饱和状态，导致地面出现沙尘堆积。因此，风沙防治的重点应当集中在电池板的下方区域。在太阳能电池板阵列的迎风边缘区域，风沙流的分布与阵列内部不同，随着深入阵列，地面的沙尘输送量逐渐减少，显示出光伏阵列对风沙流的控制效果。

对库布齐沙漠中部光伏电站输沙量分析发现，随着风速的增加，上风向电板的板下、板前沿、板间的输沙量均大于阵列腹部，其中两个断面板下、板间的特征值 X 均小于1，板前沿的特征值 X 均大于1③④。风速提升时，电池板下方的沙尘输送量与高度的关系，其拟合方程往往以指数函数或幂函数最为合适；板前缘的沙尘输送量与高度的关系，其拟合方程通常以幂函数最为合适。至于板间的沙尘输送量与高度的关系，在上风向区域以幂函数拟合效果最佳，而在阵列中心区域则以多项式函数拟合效果最佳。

3.1.4 对动植物群落的影响

光伏电场的建设和运行对局地生态环境产生了一系列影响。在开发施工期，对原地表的挖填和碾压势必会破坏地表土层和植被，影响植被的生长⑤，进而影响动物的生活轨迹，在施工阶段的爆破、大型设备运行以及施工噪声也会对动物的存在造成影响。

在干旱区，水分条件是限制植物生长的关键因素⑥。荒漠区光伏电场通过调

---

① 陈曦. 沙区光伏电站对气固两相流及地表土壤粒径的影响研究 [D]. 呼和浩特：内蒙古农业大学，2019.

② 陈曦，高永，翟波，等. 沙区光伏电场的风沙流输移特征 [J]. 干旱区研究，2019，36（3）：684-690.

③ 杨世荣. 库布齐沙漠光伏电站风沙运动及蚀积特征研究 [D]. 呼和浩特：内蒙古农业大学，2019.

④ 杨世荣，凌侠，蒙仲举，等. 库布齐沙漠生态光伏电站风速脉动特征 [J]. 干旱区研究，2019，36（5）：1309-1317.

⑤ 于保宽. 浅谈光伏电场建设期的生态环境保护 [J]. 建设科技，2020，412（15）：44-47.

⑥ 李自珍，施维林，唐海萍，等. 干旱区植物水分生态位适宜度的数学模型及其过程数值模拟试验研究 [J]. 中国沙漠，2001（3）：67-71.

控空气湿度和土壤水分条件，改变了植被生长的微生境，从而促使植被-微生境的正向反馈，有利于植物生长和生态系统恢复[①]。光伏板使雨水和清洗水集中下渗，促进了光伏场区的植被生长。

光伏开发对动植物生态系统的正向促进作用大于产生的负面影响。目前，光伏开发对动植物的影响研究主要集中在以下几个方面。

1）植被盖度

总体而言，光伏电站对于喜阴植物的生长是有益的。光伏板阵列挡风固沙，光伏组件下方提供遮阴增湿的环境，形成蒸发量低、土壤含水量高和温度适宜的生境，有利于扩大植被盖度，并有效抵抗外界环境变化[①]。这有助于提升电站内部植被的覆盖度，改善沙漠地区原本较为脆弱的生态条件。基于遥感数据表明，2011～2018年，中国十二大沙漠中光伏项目占地面积达102.56km²，而其中30.80km²土地上的植被盖度由于光伏电站的建设显著提升[②]。

青海共和荒漠电站的研究显示，在电站建成后3年内，站内植被盖度呈现逐年增加趋势，且相较于周边区域，站内植被盖度提高了83.9%[③]。在甘肃河西走廊地区的沙漠、戈壁以及沙漠与戈壁交界地带的光伏电场中，沙漠光伏电场外植被盖度最高，沙漠-戈壁过渡带场外植被盖度最低；戈壁和沙漠光伏板行间植物盖度显著大于沙漠-戈壁过渡带光伏板间植被盖度[④]。

2）植物多样性

光伏组件的设置不仅丰富了空间的多样性，还促进了不同植物种类之间的竞争。这种双重作用共同推动了某些特定植物种类覆盖度的提升和植物多样性的降低。光伏电站对植物种类丰富度的影响表现为：在未被光伏板遮挡的区域，植物多样性最为丰富；在光伏板遮阴的区域，植物多样性相对较少；而在电站周边的区域，植物多样性则是最低的。在草原生态系统中，研究显示，光伏组件下方的植物多样性指数和均匀度指数在电板前檐和后檐处高于电板正下方的长期遮阴区

① Liu Y, Zhang R Q, Huang Z et al. Solar photovoltaic panels significantly promote vegetation recovery by modifying the soil surface microhabitats in an arid sandy ecosystem [J]. Land Degradation and Development, 2019, 30 (18): 2177-2186.

② 田政卿，张勇，刘向，等. 光伏电站建设对陆地生态环境的影响：研究进展与展望 [J]. 环境科学，2024，45（1）：239-247.

③ 李少华，高琪，王学全，等. 光伏电厂干扰下高寒荒漠草原区植被和土壤变化特征 [J]. 水土保持学报，2016，30（6）：325-329.

④ 常兆丰，王祺，刘世增，等. 沙漠戈壁光伏电场固沙效应初步研究——以甘肃河西走廊为例 [J]. 中国水土保持，2018（8）：18-22.

域①。针对内蒙古境内某草原光伏电站的研究表明，在草原地区设置光伏板阵列后，光伏板下方的羊草生长得更加茂盛，占据了更广阔的生态空间，植物种类变得单一。这表明，光伏组件通过截留降水对植物群落产生了显著影响①。

对甘肃河西走廊典型沙漠和戈壁光伏电场的研究表明，戈壁光伏电场的物种数量高于沙漠光伏电场，这反映了戈壁和沙漠光伏电场的自然环境和下垫面性质存在较大差异。在沙漠光伏电场内，物种丰富度、多样性指数和优势度指数均在光伏板前檐和后檐处较高，而在光伏板正下方和板间则较低。电场外的物种多样性则在距离电场200m处最高，600m处最低。在戈壁地区的光伏电场内，植物的物种丰富度、多样性和优势度在光伏板正下方较高，而在前檐、后檐和板间则相对较低。相比之下，在电场外，距离电场400m处的物种多样性最高，而600m处最低②。这说明，甘肃河西走廊的荒漠地带中，光伏电场的运作能在一定程度上修复施工期间对生态环境造成的破坏，并有助于植被的恢复。

光伏能源的开发可能会对植物种子库的微观生存环境造成直接或间接的影响，特别是会因为光照条件、地表温度以及水分状况的改变而改变③。此外，水分和沙埋深度对沙生植物种子萌发和出苗的影响研究也显示，水分含量和沙埋深度对种子萌发率有显著影响④。进一步地，对荒漠植物种子发芽对气温和土壤湿度变化的响应趋势分析，揭示了不同植物种子发芽对这些因素变化的不同响应⑤。

在某些情况下，光伏电站的运营可能会对当地的植物多样性产生不利影响。这主要是因为光伏电站在运营过程中会使用到废旧蓄电池和废油等材料，这些物质的处理不当会对环境造成一定的负面影响。同时电站本身存在发生事故的风险，特别是泄漏的废油可能会降低植物多样性⑥。

总体而言，太阳能电池板的存在改变了周围环境和植物多样性。电池板前方、后方以及正下方的区域，由于对降水的拦截作用以及对光照的部分遮挡，土壤和空气在温度和湿度上分布不同，这种差异性最终对植物多样性、生物生产力

① 翟波，高永，党晓宏，等. 光伏电板对羊草群落特征及多样性的影响 [J]. 生态学杂志，2018，37（8）：2237-2243.

② 张芝萍，尚雯，王祺，等. 河西走廊荒漠区光伏电站植物群落物种多样性研究 [J]. 西北林学院学报，2020，35（2）：190-196，212.

③ Hernandez R R, Tanner K E, Haji S, et al. Simulated photovoltaic solar panels alter the seed bank survival of two desert annual plant species [J]. Plants, 2020, 9（9）: 1125.

④ 贺宇，丁国栋，汪晓峰，等. 水分和沙埋对4种沙生植物种子萌发和出苗的影响 [J]. 中国沙漠，2013，33（6）：1711-1716.

⑤ 吴建国，苌伟，吕佳佳. 气温和土壤湿度变化对3种典型荒漠植物种子发芽的影响 [J]. 环境科学研究，2009，22（3）：343-350.

⑥ 张雪萍，张南辉，吴秋宁，等. 有关光伏电站对环境产生的影响探讨 [J]. 资源节约与环保，2015，164（7）：190-191.

以及整个生态系统的功能产生了影响。然而，目前对于这些影响在不同生态系统、不同降水模式、不同规模的风能和太阳能电站，以及不同尺寸的太阳能电池板下的具体方向和强度还未有清晰的了解。

3）植物生产力

总的来说，通过建立光伏电站，可以提升站点土壤的水分和养分保持能力，进而有效促进当地植物群落的生产力。这是因为光伏电板的存在不仅可以对植物生长环境产生积极影响，还可以通过对降水再分配而影响土壤含水量，从而为植物提供更好的生长条件[①]。此外，光伏电站的建设还涉及植被恢复工作，不同植被恢复措施对土壤团聚体组成及有机碳的影响研究表明，植被的恢复有助于改善土壤结构和增加有机碳含量[②]。

总体来看，青海共和光伏电站的建成对站内植被产生了积极影响，可以观察到站内植物的地上部分和地下部分的生物量都在逐年上升。同时，在对沙漠和戈壁地区进行的研究中发现，光伏板正下方区域的植物地上生物量一般低于光伏板前侧、后侧以及周边地区。这种差异可能与光伏板下方空气温度相关。这种现象可能受光伏电站对局地微气候和下垫面特征的影响，包括光伏组件遮阴作用和局地温度变化的复杂交互作用[③]。

4）野生动物群落

在建设阶段，光伏电站的爆破作业、重型机械运作以及施工产生的噪声可能会惊扰周围地区的野生动物，对迁徙中的鸟类构成较大的干扰。电站建成后，存在鸟类在迁徙过程中因撞击电站的发电设备而死亡的风险，同时，光伏板的反光也可能对它们的飞行构成威胁[③]。另外，光伏电站的建设有可能导致栖息地破碎化，打破现有生态系统的平衡，影响动物种群间的竞争、迁移、捕食和繁殖行为，最终可能导致动物种群数量下降和生物多样性的减少。例如，有研究发现，荒漠地区光伏电站建设可能改变当地敏狐种群的栖息地，从而改变狐群原本的生存对策[④]。光伏电站对土壤节肢动物群落空间分布也会带来影响[⑤]。总体来看，

① 翟波．光伏电站内羊草群落特征及其影响机制［D］．呼和浩特：内蒙古农业大学，2019．

② 赵晶，刘美英，郝孟婕，等．植被恢复对干旱区生态光伏电站土壤团聚体组成及有机碳的影响［J］．水土保持研究，2022，29（5）：137-143．

③ Rose T，Wollert A．The dark side of photovoltaic-3D simulation of glare assessing risk and discomfort［J］．Environmental Impact Assessment Review，2013，52：24-30．

④ Cypher B L，Boroski B B，Burton R K，et al．Photovoltaic solar farms in California：Can we have renewable electricity and our species，too［J］．California Fish and Game，2021，107（3）：231-248．

⑤ Suuronen A，Munoz-Escobar C，Lensu A，et al．The influence of solar power plants on microclimatic conditions and the biotic community in Chilean desert environments［J］．Environmental Management，2017，60（4）：630-642．

当前，关于光伏电站对动物群落影响的报道尚不多见。

3.2 特殊生态环境对电站的影响

3.2.1 风沙影响

在风力作用下，沙粒与太阳能光伏组件的相互作用导致一系列不利影响，如积尘、沙埋/坍塌、冲蚀磨损等（图 3-1）。首先，沙尘的沉积会在光伏组件表面形成一层遮挡物，这不仅减少了太阳光的有效照射面积，还可能导致电池板温度分布不均，进而引发热斑问题或缩短组件的使用寿命[1][2]。当风速较大的沙粒遇

(a)

(b)

(c)

(d)

图 3-1 风沙活动对光伏电站的影响

（a）沙埋；（b）积尘；（c）桩基磨蚀；（d）防护网倒塌

---

① 赵明智，苗一鸣，张旭，等．沙漠沙尘粒径对太阳能光伏组件性能影响的实验研究 ［J］．太阳能学报，2019，40（3）：803-808.

② 赵明智，吴丽玲，王帅，等．沙漠沙尘对光伏组件输出性能影响实验研究 ［J］．热科学与技术，2021，20（4）：340-347.

到已经有沙尘沉降的光伏组件时，组件表面会造成磨蚀破坏，该破坏行为对组件的寿命有很大影响[1]。光伏电站内风沙活动的不均一性会造成局部沙土堆积，发生沙埋，造成设备的损毁和倒塌。风速过大以及风沙流对桩基的掏蚀磨损也会对光伏组件稳定性造成影响，严重影响正常施工及后续电站运行维护。

1）积尘

直径小于 $500\mu m$ 的固体颗粒被归类为灰尘。电池板表面积尘主要受四个因素影响（图3-2）：①灰尘自身特性，包括灰尘的化学组成、粒径、形状等；②当地的地域特点，包括植被、人类活动等；③周围气候环境，包括温湿度、降水量、空气流动等；④光伏组件及阵列的特点，包括阵列倾角、方位角、跟踪系统和玻璃表面纹理及处理方式等[2]。

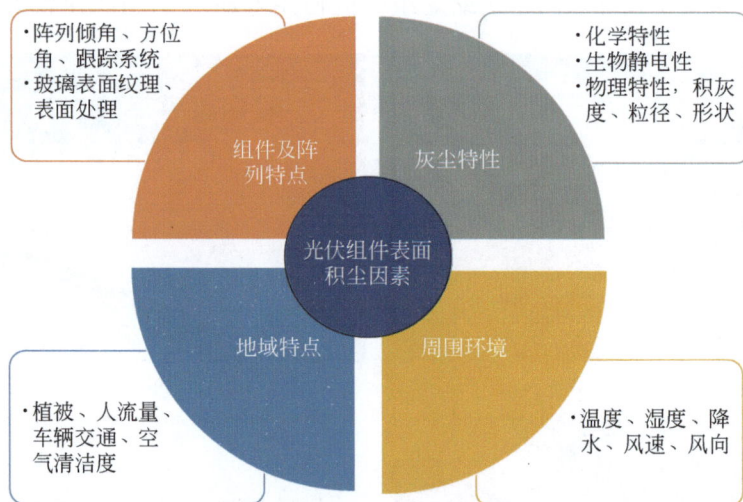

图3-2　影响光伏组件表面积尘的因素

灰尘颗粒之间以及灰尘颗粒与太阳能电池板表面相互作用，导致灰尘发生沉积和聚集。这种灰尘颗粒之间的相互作用以及它们与电池板表面的接触，会促使灰尘形成沉积物并形成团块。在研究过程中，可以根据颗粒的流化行为将它们进行分类。

在电池板上附着的复杂结构的极细颗粒可以被视为微米级的小颗粒进行研

---

① 康晓波. 沙尘在太阳能光伏组件表面的沉降与冲蚀行为研究［D］. 呼和浩特：内蒙古工业大学，2017.

② 孟广双. 荒漠光伏太阳能电池板表面灰尘作用机理及其清洁方法研究［D］. 西宁：青海大学，2015.

究。直径大于 $100\mu m$ 的大颗粒，在荒漠地区的强风和大量沙尘的作用下，会被风吹起，并在风力和重力的影响下落在电池板上，与较小的颗粒和电池板发生相互作用，从而在电池板表面形成附着层[1]。随着时间的推移和雨水的冲刷，这些颗粒会逐渐积累，最终形成一层灰尘。

重力作用、颗粒的大小以及风的速度和方向，会影响太阳能电池板表面灰尘的积累量。例如，如果方向适宜，风速快时灰尘移动，风速慢时灰尘沉积；电池板随着倾角的增加，表面积灰将降低[2]。

对撒哈拉沙漠光伏电站的电池板发电问题的研究表明[3]，灰尘颗粒的大小、形状以及与电池板的粘附力是影响其对电池板性能影响程度的关键因素[4][5]。此外，灰尘的存在还会导致电池板工作温度升高，进而影响电池板的开路电压和短路电流，最终导致输出功率下降[6]。

对格尔木荒漠地区降落在太阳能电池板面上的沙尘颗粒进行检测分析[7]，积灰量介于 $1 \sim 8g/m^2$，颗粒直径在 $0.355 \sim 126.191\mu m$，颗粒密度为 $2000kg/m^3$。

随着风速的增加，电池板表面积累的灰尘量也随之增多。研究显示，单层灰尘颗粒的积灰量与它们在光伏电池板上形成的阴影区域面积是成正比的，即灰尘遮挡的面积会随着积灰量的增加而增大。在相同积灰量的情况下，较小粒径的颗粒会在电池板上产生更大的阴影面积，从而对发电效率产生更大的影响。研究还确定了在荒漠和沙漠地带，太阳能光伏组件表面清灰所需的频率：春季和冬季建议每月清洁 $3 \sim 4$ 次，而由于夏季和秋季风沙较少，可以减少清洁次数，每月 $2 \sim 3$ 次即可。

康晓波对内蒙古沙漠地区包头市以及巴彦淖尔市附近光伏电站，通过数值模拟的方法，得到光伏组件不同安装倾角、风速、沙尘粒径、沙尘体积分数时沙尘

① Braun O M, Medvedev V K. Interaction between particles adsorbed on the surface of metals [J]. Uspekhi Fizicheskikh Nauk, 1989, 157 (4): 631-666.

② Asl-Soleimani E, Farhangi S, Zabihi M S. The effect of tilt angle, air pollution on performance of photovoltaic systems in Tehran [J]. Renewable Energy, 2001, 24 (11): 459-468.

③ Mohamed A O, Hasan A. Effect of dust accumulation on performance of photovoltaic solar modules in Sahara environment [J]. Journal of Basic and Applied Sciences, 2012, 2 (11): 11030-11036.

④ 孟广双, 高德东, 王珊, 等. 荒漠环境中电池板表面灰尘颗粒力学模型建立 [J]. 农业工程学报, 2014, 30 (16): 221-229.

⑤ 赵明智, 苗一鸣, 张旭, 等. 沙漠沙尘粒径对太阳能光伏组件性能影响的实验研究 [J]. 太阳能学报, 2019, 40 (3): 803-808.

⑥ 官燕玲, 张豪, 闫旭洲, 等. 灰尘覆盖对光伏组件性能影响的原位实验研究 [J]. 太阳能学报, 2016, 37 (8): 1944-1950.

⑦ 孟广双. 荒漠光伏太阳能电池板表面灰尘作用机理及其清洁方法研究 [D]. 西宁: 青海大学, 2015.

在光伏组件表面的沉降密度分布规律①。当太阳能电池板的安装角度固定时，随着风速的提高，沙尘在电池板表面的沉积开始出现更明显的分层，分层的数量也随之增多。如果风速保持不变，随着电池板安装角度的增大，电池板表面灰尘的沉积密度将从边缘较高区域逐渐向中心降低。同时，原本位于中部的低密度区域会向电池板中心移动并逐渐缩小。而且随着安装角度的增大，电池板表面的沉积量也会增加。在相同角度下，风速增加时，沉积量会有所降低，尤其是对于粒径较大的颗粒，减少的量更为显著。当电池板的安装角度在 30°~60°时，发现在 45°的角度下，最大沉积密度达到峰值。

长时间的灰尘积累还会对光伏组件造成化学性的损害，进而缩短它们的使用寿命。由于灰尘具备酸碱特性，而光伏组件表面主要由二氧化硅和石灰石等物质构成，当灰尘沉积在玻璃盖板上时，这些物质便能与灰尘中的酸碱成分发生化学反应。这一过程会导致玻璃盖板表面变得更加粗糙，进而影响到光伏电池接收光照的能力，导致发电效率下降。

2) 冲蚀磨损

物体表面受沙尘冲蚀磨损的相关研究主要集中在三个方面：冲蚀环境、冲蚀粒子性能以及被冲蚀材料的性能。这些研究旨在深入理解沙尘冲蚀磨损的机理及其对材料性能的影响，以便为相关领域的材料选择和设计提供科学依据。研究可基于风沙两相流数学模型（气固两相流模拟模型与方法）、冲蚀理论、冲蚀率计算模型以及影响冲蚀磨损的因素等展开分析。

康晓波基于内蒙古沙漠地区光伏电站的研究中，对磨粒速度、不同光伏组件安装倾角、不同风向角、磨粒粒径以及磨粒质量流量对光伏组件表面冲蚀的影响进行了详细分析①。此外，随着风速的增加，最大冲蚀率和平均冲蚀率均有所上升，其中最大冲蚀率的增长幅度更为显著，这表明颗粒速度是影响冲蚀的主要因素之一。然而，当粒径增加时，最大冲蚀率和平均冲蚀率的变化幅度较小，且变化趋势相似，说明粒径不是影响冲蚀的主要因素。在其他条件保持不变的情况下，随着安装倾角的增加，光伏组件表面的最大冲蚀率和平均冲蚀率均呈现下降趋势。相反，当风向角增大时，最大冲蚀率和平均冲蚀率则表现出上升的趋势。这种现象可以归因于组件的安装倾角和风向角的调整改变了沙粒对组件表面的冲击角度。根据研究，当冲击角度在 0°~30°时，光伏组件表面的冲蚀率达到最高值。这表明光伏组件表面材料具有塑性材料的特性，其冲蚀率的变化与冲击角度

---

① 康晓波. 沙尘在太阳能光伏组件表面的沉降与冲蚀行为研究 [D]. 呼和浩特：内蒙古工业大学，2017.

密切相关，说明冲击角度是影响冲蚀率的一个重要因素①。

3）沙埋/坍塌

光伏电板呈角度布设，改变局部区域的风况及流场格局，阵列内蚀积严重，影响光伏电站的运营安全，主要沙害类型是风蚀沙埋，光伏板迎风侧到背风侧流场表现为汇流加速区、阻流减速区、抬升加速区和消散恢复区，导致板下堆积，板前沿形成风蚀坑，基座裸露，板间堆积形成沙垄地貌，严重危害光伏电站的发电运营。在存在建筑物或大型设施的场所，周边风速会急剧上升，容易引起风蚀，进而导致这些结构物倾覆或倒塌；而在缺乏此类障碍物的开放空间中，风速则会迅速降低，形成沙土堆积，引发掩埋现象；同样，风蚀也会对施工道路和生活区造成沙质覆盖，严重干扰生产建设活动的正常开展及其维护工作。

基于乌兰布和沙漠东南缘光伏电站的研究表明，电板前沿、后沿处风沙流受到倾斜电板影响，形成气流加速区，使得上层气流挟沙能力增强，风沙流呈现不饱和状态，地表出现风蚀；电场行道处上层输沙量受到光伏板阻挡，风沙流呈过饱和状态，地表出现堆积。因此，电场内部的风沙防治工作重点为电板下方区域，从电场整体来看，控制住光伏电站迎风边缘处风沙流动，对治理光伏电站的风蚀沙埋工作至关重要②。

在安装光伏系统时，系统与水平面保持一定的角度，这不仅确保了光伏板接收最大量的光照辐射，也相应地增加了它们受风的面积。因此，风力对光伏系统的承载力是一个关键因素。光伏支架为光伏系统的骨架，其功能是稳固光伏板并承载以及传递各种荷载。当风速过大，风荷载超过光伏面板或支架所能承受的值时，会造成面板被掀翻损毁，或支架不稳，光伏阵列倒塌③。

3.2.2 高温高辐射影响

荒漠地区白天存在高温高辐射的环境，高原地区也具有非常强的辐射及紫外线水平。强烈的太阳辐射和严酷的温度会加速暴露于这种环境条件下的光伏面板的衰减速度。光伏组件的构成包括玻璃、EVA（乙烯-醋酸乙烯共聚物）、背板以及电池片等原材料和辅助材料。任何显著的组件性能变化都源于材料本身的改变。这种改变主要由两个因素引起：一是特定气候条件对材料耐久性的影响；二

① 赵明智，王帅，孙浩，等. 沙尘对光伏组件表面冲蚀行为影响实验研究［J］. 可再生能源，2020，38（1）：19-23.

② 陈曦，高永，翟波，等. 沙区光伏电场的风沙流输移特征［J］. 干旱区研究，2019，36（3）：684-690.

③ 杜航，徐海巍，张跃龙，等. 大跨柔性光伏支架结构风压特性及风振响应［J］. 哈尔滨工业大学学报，2022，54（10）：67-74.

是运输和维护过程中的影响。在电池层面，性能衰减的原因包括材料老化、电池与接触点之间的黏附力降低、表面涂层变质和减反射层效能降低等。而在模块层面，性能下降可能是由电池片破裂、电池本身的衰减机制、密封材料问题以及旁路二极管的故障等因素引起[1]。

根据相关研究及机构经验积累，总结得出高温高辐射环境对光伏原辅材料的影响因素主要包括[2]：①阳光直射。阳光的直接照射会导致电池片经历正常的光致衰减，从而影响其效率。这一点在多项研究中得到了证实，如肖文波等实验研究表明，光强对单晶（非晶）硅电池输出电流与电压的影响规律是相同的，光强对电流影响大，而对电压影响小[3]。②紫外线老化。紫外线的长期照射可能导致乙烯–醋酸乙烯共聚物（EVA）变黄、密封胶变脆、背板老化等封装材料失效。例如，张增明等研究发现，随着老化，EVA 的抗拉强度快速下降，甚至完全失效，失去弹性；老化过程中 EVA 会变黄，透光率逐渐下降[4]。③温度的剧烈变化。温度的剧烈变化可能会导致焊接电路连接断裂，电池片内部裂纹加剧，以及接线盒和组件之间的连接失效。孟炎等研究发现，环境温度的波动幅度越大，光电效率降低速度越快[5]。④潮湿和冻融循环。这些环境条件可能导致玻璃起雾、封装材料失效、腐蚀问题、接线盒与组件连接故障。例如，不同湿热老化条件对背板机械性能、层间黏结性能、绝缘性能及阻隔性能的影响研究表明，湿热老化对背板材料性能有显著影响[6]。⑤电势诱导衰减（PID）。在湿热地区，光伏系统的工作电压可能引起电池片性能下降[7]。⑥热斑效应。组件的某些部位可能因过热而导致热斑故障。⑦二极管的热性能问题。二极管过热可能导致电压降增大和漏电流升高[8]。综上所述，高温高辐射环境下对光伏原辅材料的影响因素是

① 李铁成，曾四鸣，孟良，等. 晶体硅光伏组件功率特性及衰减评估分析［J］. 电源技术，2022（8）：920-924.

② 孙晓，王庚，恽旻，等. 晶体硅光伏组件功率衰减与评估方法研究［J］. 太阳能学报，2016（6）：1373-1378.

③ 肖文波，吴华明，傅建平，等. 光强和温度对硅光伏电池输出特性的影响［J］. 华中科技大学学报（自然科学版），2017，45（1）：108-112.

④ 张增明，彭丽霞，吕瑞瑞，等. 光伏组件封装 EVA 的热空气老化研究［J］. 合成材料老化与应用，2012，41（1）：16-19.

⑤ 孟炎，高德东，铁成梁，等. 交变温度场对光伏组件性能的影响研究［J］. 可再生能源，2021，39（3）：340-345.

⑥ 梁宏陆，王莉，杨辉，等. 不同湿热老化条件对光伏背板性能的影响［J］. 信息记录材料，2015，16（6）：24-27.

⑦ 曾文波，冯江涛，秦汉军，等. 光伏背板材料在湿热服役环境条件下的老化行为［J］. 塑料，2016，45（3）：93-96.

⑧ 张臻，单立，王磊，等. 光伏组件热斑案例失效分析与影响因素研究［J］. 太阳能学报，2017，38（1）：271-278.

多方面的，包括阳光直射、紫外线老化、温度的剧烈变化、潮湿和冻融循环、电势诱导衰减（PID）、热斑效应及二极管的热性能问题等。这些因素共同作用于光伏组件，影响其性能和寿命。

温度对结晶硅型光伏组件衰减的影响研究表明，在 ANSYS 仿真环境中，光伏组件寿命为 18.5 年[①]。这一发现与多项研究结果相呼应。例如，一项在中国高原气候区下的光伏组件实际运行衰减分析显示，高温差及高紫外对组件性能有显著影响[②]。另一项研究聚焦于晶硅光伏组件的直冷背板散热分析，指出工作温度严重制约着电池效率及组件寿命的提升[③]。此外，太阳能电池高温应力失效机理及表征方法研究也表明，高温环境下电池材料中的潜在缺陷会被激活，严重影响电池的质量和可靠性[④]。

3.2.3 高寒及高温差变化影响

青藏高原及新疆、内蒙古等荒漠地区属于高寒及高温差环境，尤其是入冬后，高原地区降温明显，室外温度长期处于零度以下，且昼夜温差较大，光伏电站及组件长期处于这样的环境中，会造成组件性能下降、覆冰、冻害裂缝、地基冻胀、冻融破坏害等。

1）组件性能下降

太阳能电池组件构成了光伏发电系统的关键部分，张青松等的研究揭示了温度对这些组件的显著影响[⑤]。同时，蓄电池作为该系统中不可或缺的一环，其性能也极易受到温度变化的影响。无论是在高温还是在低温条件下，都可能影响到蓄电池的正常功能。这种影响主要是由于极端温度条件改变了蓄电池的浮充电流，从而引发了热失控现象，最终可能导致整个电池组的损坏。具体来说，高温环境下，锂离子电池的热失控过程会经历蓄热阶段、排气阶段和热失控阶段。

① Ogbomo O O, Amalu E H, Ekere N N, et al. Effect ofoperating temperature on degradation of solder joints in crystallinesilicon photovoltaic modules for improved reliability in hotclimates ［J］. Solar Energy, 2018, 170: 682-693.

② 李海玲，陈旭，吕芳，等. 中国高原气候区下光伏组件实际运行衰减分析 ［J］. 太阳能学报，2019，40 （6）：1560-1566.

③ 朱静燕，邹帅，孙华，等. 环境温度下晶硅光伏组件的直冷背板散热分析 ［J］. 物理学报，2021，70 （9）：415-422.

④ 任琇铭. 太阳能电池高温应力失效机理及表征方法研究 ［D］. 西安：西安电子科技大学，2014.

⑤ 张青松，刘添添，白伟. 加热方式对锂离子电池热失控行为影响 ［J］. 中国安全科学学报，2021，31 （9）：44-51.

在高原地区,由于昼夜温差较大和空气绝对湿度较低,光伏电站中的电流电压互感器、高压开关柜等设备可能会因为温度变化而发生变形或破损。此外,高原中较低空气绝对湿度对设备外绝缘性能与换向器电机碳刷磨损情况产生影响,不利于设备稳定运行[①]。

2) 组件覆冰

作为一种特殊的污染物,覆冰会降低太阳能电池板吸收太阳光的能力,对发电量的潜在影响不容忽视。与其他地区相比,高寒地区新能源设备覆冰情况更为严重。与沙土、石灰、碳纤维等固态颗粒的遮挡作用不同,覆冰现象由于介质的变化,能够对太阳光进行折射和反射。这种特性可能会对太阳能电池板的发电性能产生影响,因此需要高度关注。例如,关于乌鲁木齐冬季户外环境中,光伏电站的覆冰大小、覆冰厚度和覆冰倾角的变化如何影响光伏组件的输出功率和功率损耗率的研究结果表明,当覆冰面积逐渐增加,光伏组件输出功率下降越来越迅速,填充因子增大,功率损耗率升高;随着覆冰厚度的增大,光伏组件输出功率变化趋势先平稳后降低,相应的损耗率开始升高;而覆冰倾角的增加会一定程度改善因覆冰所造成的光线折反射与遮拦效应问题[②]。

3) 冻害裂缝

光伏电站虽采用先进发电技术,但其建筑主体常面临冻害问题,特别是在高寒地区极端低温条件下,昼夜温差大易导致建筑物出现冻害裂缝。例如,青藏高原等地,极端温差对混凝土建筑等设施造成极大影响,可能导致裂缝,从而影响电站结构和运行安全。

4) 冻胀冻融

高寒地区温度过低会带来冻胀风险,进而对电站地基产生影响。在高寒地区,由于温度极低,土体容易发生冻胀现象。这种冻胀现象对电站地基具有显著的影响,甚至可能导致严重的破坏。桩基础因土体冻胀力作用而破坏的形式可归纳为三种主要类型:桩身拉断、桩身倾斜以及桩身冻拔[③]。在冬季时光伏支架基础易发生不均匀冻胀抬升,而在春季时,由于气温升高支架基础易产生融沉现象,出现差异冻胀融沉情况,从而导致光伏支架发生偏移,进而改变光伏组件的安装倾角,最终导致光伏组件发电量受到影响。

---

① 许彬. 西藏(高海拔)光伏电站运维研究及应用 [J]. 能源研究与管理,2018 (4):95-97,113.

② 岳家辉,张新燕,周鹏,等. 冬季覆冰对光伏组件输出特性影响的实验研究 [J]. 太阳能学报,2022 (2):176-181.

③ 姜伟,晏华斌,张钰,等. 季节性冻土区光伏支架基础冻胀防治措施研究综述 [J]. 低温建筑技术,2022,44 (7):144-148.

3.2.4 自然灾害影响

西北荒漠及青藏高原地区常有大风、雷电及地震等自然灾害，对光伏电站的稳定运行造成损害。

1）大风影响

大风对光伏电站的负面影响主要体现在其对支架和光伏组件的直接破坏作用。由于光伏场区占地面积较广，支架及组件是重要的设施，数量众多且造价昂贵。然而，它们自身的结构较为脆弱，一旦遭遇超出设计承受能力的强风，极可能引发支架及组件的断裂和倒塌，进而造成重大的经济损失。例如，2021 年 3 月中旬，内蒙古某地区连续大风天气，最高风力达到 11 级，大风过后，光伏电站现场随处可看破碎的组件、零散的跟踪系统和断裂的支架。2022 年 11 月，新疆某光伏项目遭遇极端大风，近百兆瓦光伏方阵被吹毁，光伏支架倒塌无数，大部分光伏组件有不同程度损坏（图 3-3），部分受损严重的光伏组件则几乎"腰斩"[①]。另外，大风天气可能会对光伏场区的汇流箱、升压站建筑物（结构物）

图 3-3 大风灾害导致的光伏电站倒塌损毁

---

① 资料来源：https：//www.sohu.com/a/611888053_703050。

等产生不利影响。特别是光伏组件之间的连接线，受到大风的吹拂会导致其摇摆不定，可能会引起接触不良或者断路等问题。

2）雷击影响

雷电会对光伏发电站造成重大影响，如雷击会使钢化玻璃瞬间爆裂，可能导致电池片局部产生微小裂纹；直击雷的强大电流和高温高压对建筑物破坏严重；电力线被雷电击中时，电流传导距离远，峰值电流强度高，对电网安全构成威胁。在雷电频繁区域，电力设备易遭雷击引发电流。太阳能光伏电站的电路线路为感应雷发生提供条件。雷云经过时，光伏系统导体感应出雷云电荷，在放电过程中，感应电荷迅速释放引发雷电静电效应。这一过程容易导致光伏电站系统受损，因为感应雷会通过太阳能电池组件的接线系统传播至整个系统。

雷电浪涌是由雷电击中线路引发的感应过电压脉冲现象。在光伏发电系统中，雷电波的侵入主要有两种方式：一是通过金属管道，如电源线、信号线、接地线等入侵系统；二是直接通过架空线路入侵整个光伏系统，对光伏电站构成更大危害。因此，对于并网型太阳能光伏电站，需要深刻认识防雷的重要性，并基于其工作和应用环境，采取适当的防雷措施①。

3）地震影响

地震多发区域，对光伏阵列尤其是光伏支架的建造提出更高的要求。为探究自振特性参数及地震作用对索桁架柔性光伏支架结构的影响，杨春侠等对天津市某光伏电站两跨六排索桁架柔性光伏支架采用 Ritz 向量法进行模态分析，得到不同预应力水平、光伏面板模拟情况和索桁架间撑杆形式下的结构自振特性；并选取相应地震波对结构进行地震时程分析，得到结构的变形和内力分布情况②。

3.3 特殊生态环境防护措施

3.3.1 风沙防护

1. 风沙运移规律

在沙漠环境下运行的光伏组件，受风沙运动的侵扰，造成积尘沙埋、磨损、

---

① 戴钰林，杨雪峰，游志军. 光伏电站防雷措施研究 [J]. 光源与照明，2022（10）：107-109.

② 杨春侠，张梓建，崔鸿知，等. 索桁架柔性光伏支架结构自振特性及地震时程响应分析 [J]. 建筑结构，2023，53（S1）：722-729.

坍塌等危害，导致光伏组件性能出现衰减效应，进而影响到其输出功率。当光伏组件及其支撑结构以阵列形式排列时，也会对局部沙漠下垫面的粗糙度产生一定的影响，进而对近地面气流的流动分布形成重构差异机制，沙尘迁移运动也将发生改变，能够在一定程度上显现出防风固沙的实际效果。在沙漠地区大规模建设光伏发电站，对光伏发电系统的输出特性以及沙漠地区的沙漠化过程存在着复杂的相互耦合效应。从系统科学的角度而言，有必要深入探究风沙输移规律对光伏发电系统性能的影响机制，以及光伏发电设施建设对区域沙漠化趋势的调控效应。这不仅有助于进一步优化沙漠光伏发电技术，也为实现光伏发电设施与沙漠生态环境的和谐共融提供重要的理论依据。

风沙研究的关键在于对其产生、演变和消散过程的阐述。这涵盖风沙起动机制、运动特性及挟沙气流动力学等方面。其研究成果有助于理解沙漠化过程、地貌演变，并为风沙灾害防治及沙漠控制提供理论支撑。

拜格诺等先驱学者首次探索了风沙运动的核心问题，如沙粒起动风速的概念。他们对沙尘颗粒的运动特性及跃移轨迹进行了深入研究[1]。同时，兹纳门斯基等其他学者也深化了对风沙流的研究，引入了新的术语来描述风力输送沙粒的现象，揭示了风与沙粒的相互作用机制以及相关的物理本质。现今学者们也在多方面深入探讨风沙运动的机理和特征，力图获取更多知识来解决相关问题。

臧建彬等通过详尽探讨入射角度理论，揭示了尘粒尺寸、沉积密度与入射角对光伏板相对透射率的影响[2]。研究结论显示，随着尘粒尺寸的增加，光伏板的相对透射率呈递增趋势；但当沉积密度与入射角度增加时，透射率则显示出递减趋势[2]。杨亚林等通过对光伏板承受沉积密度、尘粒尺寸以及辐射强度等影响因素深入分析，发现光伏板输出功率的损耗受到沉积密度与尘粒尺寸的影响[3]。具体来说，随着积尘密度的增加，输出功率损耗会加剧；而随着积尘粒径的增大，输出功率损耗则会减轻。此外，辐射强度也是影响光伏组件性能的重要因素之一。通过双因素方差分析方法对积尘密度和积尘粒径进行综合分析，发现这两个因素之间的相互作用对光伏组件的输出性能影响显著[3]。

吴丽玲以库布齐沙漠光伏电站为对象的研究，通过野外实地考察、精准数值模拟及风洞实验三种研究手段，对电站运行过程中太阳能光伏系统在沙漠地区产

① Bagnold R A. Text Physics of Blown Sand Desert Dunes ［M］. London：Matxuen&Co. Ltd.，1941.

② 臧建彬，王亚伟，王晓东. 灰尘沉积影响光伏发电的理论和试验研究 ［J］. 太阳能学报，2014，35（4）：624-629.

③ 杨亚林，朱德兰，李丹，等. 积灰和光照强度对光伏组件输出功率的影响 ［J］. 农业工程学报，2019，35（5）：203-211.

生的风沙运动影响进行详尽探究,以深入分析该运行方式对沙漠环境的潜在影响[①]。她从流体动力学的角度研究平板绕流现象在光伏阵列中的表现,特别是在风沙两相流流经不同几何结构处的流场分布特征,深入探讨光伏阵列对风沙运动的分流作用。同时,还探究光伏阵列与风沙运动之间的双向相互作用关系,分析光伏阵列对沙尘沉积分布的影响以及其对光伏组件输出功率损耗率产生的潜在变化。光伏阵列的布局对近地面风速影响显著,特别是在其南北朝向的气流流动中体现明显。气流通过光伏组件时受形状阻力影响,导致流场分布差异。随着阵列纵向扩展,负压区最大值上移,流域最大速度减小,低速和回流区扩大。地面沙尘向中心集中,首行组件沙尘沉积最密集,相邻次行组件最稀疏。光伏阵列影响近地面风速,尤其南北朝向气流运动。风洞测试显示风沙作用影响光伏组件性能,导致组件输出损耗。

2. 防风沙技术

基于防风沙常用工程的功能与特性,其工程技术可划分为固沙、阻沙及输(导)沙三大类别。

固沙技术主要有机械沙障、植物固沙和化学固沙三种核心方法,目标是减轻风沙流的影响,防止沙丘移动和掩埋。防治沙害的核心在于控制风力,主要通过降低风速和改变气流的搬运能力来实现阻挡沙子的效果,保护农田、交通路线和居民区免受风沙的侵袭。有效的阻沙措施包括设置防风栅栏、建设防沙林带等防护工程。此外,输沙工程通过优化设计、调整地面特性来引导风沙的流动,确保沙子能够顺利通过而不产生堆积。这些技术能够高效预防风沙灾害,维护生态环境的稳定和安全。

近几年,多所高校、科研机构和产业界已经联手打造一系列领先的沙漠治理技术,覆盖了多个综合治沙领域,展现显著优势与成果。这些技术已广泛应用于光伏治沙、沙漠土地改造和生态恢复等领域,具有独特的优势,能够灵活适应不同沙漠环境的特殊性和治理需求。这些技术的研发和应用,无疑为沙漠治理带来了新的希望和机遇。在不断探索与实践中,我们对沙漠治理有了更深入的了解,为应对沙漠化挑战提供了强有力的技术支持[②],具体技术分类、特点及使用范围如表3-1~表3-3所示。

① 吴丽玲. 沙漠风沙运动与太阳能发电技术的互馈机理研究 [D]. 呼和浩特:内蒙古工业大学,2022.

② 范长春,李洪波,王亚超,等. 防沙治沙技术概述及分场景应用路径研究 [J]. 产业科技创新,2023, 5 (5):45-47.

表3-1 固沙技术

分类	材料/技术模式	技术特点	适用范围
机械沙障	植物材料沙障	按方格、带状等形式将植物秸秆、灌木枝条等天然材料通过直压、直埋、插入或平铺方式设置的沙障，应用范围广	适用于流动和半流动沙丘（沙地）的治理，可为植物固沙提供防护
	黏土砾石沙障	将黏土、砾石平铺在沙面上或固定成埂，适合交通不便地区就地取材	
	工业品材料沙障	采用PE尼龙网、PLA沙袋、土工布等合成材料设置的沙障，耐久性好，但成本较高	
化学固沙	无机材料固沙剂	水泥、水玻璃等无机材料失水固化形成刚性壳层，脆性较强易开裂，成本相对较低	用于机场、交通线、军事设施和重要工矿区等的临时或过渡性保护
	有机材料固沙剂	石油、有机高分子聚合物等有机材料能够防止风沙吹蚀，但易老化脆裂，存在环境污染风险，成本也相对较高	
	有机-无机复合材料固沙剂	一种由无机材料掺入有机组分构成的新型固沙材料，克服了传统无机材料易脆、渗透性能不足以及保水性欠佳的缺陷	
植物固沙	封沙育林育草	采用围栏、标牌等方式在一定时期内对封育区域实施禁牧、休牧等措施，给植物以繁衍生息的时间，使天然植被逐渐恢复。投资少、施工简便、生态扰动小，但自然恢复期相对较长	适用于原有植被遭到破坏、有植物天然生长条件的地区
	人工造林种草	以种植（抚育）草、乔木和灌木等沙生植物为主，可削弱风蚀作用，固定沙丘	适用于具备植物生长条件，但原生植被匮乏或仅依靠原生植被自然恢复慢，要求在较短时间内形成治理效果的沙地或沙化土地，需要先布设固沙工程措施
	飞播造林种草	采用飞机大面积播种，速度快、成本低、治理范围大、见效快	适用于固定沙地或已实施机械固沙后的沙地，年均降水量250mm以上，或年均降水量虽少于250mm但冬季有稳定积雪地区

表3-2　阻沙技术

分类	设置形式	技术特点	适用范围
栅栏	疏透型	防护效能较小、防护距离相对较大，常用于风大沙少地区	适用于沙源丰富地区，作为防止固沙带前沿积沙的辅助性措施
	紧密型	防护效能较大、防护距离相对较小，常用于风大沙多地区	
防沙林带	紧密结构	防护效能较大、防护距离相对较小，常用于风大沙多地区	适用于沙漠边缘阻沙林带
	疏透结构	防护效能较小、防护距离相对较大，常用于风大沙少地区	
	通风结构	防护效能弱，耗水量小	
防护林网	—	林网系统具有连续防风效应，防止或减轻沙质耕地的风蚀起沙，以及风沙和沙尘暴对农田的危害，而且还能改善田间小气候	适用于沙漠地区绿洲内部

表3-3　输（导）沙技术

分类	设置形式	技术特点	适用范围
下导风工程		促进和加速风沙流体通过保护区	适用于防治分布稀疏、低矮、快速前移的沙丘，或风沙流造成局部严重沙害的地段
输沙断面工程	有浅槽的路基输沙断面工程	借助气流环流及其产生的升力和路基风速加强而达到公路输沙的目的	适用于沙源不丰富且起伏平缓的流动沙地，主要防治风沙流危害
	有浅槽与加速风力堤的路基输沙断面工程	加速风力堤使沙丘在堤前不断受到吹扬，从而降低沙丘落沙坡的高度，通过浅槽和风力堤的综合作用达到公路输沙的目的	适用于沙源较丰富的流动沙丘地带，主要防治沙丘前移对公路等的危害

目前，应用在光伏电站的防风沙、风蚀等的技术主要包括生物结皮、植物固沙、草方格沙障、芦苇沙障、砾石红泥固沙工程及多种措施组合的技术等（图3-4）。

图 3-4　光伏电站常见固沙技术

（a）草方格沙障；（b）草方格沙障（远景）；（c）砾石沙障；（d）植物固沙；（e）生物结皮（苔藓）；
（f）生物结皮（地衣）

在研究光伏电站风蚀防治策略时，毛乌素沙地的光伏电站采用了人工播撒以促进生物结皮的形成①，进而达到防风蚀的效果。对于降水条件为年均约 400mm

---

① 杨延哲．人工培育生物结皮在毛乌素沙地光伏电站施工迹地的风蚀防治研究［D］．北京：中国科学院研究生院（教育部水土保持与生态环境研究中心），2016.

的此类地区，采用这种方法成功培育的生物结皮可大幅提高防护能力，减少风蚀损害。经测定，在不同区域进行的实验中，喷播藻结皮小区的风蚀量减少了约1/4，撒播藻结皮小区则降低了超过50%的风蚀量，而撒播苔藓结皮小区的降蚀效果更佳。该研究结果表明，生物结皮措施对土壤抗风蚀能力的提升具有显著影响。随着结皮厚度逐渐累积，其固定沙粒的能力亦随之增强。

光伏电站植物固沙模式包括"林光互补""农光互补""草光互补"等，通过在光伏电站合适区域种植矮化经济林、耐阴性沙生灌草植物或喜阴经济植物、农作物、牧草、中药等实现防风固沙效果[1]。例如，在毛乌素沙地光伏项目电厂的不同部位，通过配置景天、三七、狼尾草、金针菜等人工草本植物措施以及自然恢复植被，并监测风场变化、地表风蚀量化指标，分析比较不同植物措施的防风固沙效果，探究其在光伏电厂风蚀防治中的效益和机理[2]。

以塔克拉玛干沙漠光伏电站为例，流动沙漠地区可采用草方格固沙法，即在光伏场区周边（围栏、道路、设备基础、支架桩基、升压站围墙等）种植草方格，固定沙丘，降低风速，从而减缓沙漠迁移速度；在流动沙漠区域，使用螺旋钢管桩与前后双立柱结构的光伏支架，结合草方格植被固沙技术，可有效减轻风力对流动沙漠地区光伏支架基础结构的侵蚀作用，显著预防光伏支架周围出现的"沙窝"现象[3]。

石涛在库布齐沙漠光伏电站内部铺设芦苇沙障后，对近地表风速和输沙量进行观测，结果表明，芦苇沙障通过改变下垫面结构，降低近地表风速，削弱气流挟沙能力，有效减缓地表风蚀，显著提升防沙固沙效果，可作为光伏电站防风固沙的有效措施[4]。

此外，毛乌素沙漠的光伏项目采用多种防风蚀措施，包括在边界使用麦草方格沙障、砾石铺设、红泥固化，以及在太阳能板间隙使用砾石、红泥等。研究人员通过对比分析不同措施的效果，探索出适合西北荒漠及青藏高原地区光伏电站的防风蚀体系，以支持环保的资源开发[2]。结果表明，砾石压盖和红泥覆盖在项目区边界和太阳能板间隙均有显著的防风蚀效果。红泥覆盖措施性价比最高，项目区边界及太阳能板间隙的造价分别为 11.35 元/m² 和 12.40 元/m²。

① 尚小伟，武文一，卫建军，等. 我国沙漠地区光伏产业与生态治理分析［J］. 绿色科技，2024，26（4）：27-33.

② 苑森朋. 毛乌素沙地光伏项目施工迹地风蚀防治的植物措施配置与效益分析［D］. 咸阳：西北农林科技大学，2016.

③ 王梦南，崔巍，王景航，等. 塔克拉玛干沙漠光伏电站防风固沙解决方案浅析［J］. 太阳能，2023（11）：74-79.

④ 石涛. 光伏电站芦苇沙障防风固沙效益研究［D］. 呼和浩特：内蒙古农业大学，2020.

3. 积尘清洁技术

大型光伏电站远离人居，易受土壤、砂石、火山灰、火灾残留物等积尘影响。按成分及附着力，积尘可分为易清除的普通浮尘、与组件发生化学反应难以去除的积垢，以及需特殊清洁剂才能清除的油污型灰尘（工业排放物）。

高原地区地势复杂，光伏电站难以实现全面自动化清洁，因此迫切需要开发高效的组件表面清洁技术，以适应高原荒漠和半荒漠环境。

光伏组件清洁技术可按成熟度和应用情况分为三类①，即成熟技术（人工清洁、喷淋技术）、新兴技术（机器人清洁、自清洁涂层）以及研发阶段（激光、电、声波除尘等），如表 3-4 所示。

1）人工清洁

光伏电站常用人工清洁，简单环保，但存在明显不足。其一，清洁效果受限，难以清除顽固污渍，易受天气和人工因素影响。其二，效率低下，耗时长、水耗大，成本高且一致性难以保障，存在安全风险。此外，清洗过程可能磨损组件表面，影响发电效率和使用寿命。对于水上或高支架电站，人工清洁更具挑战性。

2）喷淋技术

光伏电站常采用喷淋除尘，即在建设初期铺设清洗管道，后期根据污染情况定期冲洗组件。该技术成熟、易操作，可实现标准化、可控的清洗，人工成本极低。但其耗水量大，初期管道铺设成本高，且仅能清除浮尘，对顽固污渍效果不佳，更适用于小型工商业屋顶电站。

3）机器人清洁

清洁机器人可依据其机械结构和工作原理，分为移动式、挂轨式和便携式三种。

经过改造的移动清洁车被广泛使用，可以进行大规模清洁工作。这种车辆连续高效清洁，成本低廉且清洁效果出色，可以根据需求调整清洁力度并具有更高的环保性能。不过，实际使用中需要根据光伏组件间距和路面条件来调整使用方式，还需专业人员操作。

挂轨式清洁机器人稳定地固定在组件边缘，依靠限位轮和驱动轮灵活移动。按刷头移动方向分为两种类型：第一类机器人刷头与行进方向一致，由主体框架、清洁刷头、控制单元及电源组件等构成。工作时，驱动轮沿边框移动，刷头

---

① 金胜利，郭振兴，干建丽，等．光伏电站组件清洁技术研究综述［J］．能源工程，2023，43 (5)：1-11.

迅速旋转扫清灰尘。第二类机器人刷头移动方向垂直于行进方向，包含纵向清洁装置等。清洁时，驱动轮定位至未清洁区域，启动纵向清洁装置，利用超细纤维毛刷结合气流彻底清除积尘。此类机器人广泛应用于大型地面光伏电站和其他各类光伏电站。

针对小面积且布局不规则的光伏电站，便携式机器人显现了其独特优势。这些机器人采用多种清洁方式，如轮刷式和盘式清洁等，并配备了水箱及多种清洁剂。其设计灵活便携，成为分布式电站维护的理想选择，深受欢迎。

根据清洗的范围和方式，光伏组件清洁机器人的技术可分为单行清洗、多行清洗和广泛清洗三种。

单行清洗技术，指的是机器人在清洗一排光伏组件后需要人工干预才能转移到其他排。该技术广泛应用于光伏电站的日常维护，成为目前较为普及的光伏组件清洁方式。

多排清洗技术是一种先进的自动化清洗方式。清洁机器人在完成一排光伏组件清洗后，能沿轨道自动转移至其他排进行清洗，提高了效率。尽管该技术前景被看好，但目前仍处于试验阶段，应用不广泛。主要原因在于，该技术对地面平整度的要求很高，地面不平整会影响机器人的清洗效果。

对于一些规模较大的太阳能发电站，太阳能电池板的排列非常紧凑，并没有为安装和使用清洗设备预留空间，这使得常规的单排或多排太阳能电池板清洁机器人无法应用，而且依靠人工进行清洗既费时又费力。为了解决这个问题，市场上出现了一种新型的太阳能电池板清洁机器人，主要设计用于那些没有为清洗设备预留安装空间的太阳能电站。它通过配备差动转向装置来实现灵活转向，其采用的清洗方式与其他清洁机器人类似。

4）自清洁涂层

自清洁涂层的主要功能是通过改变玻璃的表面特性，使其具备自我清洁的能力，使微粒不易在表面沉积或易于被清除。根据涂层亲水性能不同，可分为超疏水涂层和超亲水涂层[①]。

超亲水自清洁涂料通过使水分子在表面上形成一层薄膜，从而抬起灰尘和污垢，并随着水流被带走，达到自清洁的效果。这种涂料主要依赖于其表面的高亲水性，即水接触角小于$5°$[②]。目前，超亲水自清洁涂料的研究主要集中在提高涂层的亲水性和自清洁效果上。为了提高超亲水自清洁涂料的性能，研究者们采取

---

① 陈纳新，刘震，陈一锋，等. 光伏组件表面清洁技术的研究及应用进展［J］. 太阳能，2023（8）：72-78.

② 黄伟欣，黄洪. 超亲水涂料的研究进展［J］. 广东化工，2008，186（10）：46-49.

了多种策略。一种策略是通过添加具有亲水性的材料作为助剂，或者引入表面活性成分和纳米材料，这些手段能够改变涂层的微观结构和粗糙度，从而增强其亲水性[1][2]。然而，尽管这些方法能够在短期内有效提升涂层的亲水性和自清洁能力，但长期使用后，涂层可能会因为雨水的浸入而与基底发生分离，导致表面涂层剥落和破损[3][4]。

超疏水自清洁涂料则是通过模仿自然界中的荷叶、水稻叶等表面的自清洁特性来制备的。这些自然表面具有极低的表面能和特殊的微纳结构，使得液体在其表面上几乎不浸润，从而实现自清洁效果。超疏水自清洁涂料的制备方法主要包括人工制造出特殊的表面结构和通过添加助剂对涂层表面材料进行改性两种方式[5][6]。例如，通过喷涂无氟疏水修饰剂正十二酸的乙醇溶液到不同材料表面，可以获得具有超疏水性能的涂层[7]。此外，透明超疏水涂层的开发也受到了广泛关注，这种涂层不仅具有优异的拒水性能，还能有效去除灰尘，同时保持较高透光率[8]。

近年来，光催化自清洁技术作为一种快速发展的自清洁方法，引起了广泛关注。这项技术通过使用光催化剂，在太阳光或人工光的照射下，有效地将有害物质分解为无害的小分子，从而实现自清洁效果，还能净化空气和降解有机污染物，符合环保、安全和可持续发展的要求。光催化技术的优点包括无毒、能耗低、反应条件温和、无二次污染等[9]。更重要的是，光催化剂能够利用太阳能进行能量转换、合成有机物和还原 CO_2，由于其催化作用不消耗催化剂本身，因此具有较长的使用寿命并能持续发挥效能。

近年来，光催化技术在各个领域的应用日益增多，特别是在自清洁涂料方面的应用尤为突出。由福州大学国家环境光催化工程技术研究中心和浙江和谐光催化科技有限公司联合成立的产学研平台，成功研发了一种新型 TiO_2 基光催化自清

① 邵菲，郝红，樊安，等．超亲水性涂膜的研究及应用［J］．材料导报，2014，28（21）：63-67.

② 徐延龙，梁子辉，李静．TiO_2 超亲水自清洁涂层的研究进展［J］．胶体与聚合物，2018，36（1）：37-39.

③ 蓝敏杰，文庆珍，朱金华．自清洁涂层的制备及应用研究进展［J］．材料保护，2020，53（3）：129-134.

④ 周树学，杨玲．二氧化钛自清洁涂层的研究现状与评述［J］．电镀与涂饰，2013，32（1）：57-62.

⑤ 林淑云，梁伟欣，杨聪强，等．超疏水自清洁涂层的研究进展［J］．福建建设科技，2015，143（4）：53-55.

⑥ 李想．功能化自修复超疏水/超双疏涂层的制备及性能研究［D］．长春：吉林大学，2020.

⑦ 邓万顺．超疏水涂料的简易制备与应用研究［D］．广州：华南理工大学，2018.

⑧ 李玥．坚固透明超疏水涂层的制备及其防尘性能研究［D］．北京：北京交通大学，2021.

⑨ 丁晓红，刘瑞来，赵瑨云，等．二氧化钛光催化自清洁材料研究进展［J］．化工新型材料，2022，50（2）：68-73，80.

洁涂料，该涂料能够广泛应用于各种建筑材料表面，并已在浙江省成功实现产业化。这种自清洁涂料不仅具有较长的保质期和优秀的抗污能力，还表现出极佳的耐久性。TiO_2基光催化剂因其优异的吸收性能、无毒、高光催化降解能力以及优异的热和化学稳定性，在不同行业显示出良好的应用前景[①]。

光催化技术在环境保护领域的应用也得到了广泛的研究和实践。例如，光催化纳米材料在降解化工废水、农药废水、染料废水、含油废水、造纸废水等有机废水和无机废水、自来水净化、大气污染治理等方面的应用[②]。此外，光催化技术还被应用于膜技术中，通过引入光催化剂实现污染膜表面自清洁，有效降低膜污染，进而降低运行维护成本[③]。

5）激光清洗、电除尘、声波除尘

激光清洗技术：激光清洗技术能够使污染物经历燃烧、熔化和蒸发等过程，从而与物体表面分离。目前，研究人员主要探索了包括烧蚀、燃烧、气化、振动等多种物理化学变化在内的清洗机理。虽然市场上已经出现了采用激光清洁技术的光伏组件清洁机器人，但由于光伏组件上的灰尘类型多样且激光清洁面临较大挑战，该技术目前还未广泛推广。

电除尘技术：主要通过静电产生驻波和行波来搬运灰尘，行波使灰尘微粒水平波动，驻波使灰尘上下波动，从而促使灰尘最终被清除[④]。电除尘技术虽然有效，但它也有一些固有的缺陷，包括成本较高、可能提升设备部件的温度，以及在灰尘转移过程中可能引发二次扬尘和积灰问题。此外，降雨条件下，微粒所受的静电力将会失效，故难以维持其对光伏面板清洁的有效性[⑤]。这些问题限制了电除尘技术在光伏领域的应用范围，主要被用于如航空航天等对小规模光伏板进行清洁的场合，而没有在大规模地面光伏电站中推广。

声波除尘技术：目前，该技术在光伏领域的应用仍处于研究阶段。Vasiljev等利用32W的超声功率清洁光伏面板15s，发现可去除大部分表面灰尘[⑥]。

---

① 艾贤军，郑书瑞，刘小娟．二氧化钛基光催化剂光催化降解有机污染物［J］．山东化工，2022，51（15）：201-203.

② 于兵川，吴洪特，张万忠．光催化纳米材料在环境保护中的应用［J］．石油化工，2005（5）：491-495.

③ 杨蕾，于振江，刘洁，等．光催化自清洁膜的发展现状及其在厕所污水处理中的应用展望［J］．净水技术，2021，40（3）：33-41.

④ 金胜利，郭振兴，干建丽，等．光伏电站组件清洁技术研究综述［J］．能源工程，2023，43（5）：1-11.

⑤ 赵伟萍．太阳能光伏组件表面污染机理及其减缓策略研究［D］．北京：华北电力大学，2023.

⑥ Vasiljev P，Borodinas S，Bareikis R，et al. Ultrasonic system for solar panel cleaning［J］. Sensors and Actuators A：Physical，2013，200：74-78.

Alagoz 和 Apak 对不同大小微粒的声波清洁效果进行了研究，发现对于直径小于 0.2mm 的颗粒，由于颗粒与表面之间的黏附力过强，清洁效果不佳。但对于直径在 0.5~1.0mm 的颗粒，由于其黏附力已减小到可以忽略不计的程度，清洁效果良好[①]。

根据张元海等的研究，西北荒漠及青藏高原地区的污染主要是沙尘积垢，建议采用车载移动式清洁设备进行处理，预计成本为每兆瓦 1000 元；华中地区的主要污染源是自然尘埃，推荐使用人工清洁与轨道机器人相结合的方式进行清理，成本大约为每兆瓦 4000 元；华南地区由于位于工业园区，主要面临的是工业化学污染，需要通过人工清洁结合机器人的方式，并配合使用清洁剂，其成本则高达每兆瓦 22 500 元[②]。

表 3-4　光伏组件清洁技术优缺点

光伏组件清洁技术		优点	缺点
已成熟或已大规模使用的光伏组件除尘技术	人工清洁	①清洗设备简单、成本低；②可按需清洁	①清洗效率低、清洗效果受主观因素影响；②人力成本高；③特殊场景下清洗难度较大
	喷淋技术	①自动化程度高，不需要人工过多参与；②可实现按需除尘	①初始成本高，需铺设大量管道；②耗水量大；③对顽固污渍清洗作用有限
基本成熟且小范围或特定场景下使用的光伏组件清洁技术	机器人清洁	①自动化程度高，不需要人工过多参与，可满足不同应用场景；②可实现按需除尘；③水资源利用率高	①设备运行稳定性差，需专业人员维护；②初期设备投入成本较高
	自清洁涂层	①一次喷涂后无须人工干预，实现主动清洁；②无振动或机械部件，不会对组件造成损坏	①喷涂前需要对组件进行彻底清洁，且喷涂工艺影响成膜性能，施工难度较大；②膜层材料寿命有限；③成本较高

---

① Alagoz S，Apak Y. Removal of spoiling materials from solar panel surfaces by applying surface acoustic waves [J]. Journal of Cleaner Production, 2020, 253：119992.
② 张元海，袁小燕，杨吉洲，等. 中国西北、华中、华南 3 个地区光伏电站的清洗效益比较分析 [J]. 太阳能，2023 (3)：12-21.

光伏组件清洁技术		优点	缺点
实验室阶段的光伏组件清洁技术	激光清洁	清洁强度较高，适用于顽固污渍	①设备投资大，成本较高；②高激光强度可能会对组件表面造成损伤
	电除尘	①无须耗水；②自动化程度高，无须人工过多干预；③无振动或机械部件，不会对组件造成损坏	①技术不成熟；②对湿度较为敏感；③设备成本较高，可靠性有待验证
	声波除尘	①无须耗水；②在炉膛和烟道里的应用有技术积累	在光伏领域应用尚处于研究阶段，可靠性有待验证

3.3.2　水循环利用技术

在西部的荒漠和半荒漠地带，光伏电站因缺乏自然降水而无法通过自然方式对光伏组件进行表面清洁。因此，这些地区的光伏电站通常采用人工和机械相结合的方法来完成清洁工作。但是，由于受到地理位置和自然条件的制约，大型光伏电站的组件清洁普遍面临水资源短缺、清洁效率低、成本高和周期短等挑战。因此，开发和应用集水及水循环利用技术对于推动光伏电站的发展具有重要意义。

1）集水

收集的雨水不仅可以用于清洁太阳能电池板和场地喷洒，还可以降低对地下水资源的开采需求，从而减少光伏电站的运维成本。推广雨水收集与利用技术，对于光伏电站区域的植被恢复而言，提供了关键的灌溉水源。这不仅是一种有效的植被恢复手段，也是生态保护和建立生态保护屏障的重要尝试。

王喜君等对河西走廊光伏电站的研究表明[①]，由光伏面板集雨面、集流管槽、输水管、蓄水池四部分组成的光伏电场雨水集蓄系统，在年降水量小于100mm的嘉峪关地区，一座50MWp的光伏电场，年收集降水量理论计算值可达到2.3万 m^3，在干旱缺水地区，对于这部分降水资源的收集和利用应当给予足够的重视。宁夏红寺堡光伏电站在采用光伏板矩阵的基础上，采用聚乙烯塑料（PVC管、PVC桶）设计了一套由收集系统、过滤系统、蓄水系统和用水系统四部分组

---

① 王喜君，何有华，王立明，等. 河西走廊地区光伏电场雨水集蓄技术研究［J］. 人民黄河，2020，42（8）：73-76+82.

成的雨水集蓄系统。经模拟降雨实验及天然降雨实验,结果表明,所有光伏矩阵的集流效率均超过90%,集雨效果良好[①]。

在光伏面板后方3.0~3.5m宽的区域,既是背光区也是风蚀和堆积区。这一区域的水分状况不佳,但随着光伏电场的建立,该区域将避免进一步的干扰。在该区域种植植物,不仅不会影响光伏发电的正常运行,还能通过改善生态环境,将其转变为一个理想的集蓄降水和植被发展的场所。此外,利用该区域收集到的雨水进行植物灌溉和光伏面板的清洁,不仅可以减少对地下水资源的依赖,还能降低运维成本。因此,推广使用集蓄雨水系统,利用收集到的雨水进行植物灌溉和光伏面板清洁是一种有效的方法。

2)光伏太阳能水泵水利用新系统

光伏水泵系统以太阳能发电作为动力合理开发地下水,既增加灌溉面积,又适当降低地下水位,减少盐碱化面积[②]。在常规的电网供电抽水系统中,往往需要架设电网设施或更新变压器,如果电网建设点距离较远,其所需费用将明显超过光伏水泵系统的成本。这种情况在中国西北等边远地区尤为明显,电网建设成本极高,部分地方甚至无法实现电网覆盖。因此,在这些地区采用光伏水泵作为电力来源,相较于使用柴油机抽水,在经济成本和技术实施上都展现出了显著的优势。根据用水需求,可以设计并实施合适的光伏水泵抽水系统,确定恰当的装机容量。这不仅可以为边远地区的居民提供清洁的饮用水,还能通过建立地下暗管灌溉系统,有效应对干旱地区的农业用水问题,同时也确保了光伏组件的清洁用水需求得到满足。

3)水处理循环利用

得益于污水处理厂在空间布局上的优势,将光伏技术与水务管理相结合,可以显著帮助企业降低成本并提高效率,同时为环境带来积极影响,助力实现碳中和的目标。采用"光伏+水务"模式不仅能够为光伏行业开辟新的发展空间和转型升级的机遇,还能促进社会经济的持续健康发展。在光伏电站,可以利用其提供的电源与水处理系统有机结合,进行污水处理,实现水循环利用,解决缺水问题。另外,考虑到日照辐射量的波动,单一的光伏发电易造成供配电不稳定,影响污水处理工作的连续性,因此也需要设计储能系统为污水厂供电。图3-5为光伏电站与污水处理系统的搭配系统设计,包括无储能设备和有储能设备的设计

---

① 李一春. 西北荒漠及青藏高原地区光伏板矩阵集雨自动灌溉系统研发与实证分析——以红寺堡光伏电站为例 [D]. 银川:宁夏大学, 2020.

② 李可心. 西北偏远地区光伏太阳能利用的探索与思考 [J]. 陕西农业科学, 2017, 63 (5):97-98.

系统①。

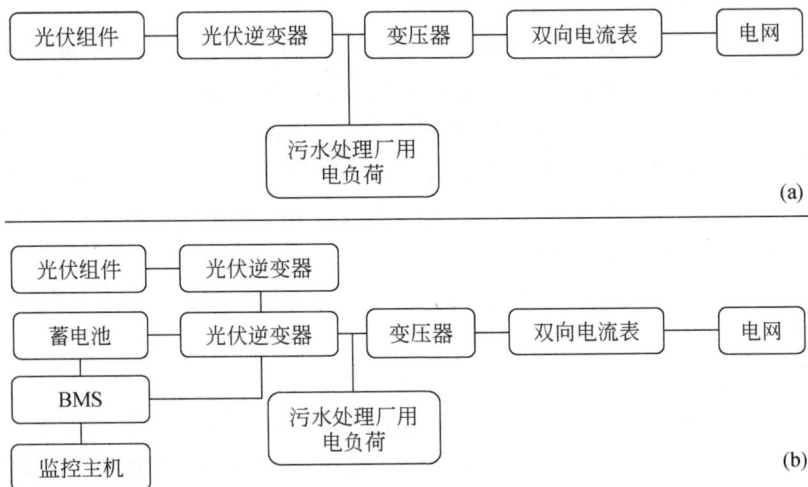

图 3-5　无储能设备（a）和有储能设备（b）的光伏–污水系统

3.3.3　抗高温辐射

光伏组件的性能与其工作温度密切相关。在正常情况下，光伏板能够将接收到的太阳能辐射能量中 15%～20% 转换为电能，而超过 50% 的入射太阳能则以热能的形式散失，导致光伏组件温度升高②。这一过程中，材料特性、工作温度和太阳辐射强度等因素共同影响光伏电池的输出功率。特别是温度，对光伏电池性能的影响尤为显著。在夏季高温条件下，光伏组件的输出功率会有所下降，这不仅降低其效率，还可能缩短其使用寿命。因此，研究如何降低光伏组件的工作温度，以提高其性能和延长使用寿命，成为一个重要的研究方向。

降温技术主要包括自然降温、强制循环降温以及辐射散热涂层三种方式（表 3-5）。自然降温技术通过在电池板背面设置散热通道和散热片等，利用空气和水作为主要的工作介质，对电池板进行冷却处理。这种方法能够有效地降低电池板

① 钱媛媛，王永杰，杨雪晶. 光伏与"光伏+水务"在污水处理厂的应用现状［J］. 工业水处理，2022，42（6）：40-50.

② Marudaipillai S K, Ramaraj B K, Kottala R K, et al. Experimental study on thermal management and performance improvement of solar PV panel cooling using form stable phase change material［J］. Energy Sources Part A Recovery Utilization and Environmental Effects, 2023, 45（1）：160-177.

的温度，提升其性能和寿命①②。强制循环降温技术则依赖于额外的驱动力来实现降温效果，其中翅片散热和风机散热是两种常见的技术③④。这些技术通过扩大散热面积或增强空气流动，显著提高了散热效率。辐射散热涂层技术则是通过在目标物体表面涂覆具有高发射率和高导热性的特殊涂层，使物体能够将其表面或内部的热量有效地散发到外界环境中，从而达到降温的效果⑤⑥。在涂料的制备过程中，通常需要添加导热填料提高涂层的导热性，导热填料主要包括氧化物、碳化物等⑦。

表 3-5　不同降温技术对比

降温技术	降温循环驱动力	优点	缺点	投资成本
自然降温技术	无	结构简单，容易维护，省时省力	降温有限	小
强制循环降温技术	有	降温幅度较大	体积大占据空间，且需要额外的输入功率	大
辐射散热涂层技术	无	不受周围介质影响，施工方便	降温有限	小

不同材料在不同温度环境下表现各异。温度系数的绝对值越低，表明材料在高温条件下的稳定性和性能越优秀⑧。太阳能电池的温度特性是其性能的重要指标之一，主要通过最大输出功率温度系数、开路电压温度系数和短路电流温度系数来描述。这些参数反映了在标准测试条件下，随着温度每升高 1℃，太阳能电池的最大输出功率、开路电压和短路电流的变化情况。为了确保太阳能电池组件能够维持高转换效率，选择具有较低最大输出功率温度系数的材料至关重要。此外，组件的散热性能也是保证太阳能电池在最佳温度范围内稳定运行的关键因素。晶硅、薄膜类和新型材料如钙钛矿电池相比非晶硅电池，通常表现出更高的

①　张成昱，李以通，李晓萍，等. 太阳能光伏电池板降温技术浅析［J］. 建筑热能通风空调，2017，36（10）：85-87，49.
②　朱丽，陈萨如拉，杨洋，等. 太阳能光伏电池冷却散热技术研究进展［J］. 化工进展，2017，36（1）：10-19.
③　高明，张宁，王世学，等. 翅片式锂电池热管理系统散热性能的实验研究［J］. 化工进展，2016，35（4）：1068-1073.
④　李辉. 动力电池热管式散热系统研究［D］. 长春：吉林大学，2016.
⑤　尹雨晨，雷辉，曾一兵，等. 绝缘高辐射散热涂层配方设计及性能研究［J］. 涂料工业，2016，46（7）：7-11.
⑥　刘家良. 石墨烯辐射散热涂层的制备及性能研究［D］. 广州：华南理工大学，2022.
⑦　郑玉芹. 增强金属背板型光伏组件散热涂层的制备及性能研究［D］. 南昌：南昌大学，2023.
⑧　毛阗，韦强. 光伏组件性能研析［J］. 建筑电气，2023，42（10）：57-62.

温度稳定性，这使它们在高温环境下的性能表现更为可靠。

在高温和高辐射的环境下，光伏组件容易发生老化现象，这种老化主要表现为组件功率的缓慢下降。这种情况通常是封装材料（如胶膜、背板等）的老化引起的[①]。EPE 胶膜即"EVA-POE-EVA"三层复合结构膜，属于共挤型 POE 胶膜，既具备 POE 胶膜的高阻水性和高抗 PID 性能，也具备 EVA 胶膜的双玻组件高成品率的层压工艺特性，适用于 PERC 双面双玻、N 型双面双玻以及其他耐候性要求较高的光伏组件的封装[②]。

3.3.4 抗冻胀冻融

高寒地区光伏电站建设需考虑季节性冻土的影响。由于光伏场地需要占用较大面积的土地，为了降低对环境的不利影响，将桩基作为光伏支架的支撑基础被认为是一个较为理想的方案。在进行光伏支架桩基的设计时，如果按照现有的桩基规范执行，季节性冻土层的厚度将会对桩基的设计深度、运行性能、使用寿命以及建设成本等方面产生重要影响，进而可能导致建设成本大幅上升。因此，对于高寒地区的光伏支架桩基进行专门研究，是当前亟须解决的问题。

在高寒地区，季节性的冻土冻融循环对土体承载力产生显著影响。此外，桩基的力学性能还受到荷载强度、加载方式、桩材、桩径以及约束条件等多种因素的影响。这些因素共同作用于桩基，决定了其在特定环境下的稳定性和安全性[③]。

针对高寒地区的桩基问题，孟凯选取内蒙古通辽的光伏项目作为案例，通过借鉴现有的冻土及桩的理论知识，使用 ABAQUS 有限元软件构建数值模型，探究季节性冻土区光伏发电设备单桩基础在四季不同气候条件下的应力与位移表现，以确定适合该地区使用的桩基类型及其参数设置，为寒区光伏电站的桩基础设计提供科学依据和技术支持[③]。研究表明，在内蒙古通辽的季节冻土区，最大冻深达到 1.5m。在此环境下，对光伏螺旋桩基的长度、叶片宽度、间距和叶片厚度等参数进行了计算分析，以评估其抗冻拔性能。孟凯的研究结果表明，这些参数对螺旋桩的抗冻拔性能有显著影响，并据此提出了双叶片光伏螺旋桩最优设计参数：桩长 2.6m，桩径 76mm，螺距 150mm，叶片间隔 500mm，叶片厚度 15mm[③]。

在高寒地区建设光伏电站时，必须特别注意冻胀融沉现象对光伏组件发电量的潜在负面影响。因此，对于光伏支架、基础以及相关设备，应采取有效的防冻

---

① 黄盛娟，唐荣，唐立军．光伏组件功率衰减分析研究［J］．太阳能．2015（6）：21-25.

② 黄格省，师晓玉，丁文娟，等．光伏电池封装胶膜材料发展现状与前景分析［J］．化工进展，2023，42（10）：5037-5046.

③ 孟凯．季节冻土区光伏支架螺旋桩基受力性能研究［D］．哈尔滨：哈尔滨工业大学，2017.

措施以确保其正常运行和发电效率①。为了确保选择最有效的抗冻胀施工方案，需要对各种场地条件下的光伏电站进行详细的实证和试验研究。在此过程中，利用软件工具对各方案的光伏电站基础设计及其抗冻胀措施的成本进行精确预算，并依据试验及实证数据来验证各种基础设计和抗冻胀措施的实际表现。通过对这些数据的综合评估，可以判断每种光伏支架基础设计和抗冻胀措施的优劣，并据此推荐最适合特定项目地点的施工方案。这样的系统方法不仅确保光伏电站在高寒地区的稳定运行，还能最大限度地提升光伏组件的寿命和发电效率，从而为项目的长期可持续运营奠定坚实基础。

冻胀的形成需要土质、温度和水分三个条件同时存在。因此，只要消除这三个因素中的任何一个，就能有效防止冻胀的发生。在工程实践中，防冻胀的措施主要分为两大类：一类是改善地基土的性质；另一类是增强基础和结构物的抗冻胀能力②。

1）地基土改良

地基土改良包括地基土加固法和置换法。地基土加固主要是通过改变土颗粒间的接触条件，从而增加密实度、降低含水量和地下水位。这种方法在工业建筑、民用建筑、大型油气储藏罐、道路等工程项目中得到了广泛应用。由于设备简单且施工费用相对较低，对于一些较小规模的光伏发电站建设项目来说，这种技术具有一定的适用性。然而，对于大多数光伏发电站建设项目而言，由于其占地范围广、桩基数量巨大以及地质条件复杂，采用这种方法的成本难以接受，其适用性也不如建筑工程③。置换法的原理是将冻深范围内粉粒含量高的土开挖换填为土粒较粗的砂砾石，以降低与基础接触土体的冻胀性。对于光伏发电站建设工程来说，大规模的开挖和回填将加长建设周期并增大建设成本，因此也不适用④。

2）加长基础深埋

为了应对光伏支架基础在冻土层中受到的冻拔力，一些结构设计工程师依据基础设计规范进行工作。这些规范指出，在冻土层内，只有冻拔力存在，而没有抗冻拔力。因此，要实现抗冻拔力，必须依靠位于冻土层以下的基础侧摩阻力。为了满足抗冻拔的要求，工程师通常采用延长基础埋深的方法。对于使用预应力

① 王丽筠，李炅. 光伏支架桩基的防冻胀设计研究［J］. 住宅与房地产，2019，526（4）：66.

② 姜伟，晏华斌，张钰，等. 季节性冻土区光伏支架基础冻胀防治措施研究综述［J］. 低温建筑技术，2022，44（7）：144-148.

③ 张雯雯. 强夯置换法在建筑地基施工中的应用探析［J］. 黑龙江科技信息，2010（12）：258.

④ 陈薛江. 换填法地基处理的概念与施工要点［J］. 四川水泥，2021，296（4）：140-141.

高强混凝土（PHC）管桩的情况，可以通过增加桩长等方法来达到目的①②。

这种方法可以减少冻拔效应带来的部分影响，从而增强光伏支架结构的安全性，而且在设计和施工技术上易于实施。

3）基础外侧添加柔性材料抗冻胀

（1）保温法。在建筑物的基础及周边区域添加隔热材料，以增强热阻，延缓地基土壤的结冻过程，提升土壤温度，缩短冻土层的深度，从而有效地防止冻胀问题。目前，广泛使用的隔热材料主要有炉渣泡沫混凝土和聚苯乙烯泡沫板等③④。此外，将保温技术应用于桩基附近区域，有助于延迟土壤冻结，减少冻土层深度，减轻冻胀带来的损害⑤。在当前的光伏电站建设中，这种方法已被广泛改进和采用。

（2）弱化冻土与基础间的相互作用。在强冻胀地区，光伏支架的基础施工面临冻土的挑战，尤其是当使用 PHC 管桩作为基础时。为了应对这一问题，可以通过工艺革新来增强防冻胀效果。具体方法包括采用 PHC 管桩套钻取土工艺进行换填施工，这不仅能够有效防止冻胀现象，还能与 PHC 管桩压桩同步流水作业，从而保证工程质量并显著降低施工成本⑥。此外，对于建筑物基础在季节性冻土区域的设计与施工，必须考虑冻胀力的影响，并通过合理计算采取减小或消除冻胀的施工方案，以确保建筑物的稳定性⑦。

（3）强化非冻土与基础间的相互作用。为了增强非冻土与基础之间的相互作用，可以采取两种主要策略：一是通过延长桩身长度，二是通过改变桩身的构造。在传统的做法中，增加桩身长度是一种常见的方法，这种方法在桩数较少的情况下具有成本效益。然而，在光伏发电站建设项目中，由于桩基数量巨大，任何对桩身长度的增加都会导致成本的大幅上升，因此应尽量避免⑧。另外一种方法是改变桩身的构造，其中钢管螺旋桩因其施工方便、成本低廉和抗拔性能优秀

① 唐湘，樊尊龙．严寒地区季节性冻土影响下光伏支架 PHC 桩基础设计的研究 ［J］．太阳能，2022，335（3）：87-91.

② 刘利强，杨利剑．强冻胀地区光伏支架基础管桩防冻胀施工技术 ［J］．建筑施工，2019，41（1）：70-71，74.

③ 潘育民．浅谈泡沫混凝土保温施工技术 ［J］．江西建材，2015，167（14）：53.

④ 王武祥，张磊蕾，王爱军，等．泡沫混凝土在地暖绝热层的应用研究 ［J］．建筑砌块与砌块建筑，2013，183（3）：50-54.

⑤ 范东方，夏才初，韩常领．寒区隧道工程中隔热保温层的作用分析 ［J］．西部交通科技，2012，65（12）：1-6.

⑥ 刘利强，杨利剑．强冻胀地区光伏支架基础管桩防冻胀施工技术 ［J］．建筑施工，2019，41（1）：70-71，74.

⑦ 刘园园，闫玲．桩基础在冻土地区的施工 ［J］．民营科技，2008，99（6）：167.

⑧ 曲兆旭．岩石地带光伏钢制螺旋管桩基础的施工方法 ［J］．中国建材科技，2015（2）：74，76.

而受到关注①。尽管目前这种桩型在光伏发电站建设项目中的应用还处于起步阶段，但其在成本、施工方法和抗拔性能方面显示出明显的优势。然而，其抗腐蚀能力较弱，需要考虑土壤腐蚀性的影响②。

（4）采用斜面基础。斜面基础采用上小下大的锥形截面设计，其稳定性主要得益于倾斜面上的拉力分量与冷缩分量的结合，这种设计使得切向冻胀力在开裂时失效。相较于传统的冻胀防治措施和结构，斜面基础展现出以下几方面的优势：首先，具有较好的耐久性，能够有效应对反复的冻融循环；其次，显示出较强的适用性，无论地下水位高低，均能保持稳定；再次，具备可行性，无须额外的冻胀防治措施或后续维修即可达到良好的抗冻胀效果；最后，具有较高的可靠性，当倾斜角度大于等于9°时，可以有效避免由切向冻胀力引起的冻害事故。这些特点使得斜面基础成为一种经济、实用且可靠的冻胀防治解决方案③。

3.3.5 抵御自然灾害

1）防大风灾害

减少大风灾害对光伏电站的影响，一方面可以从光伏电站周围环境进行改善，主要是建立风障，降低风速；另一方面从改善光伏支架、桩基、组件及光伏阵列的倾角和排列方式来降低风荷载。

风障是一种重要的设施，能有效减缓风速，从而对荒漠化进行有效的控制。常用的风障措施包括防护林、防风栅栏和挡风墙等，可有效降低光伏电站周围风速。乌兰布和沙漠东北缘人工种植的梭梭林具有极好的抗风效果。研究结果表明，随着树木的生长年龄逐渐增大，梭梭林的抗风能力也在逐渐增强。经过八年的生长周期，相较于三年生的梭梭林效能提升近3倍，能够削弱近地表风速高达71.93%④。戈壁滩上的金属防风栅栏对风沙有显著的控制作用。研究发现，相较于孔隙度较大的金属网栅（如孔隙度为0.7），使用孔隙度较小的网栅（如孔隙度为0.5）更能有效地阻挡风沙⑤。王建勃等运用Fluent6.3流体仿真软件，针对

① 张涨，黄华，何银涛. 光伏电站螺旋桩的应用及计算 [J]. 太阳能，2014，245（9）：18-20，23.

② 李孝莹，王宝强. 光伏电站钢制螺旋地桩的腐蚀与防护 [J]. 材料保护，2019，52（5）：125-127，150.

③ 姜伟，晏华斌，张钰，等. 季节性冻土区光伏支架基础冻胀防治措施研究综述 [J]. 低温建筑技术，2022，44（7）：144-148.

④ 李鹏，高永，赵青，等. 乌兰布和沙漠东北缘人工梭梭林防风效能分析 [J]. 水土保持通报，2017，37（5）：34-39.

⑤ Wang T，Qu J，Ling Y，et al. Wind tunnel test on the effect of metal net fences on sand flux in a Gobi Desert，China [J]. Journal of Arid Land，2017，9（6）：888-899.

光伏阵列建立了三种模型，分别是无遮挡、低挡风墙（1m）和高挡风墙（2m）的情况，随后进行了计算流体动力学（CFD）模拟分析①。仿真结果显示，没有挡风墙时，首排光伏阵列承受最大的风荷载；而设置1m高度的挡风墙后，对首排光伏阵列的风荷载有明显的降低作用（80%）；随着挡风墙高度的增加（2m），整个阵列的风荷载显著减小，证明了挡风墙能有效减小光伏阵列受到的风力影响。

光伏支撑架主要负责支撑光伏组件，结构紧密相连。在风力作用下，光伏板所受的风压全部由支撑架承担，这可能会引发支撑架的振动，其抗风、抗压性能决定了整体结构的安全运行。提高支架的防风性能，可以通过研究支架的风荷载特性和风致响应特性选择高防风能力的支架材料、类型或桩基础，如高强度热镀锌钢光伏支架材料②、耐磨蚀高强轻量化的热基锌铝镁镀层钢板材料光伏支架③、新型大跨度柔性结构抗风稳定性的索支撑光伏支架等④。在对比光伏支架桩基时，发现四种型号钢桩（包括钢管桩、H型钢桩、槽钢桩和C型钢桩）在水平向抗弯能力和经济性方面各有特点：型钢桩因其便捷的运输、强大的抗弯和贯穿能力被视作优选。具体来说，钢管桩和H型钢桩抗弯能力突出，而H型钢桩在同等条件下能节省25%的钢材，尤其适合沙漠地区光伏支架基础的建设⑤。

光伏组件的不同倾角会导致表面风荷载分布差异，进而影响光伏支架结构。最佳倾角的设置主要需考虑两个方面：①风荷载对支架旋转中心产生的扭矩。扭矩越小，对驱动设备、支架和大风保持装置的危害越小，支架基础倾覆的风险越小。②风荷载的合力。合力越小，整个支架的内力就越小，支架基础抗拉拔性能就越好。光伏项目中经常会出现驱动设备被破坏和支架基础倾覆的情况，这说明支架所受风荷载的扭矩对支架结构的影响大于风荷载的合力对支架结构的影响。因此，将支架所受扭矩最小时的角度作为支架在大风保护状态时的最佳倾角⑥。李伟等对光伏阵列模型风荷载进行数值模拟研究（一列十排），发现阵列首尾两

① 王建勃，朱锐，刘刚．光伏电站防风设计方案分析［J］．太阳能，2014（8）：42-43，41.

② 陈泓业，杨平，李伟刚，等．光伏支架用420MPa级高强度钢的研发［J］．鞍钢技术，2024（2）：30-33.

③ 张树亮．热基锌铝镁镀层材料在光伏支架领域的应用［J］．金属世界，2021（6）：32-34.

④ 丁昊，何旭辉，敬海泉，等．索支撑光伏支架材料和荷载分项系数研究［J］．工程力学，2024（1）：1-10.

⑤ 丁晓勇，许能权，邢皓枫．沙漠地区光伏支架基础选型与受力分析［J］．低温建筑技术，2022，44（9）：121-124.

⑥ 周承军，陈亮，陈创修，等．平单轴光伏支架在大风保护状态时的最佳倾角研究［J］．太阳能，2019，303（7）：52-59.

排（第一和第十排）组件所受的风荷载最大，第二排到第九排所受风荷载逐渐增大，第一排主要受力位置为组件下半部分，第十排主要受力位置为其中上部分，各排组件长度方向的两端承受风荷载较大，中间位置风荷载较小。在实际设计中，可选择最外侧阵列为设计标准，中间阵列根据荷载情况，通过光伏阵列布局优化，以节省设备成本[①]。

2）防止覆雪覆冰

冰雪的覆盖对高寒地区光伏组件的发电效率会产生负面影响，导致光伏电站的发电量显著减少。为了提高偏远无人值守光伏电站的发电效率和运维策略，朱永灿等研究了基于叉指电容传感器的光伏组件覆冰雪在线监测技术[②]。该技术能够实现对光伏组件上覆冰雪状态的远距离实时监测，对于预测和优化冰雪条件下的发电性能具有重要作用。通过分析叉指电容传感器的工作原理和参数优化，以及通过实验验证其在实际应用中的有效性，为光伏组件覆冰雪的远程感知提供了新的解决方案。此外，岳家辉等的研究还发现，覆冰的面积、厚度和倾角的变化会显著影响光伏组件的输出功率和功率损耗率[③]。

为了减少冰雪在表面或界面积累带来的不利影响，必须对这些表面进行除冰或防覆冰处理。这一过程可以根据是否需要额外的人工干预和能量消耗来区分为主动防覆冰技术和被动防覆冰技术两大类[④]，具体包括加热、超声波、防覆冰涂层、超疏水表面，以及化学与人工除雪技术。

加热技术：通常，加热元件是由专门的覆冰检测装置来控制的。这种装置能够识别冰的存在并激活加热元件。一旦覆冰被清除，如果温度传感器检测到材料表面温度异常升高，它将立即发出警报并停止加热元件的工作，以避免因温度过高而对结构造成损害[⑤]。

超声波技术：它仅需一个光传感器，体积和重量小，对固体材料的气动冲击小，相较于其他融冰技术，它的能耗要低得多。此外，超声波融冰方法还防止了

① 李伟，董兆萍，王云浩. 光伏电站阵列风荷载数值模拟研究 [J]. 天津城建大学学报，2020，26（3）：213-217，224.

② 朱永灿，熊浩男，田毅，等. 基于叉指电容效应的光伏组件覆冰雪监测技术 [J]. 高电压技术，2022，48（1）：20-28.

③ 岳家辉，张新燕，周鹏，等. 冬季覆冰对光伏组件输出特性影响的实验研究 [J]. 太阳能学报，2022，43（2）：176-181.

④ 石俊琦. 聚烯烃纳米松针阵列与超润滑液体表面的防覆冰性能研究 [D]. 南京：南京大学，2021.

⑤ Musto M，Rotondo G，De M，et al. Error analysis on measurement temperature by means dual-color thermography technique [J]. Measurement，2016，90：265-277.

冰融化后的回流，从而能避免二次凝固问题①②，然而，超声波技术在户外固体材料的安装和应用方面尚未发展成熟，因此尚未被广泛采用。

化学技术与人工除雪技术：在化学试剂中，通常使用含盐化合物和防冻液，其中以碱金属的盐类最为常见。这些融雪剂中的碱金属盐在冰雪融化后会随水流进入周围环境，可能会破坏土壤结构，影响植物生长，甚至对水体造成污染，进而破坏生态环境的平衡③。另外，人工铲雪是一种通过人力使用铲子、推雪板、扫雪机、抛雪机等工具清除积雪的方法，这种方法在人口众多的城市地区非常普遍，具有良好的清雪和除冰效果。然而，这种方法的主要缺点是成本较高，因为它需要投入大量的人力资源。

防覆冰涂层技术：防覆冰涂层技术利用在固体表面上涂覆一层疏水涂层的方法，作为一种被动式的防覆冰策略，能够有效地阻止水滴在固体材料表面的附着，进而防止短期内在固体表面形成冰层。这种类型的疏水性涂料以其低成本和易于维护的优势，有助于减少户外材料的维护费用。但是，在面对严重的结冰情况时，单纯依赖疏水涂层来阻止结冰显得不够实际。同时，一旦冰层开始脱落，疏水涂层也可能会遭到损坏，仅能提供有限期的防覆冰效果。

超疏水表面技术：超疏水表面技术通过其独特的超疏水性和自清洁性，在结冰前及结冰过程中展现出显著的防覆冰特性。

3）防雷电

鉴于光伏阵列占据较广的空间，它们极易受到直接雷击的影响。若在此类区域直接部署避雷针，其产生的防护阴影有可能在太阳能电池板上引发热斑效应，这将对光伏系统的正常运作带来不利影响。根据《光伏（PV）发电系统过电压保护——导则》（SJ/T 11127—1997），结合设备造价和人员安全进行考虑，在光伏方阵中一般不设置防雷装置④。光伏阵列主要利用其表面的金属框架来实现防雷保护。组件边框保护了电池组件和场区接地网，当雷击发生时，通过金属框架可以将雷击泄入大地，从而起到保护作用⑤。

等电位连接：在光伏方阵的金属框架中，必须确保各部分之间能够有效连接，以形成一个完整的电路。此外，金属支架与金属框架之间的连接也应保证其有效性。为了确保电气安全，每列金属支架至少需要在光伏阵列的环形接地网附

---

① Wang P, Zhou W S, Bao Y Q, et al. Ice monitoring of a full-scale wind turbine blade using ultrasonic guided waves under varying temperature conditions [J]. Struct. Control. Health Monit., 2018, 25 (4): 17-25.

② Wang Z J, Xu Y M, Su F, et al. A light lithium niobate transducer for the ultrasonic de-icing of wind turbine blades [J]. Renew. Energy, 2016, 99: 1299-1305.

③ 王丽勋. 撒盐除雪对道路环境的影响及对策研究 [J]. 公路交通科技, 2006 (7): 43-45.

④ 戴钰林, 杨雪峰, 游志军. 光伏电站防雷措施研究 [J]. 光源与照明, 2022 (10): 107-109.

⑤ 李锋, 周邦栋. 某山地光伏电站光伏组件防雷保护优化探索 [J]. 广西电力, 2020, 43 (1): 57-61.

近连接两点。同时，电缆的屏蔽层或金属屏蔽管也需要与附近的方阵金属框架或支架进行等电位连接。这样的措施有助于提高系统的整体安全性，并符合相关的电气设计和施工标准[1][2]。

屏蔽措施：为实现建筑物、线路和电子设备与外界的电磁屏蔽隔离，避免电磁脉冲和感应高压的影响，可采取特定的屏蔽措施。在光伏电站中，首先对逆变升压室采用基础钢筋、金属框架、梁柱钢筋和雷电防护引下线组成法拉第笼并进行接地处理，以减少雷电电磁波的破坏作用[3]。此外，光伏电池阵列的直流输出电缆长度不宜过长，并且需要进行有效的线路屏蔽。在光伏电站场地内，电缆应尽量沿电缆箱和桥架敷设，这样可以更好地利用箱体和桥盖的屏蔽效果；对于局部需要埋地敷设的区域，则可以通过使用电缆保护管来进一步保护电缆[4][5]。

部署浪涌保护器（SPD）：利用闪电监测系统来确定光伏电站所在地的雷击密度，并据此计算年预计雷击次数，是划分防雷类别的基础[6]。同时，通过分析屋顶光伏发电系统的雷击浪涌危害途径，可以优化 SPD 的选择和安装位置，以达到最佳的防护效果[7]。此外，考虑到 SPD 在防雷工程中的应用，其分类、主要参数、选择原则及保护配合方法的详细介绍，对于实现有效的雷电电磁脉冲防护至关重要[8]。

4）抗震

在电站的选址和设计阶段，采取有效的抗震措施是至关重要的。首先，在电站选址时，应进行详细的地质调查，避免选择那些地质条件不稳定或易受地震影响的区域。此外，选用合适的光伏支架可以有效提升结构的抗震性能。研究表明，索桁架柔性光伏支架在地震作用下的内力变化趋势与静力计算结果相似，但其内力最大值较小，说明这种结构的抗震性能较好[9]。

---

① 凌智敏. 说说等电位联结（连接）[J]. 建筑电气, 2006（6）：9-13.

② 苏克龙. 探讨等电位联结在工程中的应用 [J]. 上海船舶运输科学研究所学报, 2006（1）：52-55.

③ 林政, 黎梓华, 唐雷. 浅谈如何利用法拉第笼原理防护雷电电磁脉冲 [J]. 气象研究与应用, 2009, 30（1）：83-84, 87.

④ 薛涛, 何银涛, 刘佳蔚等. 复杂地形光伏电站托索式电缆敷设研究 [J]. 科技与创新, 2016, 67（19）：107.

⑤ 沈彬. 光伏发电场内电缆敷设技术 [J]. 电力与能源, 2013, 34（3）：275-277.

⑥ 邓海利, 郭业才, 宋兆俊. 分布式光伏发电防雷措施的精细化选择 [J]. 工业安全与环保, 2015, 41（12）：42-44, 65.

⑦ 赵清江, 王玥. 屋顶光伏发电系统雷击浪涌防护 [J]. 电瓷避雷器, 2018, 283（3）：116-120.

⑧ 陈方帅, 吴鑫. 浪涌保护器在防雷工程中的应用 [J]. 农业科技与装备, 2015, 247（1）：41-43.

⑨ 杨春侠, 张梓建, 崔鸿知, 等. 索桁架柔性光伏支架结构自振特性及地震时程响应分析 [J]. 建筑结构, 2023, 53（S1）：722-729.

第 4 章 | 专利态势分析

4.1 荒漠地区光伏电站

4.1.1 数据来源与检索方法

根据前期的调研，选择荒漠地区光伏电站相关的关键词进行检索，筛选检索相关的关键词，分为中文及英文，见表4-1。

表4-1 荒漠地区光伏电站技术分支及相关关键词

技术分支	关键词
荒漠地区	风沙 OR 沙漠 OR 荒漠 OR 风化 OR 风蚀 OR 沙化 OR 沙蚀 OR 水土流失 OR 黄土高原 OR 干旱地区 OR 干旱区 OR 沙地 OR 戈壁 OR 沙埋 OR 沙丘 OR 沙尘暴 OR 防风 OR 沙区 OR 西北荒漠及青藏高原地区 OR "Arid area" OR "Arid areas" OR "Arid Central Asia" OR "Arid oasis *" OR "Arid oasises" OR "Arid region" OR "Arid regions" OR "arid system" OR "arid environment" OR "arid climate" OR "arid zone" OR "arid systems" OR "arid environments" OR "arid climates" OR "arid zones" OR "Dune sand" OR "Dune soil" OR semiarid OR "semi-arid" OR "hyper-arid" OR hyperarid OR jiziwan OR ji-shaped OR gobi OR "sand land" OR sandland OR "arid northwest" OR "northwestern China" OR "northwest China" OR "desert oasis" OR "Loess Plateau" OR "sand burial" OR "sand burst" OR "wind erosion" OR "sand area" OR "wind prevent" OR windbreak * OR "sand fixing" OR "sand fixation" OR "sand dune" OR "mobile dune" OR "climb dune" OR "Sand Belt" OR "wind sand" OR gobi
生态修复	沙带 OR 沙障 OR 生物结皮 OR 土壤结皮 OR 固沙 OR 风荷载 OR 风洞 OR 治沙 OR 防沙 OR 挡沙 OR 阻沙 OR 输沙 OR 导沙 OR 草方格 OR 冲蚀 OR 蚀积 OR 生态修复 OR 生态恢复 OR 生态重建 OR 植被重建 OR 植被恢复 OR 植被修复 OR "ecological reconstruction" OR "Ecological Rehabilitation" OR "ecological restoration" OR "ecological recovery" OR "ecological remediation" OR "Vegetation Restoration" OR "Vegetation Recovery" OR "vegetation reconstruction" OR "straw checkerboard" OR desert * OR "nylon checkerboard" OR "straw checkerboards" OR "nylon checkerboards" OR "rocky checkerboards" OR "rocky checkerboard" OR "Soil Crust" OR "Soil Crusts" OR "Sandy Barriers" OR "sand barriers" OR "Sandy Barrier" OR "sand barrier" OR "Biological Crust" OR "Biological Crusts" OR "sand control" OR "sand screen" OR "sand screens" OR "soil erosion"

技术分支	关键词
光伏电站	（（光伏 OR photovoltaic * OR 太阳能 OR solar）AND（电站 OR 光伏场 OR 电场 OR 电厂 OR "power station" OR "power system" OR 支架 OR 支吊架 OR 跟踪 OR 支撑架 OR "mounting system" OR bracket * OR "mount frame" OR "photovoltaic support" OR 发电 OR 电池 OR 逆变器））OR 光伏组件 OR 光伏器件 OR "photovoltaic device" OR "photovoltaic module" OR 光伏阵列 OR 光伏设备 OR 光伏板 OR 光伏面板 OR 光伏背板 OR "photovoltaic array" OR "photovoltaic panel" OR 光伏装置 OR "photovoltaic apparatu" OR 太阳能组件 OR 太阳能面板）

进一步地，根据关键词制定检索式，其中检索设定为出现对应的关键词或者其相应翻译的语意均可以列入检索结果，荒漠地区光伏电站相关关键词在标题中检索（TTL_all）。搜索设置：结果显示"每组简单同族一个专利代表"。检索日期：2024 年 9 月 1 日。在 158 个国家/地区/专利组织中共检索到涉及荒漠地区光伏电站的专利 2736 条，2273 组简单同族。其中，有效专利 999 件，审中专利 263 件、PCT 指定期内专利 2 件，共计 1264 组简单同族。

4.1.2 专利数量年度分布

世界主要国家、地区、专利组织申请和授权涉及荒漠地区光伏电站的相关专利呈现前期缓慢增长、中期迅猛增长、后期稳定的趋势（图 4-1）。第一件相关

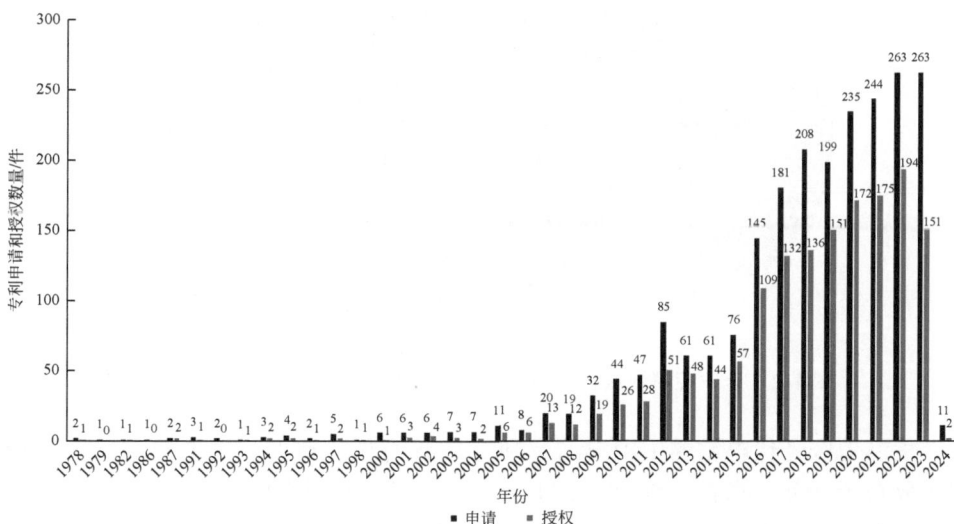

图 4-1 全球荒漠地区光伏电站专利申请数量和授权数量年度分布

专利是 1978 年 11 月 17 日申请的 "JP1980068682A 太阳能电池装置",该专利的受理局是日本。该专利是为了获得高耐候性和耐用性的太阳能电池装置,方法是在两个板构件的末端提供加成反应硅树脂的合成橡胶垫片,在其光接收表面上形成透明玻璃并包含内部太阳能电池组,成型由透明树脂制成,因此它可以用于适应热带地区和沙漠地区。但此后多年专利申请数量不多,处于漫长的起步萌芽期,这种状态一直持续至 2006 年,年均申请数量不足 10 件;2007~2015 年处于缓慢发展期,年均申请数量不足 100 件;2016~2023 年,每年申请数量快速增加,年度增长速度飞快,这与光伏产业的快速发展密切相关,最多申请数量为 2022 年和 2023 年,专利申请数量均高达 263 件(由于专利授权及公开的滞后性,近几年实际申请数量会更高)。从授权量、授权占比上看,申请数量高位阶段授权数量都偏低,这应该与专利申请暴涨后审查更加严格有直接关系。

4.1.3 申请区域分布

全球荒漠地区光伏电站产业相关专利简单同族国家/地区中(图 4-2),中国共有 1975 件专利,占全部专利数量的 86.89%,遥遥领先其他国家。位于专利数量前 10 位的国家依次是中国、韩国(69 件)、日本(65 件)、德国(26 件)、美国(23 件)、印度(16 件)、西班牙(12 件)、俄罗斯(11 件)、巴西(6 件)、意大利(6 件)。

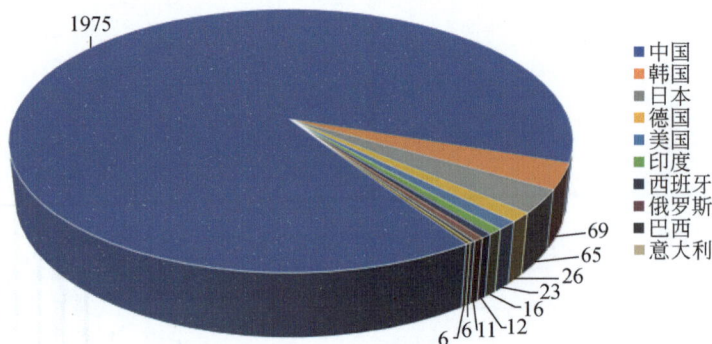

图 4-2 全球荒漠地区光伏电站专利简单同族国家/地区分布 TOP10

荒漠地区光伏电站的中国申请专利(统计有效、审中、PCT 指定期内专利)主要分布于江苏、浙江、北京、广东、安徽等省份(图 4-3)。例如,江苏省的主要专利权人为南京国电南自新能源工程技术有限公司(9 件)、东南大学(6 件)、韩华新能源(启东)有限公司(6 件);浙江省的主要专利权人为浙江正泰新能源开发有限公司（11 件）、同景新能源科技（江山）有限公司（4 件）、湖州易辰光伏能源科技有限公司（3 件）。

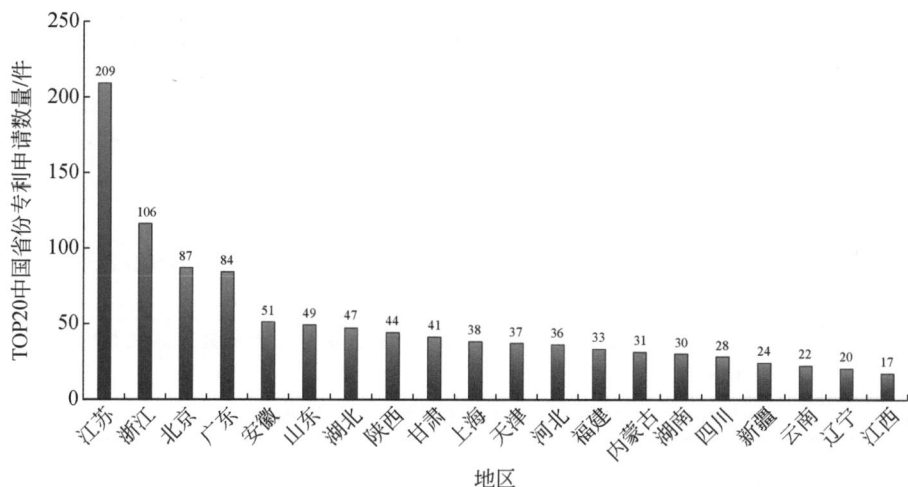

图 4-3　中国有效、审中、PCT 指定期内专利权人省份 TOP20 分布图（荒漠地区光伏电站专利）

4.1.4　技术领域分布

全球荒漠地区光伏电站专利技术领域 IPC 大组主要分布于：①光伏模块的支撑结构；②不包括在 H02S 10/00—H02S 30/00 中的与光伏模块结合的组件或配附件；③用于电池组的充电或去极化或用于由电池组向负载供电的装置（表4-2）。全球荒漠地区光伏电站专利技术领域 IPC 小组主要分布于：①可移动或可调节的支撑结构；②有光敏电池的；③清洁装置（表4-3）。

表4-2　全球荒漠地区光伏电站专利 IPC 大组分类号 TOP10

IPC 大组	分类号解释	专利数
H02S20	光伏模块的支撑结构［2014.01］	849
H02S40	不包括在 H02S 10/00—H02S 30/00 中的与光伏模块结合的组件或配附件［2014.01］	375
H02J7	用于电池组的充电或去极化或用于由电池组向负载供电的装置［2006.01］	208
F24S30	移动或定向太阳能集热器模块的装置［2018.01］	200
H02S30	除涉及光转换以外的光伏模块的结构零部件（电解光敏器件模块的半导体器件部分入 H01G 9/20，无机光伏模块的半导体器件部分入 H01L31/00，有机光伏模块的半导体器件部分入 H10K30/00）［2014.01］	184

IPC 大组	分类号解释	专利数
H01L31	对红外辐射、光、较短波长的电磁辐射，或微粒辐射敏感的，并且专门适用于把这样的辐射能转换为电能的，或者专门适用于通过这样的辐射进行电能控制的半导体器件；专门适用于制造或处理这些半导体器件或其部件的方法或设备；其零部件（H10K30/00 优先）（由形成在一共用衬底内或其上的多个固态组件，而不是辐射敏感元件与一个或多个电光源的结合所组成的器件入 H01L27/00）［2006.01］	179
F24S25	太阳能集热器模块的固定底座或支架的布置［2018.01］	166
A01G25	花园、田地、运动场等的浇水方法或装置（施液肥的专用设备或装置入 A01C23/00；喷嘴或排水管、喷洒设备入 B05B）［2006.01］	120
E03B3	饮用水或自来水的取水或集水的方法或装置（水的处理入 C02F）［2006.01］	102
H02S10	光伏电站；与其他电能产生系统组合在一起的光伏能源系统［2014.01］	100

表4-3　全球荒漠地区光伏电站专利 IPC 小组分类号 TOP10

IPC 小组	分类号解释	专利数
H02S20/30	光伏模块支撑结构，可移动或可调节的支撑结构，如角度调整［2014.01］	357
H02J7/35	用于电池组的充电或去极化或用于由电池组向负载供电的装置，有光敏电池的［2006.01］	186
H02S40/10	由红外线辐射，可见光或紫外光转换产生电能，清洁装置［2014.01］	178
H02S20/32	光伏模块的支撑结构，可移动或可调节的支撑结构，如角度调整，专门用于太阳能跟踪的［2014.01］	168
H02S20/10	光伏模块支撑结构，直接固定到地面上的支撑结构（H02S 20/30 优先）［2014.01］	156
F24S30/425	移动或定向太阳能集热器模块的装置，水平轴［2018.01］	125
H02S40/00	不包括在 H02S 10/00—H02S 30/00 中的与光伏模块结合的组件或配附件［2014.01］	123
H02S20/00	光伏模块的支撑结构［2014.01］	120
H02S30/10	除涉及光蜡线以外的光状块的法的零部件，框架结构［2014.01］	84
H01L31/042	对红外辐射、光、较短波长的电磁辐射，或微粒辐射敏感的，并且专门适用于把这样的辐射能转换为电能的，或者专门适用于通过这样的辐射进行电能控制的半导体器件；专门适用于制造或处理这些半导体器件或其部件的方法或设备，单个光伏电池的光伏模块或者阵列（用于光伏模块的支撑结构入 H02S20/00）［2014.01］	80

4.1.5　专利申请人分布

表 4-4 是专利申请人 TOP10 专利数量统计情况，可见专利申请人相对集中，主要集中于中国，TOP1 是浙江正泰新能源开发有限公司。进入专利申请人 TOP10 榜单的除了企业外，还有高校和科研院所。排名前三位的机构依次是浙江正泰新能源开发有限公司、中国科学院西北生态环境资源研究院、南京国电南自新能源工程技术有限公司，其中浙江正泰新能源开发有限公司相关荒漠地区光伏电站有效、审中、PCT 指定期内专利总数共计 11 件，主要技术领域涉及防风性能好、提升发电效率同时降低发电成本的光伏跟踪系统，光伏组件定位用连接组件结构，光伏组件与檩条的连接结构，光伏安装结构，光伏支架，以及矩阵式光伏系统等。

表 4-4　有效、审中、PCT 指定期内专利申请人 TOP10 专利数量统计（荒漠地区光伏电站专利）

序号	专利申请人	专利总数	有效专利	审中专利	PCT 指定期内专利
1	浙江正泰新能源开发有限公司	11	10	1	0
2	中国科学院西北生态环境资源研究院	10	5	5	0
3	南京国电南自新能源工程技术有限公司	9	8	1	0
4	厦门华谱科技有限公司	8	6	2	0
5	中国科学院地理科学与资源研究所	7	7	0	0
6	中国科学院新疆生态与地理研究所	6	6	0	0
7	中南大学	6	4	2	0
8	东南大学	6	6	0	0
9	乌鲁木齐祥宇时代新能源科技有限公司	6	6	0	0
10	韩华新能源（启东）有限公司	6	6	0	0

4.1.6　重点申请人分析

1. 浙江正泰新能源开发有限公司

浙江正泰新能源开发有限公司（以下简称正泰新能源）成立于 2009 年，注册资金 93.8 亿元，是正泰集团旗下集开发、建设、运营、服务于一体的清洁能源解决方案提供商。其具备集电站设计、采购、施工和调试并网、运营维护于一体的总承包能力，可提供一站式光伏系统解决方案。截至 2024 年，正泰新能源在全球累计光伏装机容量达 12GW，处于全国前列。在国内，正泰新能源创新性地探索光伏电站建设模式，拥有农光/沙光/渔光/牧光等"光伏+"电站建设经验。在全球，正泰新能源积极参与"一带一路"建设，在泰国、西班牙、美国、保加利亚、土耳其、印度、罗马尼亚、南非、韩国、日本、荷兰、越南和埃及等多个国家开展光伏电站建设与 EPC 服务①。

正泰新能源创新性地将光伏发电与荒漠治理、农牧开发、助农扶贫有机结合，达到了经济效益、社会效益和生态效益大丰收。沙漠上覆盖的大片光伏板有效降低阳光与风力对土壤的负面影响，再结合微喷、滴灌技术，发展板下农业，大大提升了植物的存活率，为农牧产业打好基础。除了在内蒙古库布齐沙漠外，正泰新能源在宁夏、青海、甘肃等荒漠戈壁地区建设了沙光互补地面光伏电站。这些光伏电站不仅显著改善了当地的生态环境，还为当地农牧民提供了增收的机会。相关荒漠地区光伏电站专利的主要技术领域涉及防风性能好、提升发电效率同时降低发电成本的光伏跟踪系统，光伏组件定位用连接组件结构，光伏组件与檩条的连接结构，光伏安装结构，光伏支架，以及矩阵式光伏系统、桩基础等。

代表性专利包括：2016 年申请专利光伏组件与檩条的连接结构（CN205509932U），该专利具有连接方便、稳定性高、防风性能好的效果。2019年申请专利光伏组件半棱型扰流卡头（CN209805756U），该专利能够加快流经光伏组件背面的风速，提高组件散热能力；同时可改变在风场中的流线分布，进而降低涡激共振发生可能性，减少光伏组件所受风荷载。同年，申请专利风光一体化光伏跟踪系统（CN110708009A），该专利能够加快流经光伏组件背面的风速，提高组件散热能力；同时可改变在风场中的流线分布，进而降低涡激共振发生可能性，减少光伏组件所受风荷载。2020 年申请专利百叶窗及光伏设备（CN213234842U），该专利通过条栅窗、海绵层和网格挡板多层阻挡过滤，有效防止风沙进入，使百叶窗适用于戈壁沙漠等多风沙少雨的地区，降低设备故障率，便于运维检修，减少工作量。2022 年申请专利光伏组件的支撑装置及光伏系统（CN218570137U），该专利能够提高安装效率，降低成本、防风配重要求，以及屋面承载要求。同年申请专利提高水平承载力的虚拟扩径螺旋叶片钢管桩（CN218204328U），该专利适用于沙漠地区及土层天然水平抗力系数较低的土质松散地区，作为太阳能电站的桩基础使用。2023 年申请专利光伏支架以及矩阵式光伏系统（CN219351593U），该专利多个光伏支架通过基础部

---

① 资料来源：https：//energy. chint. com/about/index. html。

件相互连接使相邻组件形成整体，能有效抵抗风荷载，均匀分布荷载重量，避免单个基础重量集中。

2. 中国科学院西北生态环境资源研究院

中国科学院西北生态环境资源研究院是我国专门致力于高寒干旱地区生态环境、自然资源及重大工程研究的国家级研究机构，承担着重要的科研任务。中国科学院西北生态环境资源研究院目前拥有 2 个国家重点实验室，1 个国家数据中心，3 个中国科学院重点实验室，8 个甘肃、宁夏等省级重点实验室/工程中心，7 个国家级野外观测研究试验站，17 个中国科学院和研究所级野外观测研究实验站①。

中国科学院西北生态环境资源研究院相关荒漠地区光伏电站专利的主要技术领域涉及光伏固沙治沙系统及方法（如固沙装置、植物配置方法等）、荒漠地区光伏电站参数化方法等。

大多数专利是关于固沙治沙系统及方法，如 2022 年申请专利固沙结构（CN217266992U），该专利固沙效果好，光伏阵列稳固可靠。2023 年批量申请专利：①适用于沙区道路边坡集雨造林系统（CN220058015U），该专利能够提高风沙地区的环境治理效果，并且合理利用自然资源，降低环境治理成本。②光伏电站系统中植物的配置方法（CN117077926A），该专利确保其与光伏电站协调运作，避免植物对光伏系统性能产生不利影响，同时，自动化种植系统可以提高种植效率、降低成本和减少人工操作。③流动沙丘原位利用模式的光伏治沙系统及方法（CN116988451A），该专利在不破坏原有地形和植被的前提下，可拉平丘顶，填埋丘间地，使地形逐渐趋于平缓，恢复沙丘区生态，同时不会造成光伏设施被掩埋或者掏蚀的现象。④沙戈荒地区风沙防护系统及防护方法（CN117005333A），该专利可有效减轻沙漠戈壁荒漠地区光伏建设中遇到的沙埋和风蚀危害，为该类地区光伏电场的安全运营提供技术保障。⑤荒漠光伏电站防风固沙生态修复系统（CN220545566U），该专利能够改善光伏板下方风蚀现象，提高环境治理效果。⑥综合光伏固沙装置（CN220620047U），该专利充分利用固定式机架的光伏电站空间结构及风沙灾害空间分布特征，针对不同区域采用不同的固沙结构，从而实现固沙的精准性、高效性和科学性。

除此之外还有其他方向专利：①基于 CLM 陆面过程模式的荒漠地区光伏电站参数化方法（CN116579154A），该专利可为气候模式提供准确的光伏电站下边界条件，从而使气候模式对光伏电站内气温、水汽等气象因子进行相应反馈，对荒漠戈壁地区的气候变化研究及光伏电站选址具有重要的科学意义。②立体式光

---

① 资料来源：http://www.nieer.cas.cn/gkjj/ykjj/。

伏发电系统（CN116722794A），该专利能够增加光伏电站生态价值、固碳价值，同时也能提高光伏板发电效率，促进光伏电站高质量发展。

3. 南京国电南自新能源工程技术有限公司

南京国电南自新能源工程技术有限公司成立于 2001 年，注册资本 37 700 万元，对外投资 6 家公司，是依托国家大力发展低碳经济的产业背景，以推动节能减排工作为企业战略目标；以电力电子技术、自动控制技术为核心；以火电、工矿企业的变频、除尘等节能减排产品和技术服务为发展方向的高科技公司。经营范围包括新能源电力系统产品的技术开发、技术转让、技术咨询、技术服务、生产销售自研产品；新能源发电工程。

南京国电南自新能源工程技术有限公司相关荒漠地区光伏电站专利的主要技术领域涉及带有太阳方位跟踪装置的沙漠地区并网光伏发电系统、沙漠光伏发电用螺旋桩、防风减振光伏支架。

代表性专利包括：2017 年申请专利带有太阳方位跟踪装置的沙漠地区并网光伏发电系统（CN206363168U、CN206421235U），包括与光伏阵列连接用于采集其电能输出的电能计量装置、主控装置，用于控制光伏阵列角度的步进电机和与主控装置无线通信连接的远程控制中心。同年申请专利沙漠光伏发电用螺旋桩（CN206418499U），该专利连接件设置在所述稳固板底面的中心处，可在沙漠中长时间保持稳固不易倾斜。部分专利涉及光伏支架减振装置：①防风减震的可调节光伏支架（CN209748463U），采用的多种缓冲件可以起到防风减震的作用，避免了台风作用下的光伏支架发生脆性破坏，同时还兼顾了施工的简易性，具有简单方便、实用性强、安全稳定等优点。②柔性光伏支架减震装置（CN113765471A）、柔性光伏支架竖向减震板装置（CN215805976U）和柔性光伏支架水平减振燕尾式平衡板装置（CN216904738U），可以改进柔性支架的风敏感效应，提高柔性支架抗风能力，减低风荷载对光伏组件的撕拉破坏，增强组件的耐久性能，提高发电效率。

4. 中国科学院地理科学与资源研究所

中国科学院地理科学与资源研究所是国务院学位委员会批准的首批博士、硕士学位授予单位之一，纳入中国科学院知识创新工程试点，是中国地理学会、中国自然资源学会和中国青藏高原研究会挂靠单位与全国科学院联盟地理资源分会理事长单位①。

---

① 资料来源：http://igsnrr.cas.cn/skjs/skjj/。

中国科学院地理科学与资源研究所相关荒漠地区光伏电站专利的主要技术领域涉及光伏电站绿化和生态修复系统，沙漠地区的防沉陷支架、挡风墙等。

光伏电站绿化和生态修复的代表性专利包括：2022 年申请的治理沙漠化用能够深度栽培的绿植铺设栽培装置（CN216931014U），该专利防止植被长时间缺水影响生长，设有的太阳能光伏板吸收太阳能转化电能，为该绿植栽培装置提供电力支撑。同年申请专利用于荒漠光伏电站的秸秆方格滴灌种草的绿化治沙系统（CN219240502U），该专利可以对大量的废秸秆进行废物利用，减少资源浪费，并且第一秸秆桩组和第二秸秆桩组交错放置，可进行相互支撑，提升整体的抗风性能。2023 年申请专利用于光伏电站周边生态修复的串联湿地系统（CN219567712U），该专利结构较简单，且能应用于荒山或山丘坡地的光伏区。同年申请专利用于光伏电站周边的生态修复系统（CN219730685U），该专利结构简单，非常适合大面积平坦光伏区周边的应用，对光伏区有一定的防沙作用，同时对周边的环境具有一定的生态修复作用。

除此之外还有其他方向，2019 年申请专利沙漠地区的防沉陷支架（CN209787102U），该专利有多个稳定板的设置，使稳定板的接触面能有效地与沙子接触，同时稳定板倾斜向下和交错对称的设置，避免了支架本体整体的往下沉陷，从而解决了沉陷导致太阳能光伏板掉落到地面上，提高了光伏板的使用效率。2023 年申请专利由废旧破损电池板组成的挡风墙（CN219938255U），该专利涉及光伏电站设施设备废物处理及回收利用领域，不但降低新兴固废资源化成本，又能对光伏周边进行生态修复，为能源产业场地固废资源化以及多产业融合提供科学依据和新思路。

5. 中南大学

中南大学于 2000 年 4 月由原湖南医科大学、长沙铁道学院与中南工业大学合并组建而成，成为一所以工、医、理、文、法、经济等多学科协调发展的综合性大学。原中南工业大学的前身为创建于 1952 年的中南矿冶学院，其主体学科可以追溯到 1903 年创办的湖南高等实业学堂的矿科。长沙铁道学院的前身是创建于 1953 年的中南土木建筑学院，其主体学科同样可以追溯到湖南高等实业学堂的路科。原湖南医科大学的前身则是 1914 年创立的湘雅医学专门学校，作为我国最早的西医高等学校之一，为国家培养了大批医学人才。由中南大学化学化工学院有机光伏技术为核心，联合产业界的中南校友组建的"CSU 有机光伏团队"于 2023 年 11 月 13 日与湖南省建筑设计院强强联合，充分发挥双方优势，在建筑光伏一体化、室内光伏、光伏技术与物联网结合等方面取得突破，进一步推进科技型企业转型升级，打造产学研合作典范①。

中南大学相关荒漠地区光伏电站专利的主要技术领域涉及光伏结构的风洞试验模型、光伏支架及光伏阵列、可减小光伏组件风荷载的导流装置及光伏电站。

光伏结构的风洞试验模型的代表性专利包括：2018 年申请的光伏结构的风洞试验模型及风洞试验方法（CN109141807B），光伏结构的风洞试验模型用于模拟光伏结构进行风洞试验，以获取不同角度、不同高度以及不同长宽比设置的光伏结构在不同风速条件下受到的风荷载，并根据风荷载确定光伏结构的安装角度和安装高度以及长宽比；不同数量的光伏面板装置构成所需模拟试验的不同长宽比的光伏结构的光伏模拟结构。2023 年申请的柔性光伏组件风洞试验装置及其试验方法（CN116642654A），通过不同类型的光伏组件构成所需要试验不同种类的柔性光伏模拟结构，并将柔性光伏组件通过连接装置安装在索系上，通过高度倾角调节装置为组件安装提供试验所需的合适的倾角和高度，通过索力调节件调整索系上的索力，充分模拟了柔性光伏组件在真实结构中的状态。

可减小光伏组件风荷载的导流装置及光伏电站的代表性专利包括：CN113364392A 和 CN215580977U，该导流装置能够有效地减小长期直接作用于光伏组件表面的风载荷，减少光伏组件的隐裂和破坏，减少光伏组件传递给光伏支架的荷载，从而减小结构的疲劳破坏或风致破坏。

6. 西班牙索尔泰克创新有限公司

西班牙索尔泰克创新有限公司（Soltec）成立于 2004 年，总部位于西班牙穆尔西亚，并在西班牙、北美洲和拉丁美洲拥有超过 1207 名员工。西班牙索尔泰克创新有限公司是一家专注于集成光伏太阳能解决方案的领先公司，主要从事光伏太阳能行业。目前生产的主要跟踪器的产品型号为 SFOne US、SF8 USA、SF7 USA、SFOne、SF7（表 4-5）。2020 年 10 月 28 日起在西班牙连续市场上市，已为总装机容量为 9.3GW 的项目提供跟踪器。

表 4-5　西班牙索尔泰克创新有限公司产品型号详情

产品名称	产品技术特点
SFOne US	地形适应性：可适应任何地形，从斜坡到不规则地面，确保安装无忧 双面技术：利用双面技术通过两侧辐照最大限度地提高产量
SF8 USA	改进几何结构，连同自主自装载系统，具有增强稳健性的跟踪器，在恶劣的天气条件下能 100% 运行

① 资料来源：https://news.csu.edu.cn/info/1062/157305.htm。

产品名称	产品技术特点
SF7 USA	地形适应性：可适应陡峭的斜坡和狭窄的土壤 双面技术：通过考虑模块的两侧来优化能量捕获，确保最大的效率和发电量
SFOne	是专为 72 和 78 电池组件设计的双排单轴太阳能跟踪器
SF7	该专利的单水平轴太阳能跟踪器能够根据一天中的不同时段以及当时可用的阳光条件来进行运作。

西班牙索尔泰克创新有限公司相关荒漠地区光伏电站专利的主要技术领域涉及承受高风荷载单水平轴太阳能追踪器及光伏装置中的防风保护系统和防止造成损坏的方法。代表性专利包括：2019 年申请专利太阳能追踪器 （ES2950712T3），该专利包括扭力梁、电机、带电机轴等，可提供更高的抗风荷载能力，使用寿命更长。2020 年申请单轴太阳跟踪器及其操作方法 （PT4002685T），该专利单水平轴太阳能跟踪器可以根据一天中的时间、从而根据可用的太阳光来操作，使得与扭矩管相关联的双面光伏模块的任一面都面向太阳。同年申请光伏装置中的防风保护系统和光伏装置防风造成的损坏的保护方法 （AR119190A1），该专利用于光伏装置的保护系统，包括多排平行且间隔开的太阳能跟踪器，通过联结器和支撑光伏板连接到支撑件的中心轴，至少一个致动器装置运动地连接到中心轴线以改变其角位置，最终改变入射风的方向。

4.2　高寒地区光伏电站

4.2.1　数据来源与检索方法

根据前期的调研，选择高寒地区光伏电站相关的关键词进行检索，首先筛选检索相关的关键词，分为中文及英文，如表 4-6 所示。

进一步地，根据关键词制定检索式，其中检索设定为出现对应的关键词或者其相应翻译的语意均可以列入检索结果，高寒地区光伏电站相关关键词在标题中检索 （TTL_all）。搜索设置：结果显示 “每组简单同族一个专利代表”。检索日期：2024 年 9 月 7 日。在 158 个国家/地区/专利组织中共检索到涉及高寒地区光伏电站的专利 4202 条，3735 组简单同族。其中，有效专利 1702 件，审中专利 328 件，没有 PCT 指定期内专利，共计 2030 组简单同族。

表 4-6　高寒地区光伏电站技术分支及相关关键词

技术分支	关键词
高寒地区	高寒 OR 高原 OR 高海拔 OR 高纬度 OR 冻土 OR 冻胀 OR 冻融 OR 融沉 OR 冻拔 OR 冻害 OR 冻裂 OR 覆冰 OR 覆雪 OR 融雪 OR 积雪 OR 除冰 OR 除雪 OR 防冻 OR 除霜 OR 融霜 OR 温差大 OR 昼夜温差 OR "large temperature difference" OR "high cold" OR alpine OR "Qinghai Tibet Plateau" OR "high latitude" OR "High altitude" OR "snow cover" OR "snow covered" OR icing OR "frozen soil" OR permafrost * OR "frozen soils" OR "frozen ground" OR "frozen grounds" OR "frozen rock" OR geocryology * OR "icy soil" OR cryopeg * OR "frozen earth" OR Gelisol * OR "frost soil" OR "frost heaving" OR "frost heave" OR "Frost Susceptible Soils" OR "cold regions" OR "cold region" OR "freezing saline soils" OR "freeze thaw" OR "thawing settlement" OR "forest region" OR "frost damage" OR "frost damages" OR 地震 OR 抗震 OR seismic * OR earthquake * OR 雷电 OR 雷击 OR lightning *
光伏电站	（光伏 OR photovoltaic *）OR（太阳能板 OR 太阳能面板 OR 太阳能电池组件 OR 太阳能发电设备 OR 太阳能电站 OR 太阳能电厂 OR 太阳能电场 OR 太阳能器件 OR 太阳能组件 OR 太阳能阵列 OR 太阳能电池板）

4.2.2　专利数量年度分布

　　世界主要国家、地区、专利组织申请、授权涉及高寒地区光伏电站的相关专利呈现前期缓慢增长、中期迅猛增长、后期稳定发展的趋势（图 4-4）。第一件专利是 1976 年 10 月 6 日申请的 "US4063963 A 地面光伏太阳能电池板"，该专利的简单同族国家为美国，该专利摘要为太阳能电池通过在矩形框架边缘之间横向拉伸的细丝相互连接，形成网格，从而生产出一种不易受到风、雪和冰损坏的轻质廉价支撑。此外，电池的顶部安装有细电阻线，以防止冰雪积聚。但此后多年专利申请数量不多，处于漫长的起步萌芽期，年均申请数量不足 10 件，这种状态一直持续至 2004 年。2005 ~ 2011 年，处于缓慢发展期，年均申请数量不足 100 件。2012 ~ 2023 年，每年申请数量快速增加，这与光伏产业的快速发展密切相关，其 2022 年申请数量最多，专利申请数量高达 448 件（由于专利授权及公开的滞后性，近几年实际申请数量会更高）。从授权量、授权占比上看，申请数量高位阶段授权数量都偏少，这应该与专利申请暴涨后审查更加严格有直接关系。

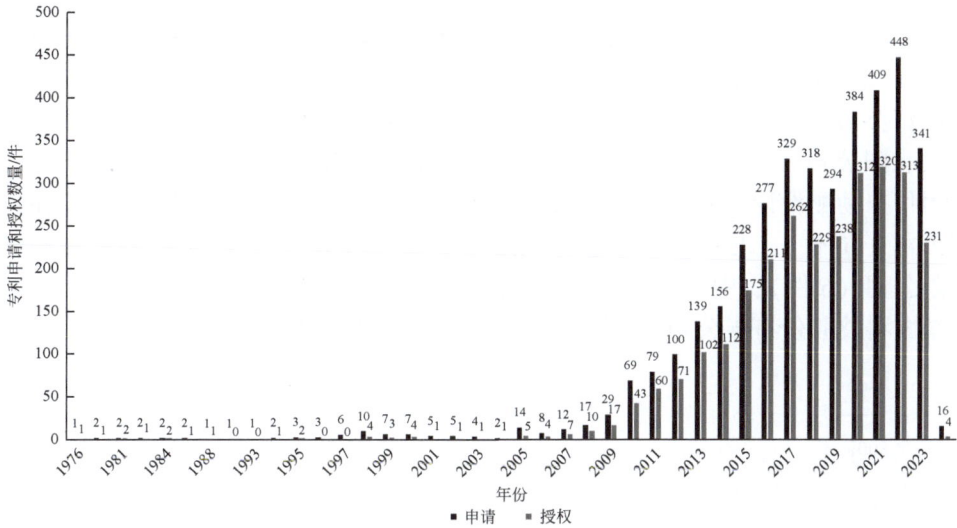

图 4-4　全球高寒地区光伏电站专利申请数量和授权数量年度分布

4.2.3　申请区域分布

全球高寒地区光伏电站产业相关专利简单同族国家/地区中（图 4-5），中国共有 3235 件专利，占全部专利数量的 86.61%，遥遥领先其他国家。位于专利数量前 10 位的国家依次是中国、日本（215 件）、韩国（145 件）、美国（28 件）、德国（18 件）、土耳其（9 件）、印度（6 件）、俄罗斯（6 件）、法国（5 件）、巴西（4 件）。

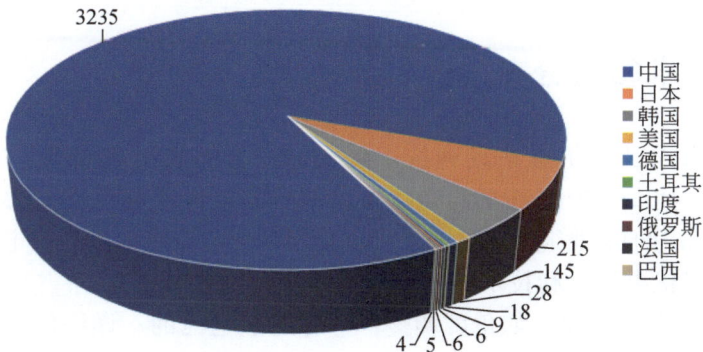

图 4-5　全球高寒地区光伏电站专利简单同族国家/地区分布 TOP10

高寒地区光伏电站中国申请专利（统计有效、审中专利）主要分布于江苏、浙江、北京、广东、山东等省份（图 4-6）。例如，江苏省的主要专利权人为天合光能股份有限公司（7 件）、常熟阿特斯阳光电力科技有限公司（7 件）、国网江苏省电力有限公司（6 件）；浙江省的主要专利权人为浙江正泰新能源开发有限公司（7 件）、浙江艾能聚光伏科技股份有限公司（3 件）、中国电建集团华东勘测设计研究院有限公司（3 件）；北京的主要专利权人为国家电网有限公司（10 件）、北京兴天通电讯科技有限公司（10 件）、中国电力科学研究院有限公司（6 件）、中国华能集团清洁能源技术研究院有限公司（5 件）、北京汇能精电科技股份有限公司（5 件）、北京立开源科技有限公司（5 件）。

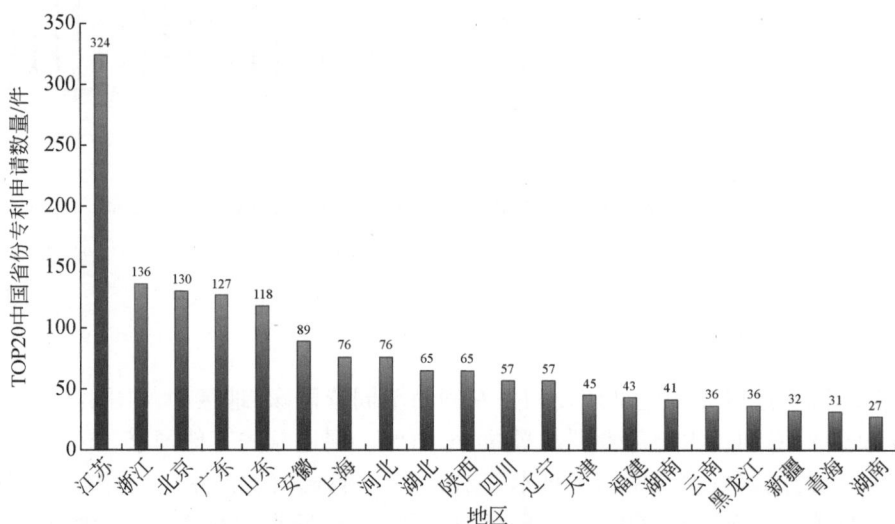

图 4-6　中国有效、审中、PCT 指定期内专利权人省份 TOP20 分布图（高寒地区光伏电站专利）

4.2.4　技术领域分布

全球高寒地区光伏电站专利技术领域 IPC 大组主要分布于：①不包括在 H02S 10/00—H02S 30/00 中的与光伏模块结合的组件或配附件；②光伏模块的支撑结构；③用于电池组的充电或去极化或用于由电池组向负载供电的装置。全球高寒地区光伏电站专利技术领域 IPC 小组主要分布于：①除雪装置；②可移动或可调节的支撑结构，如角度调整；③有光敏电池的。详细信息见表 4-7 和表 4-8。

表 4-7　全球高寒地区光伏电站专利 IPC 大组分类号 TOP10

IPC 大组	分类号解释	专利数
H02S40	不包括在 H02S 10/00—H02S 30/00 中的与光伏模块结合的组件或配附件［2014.01］	45
H02S20	光伏模块的支撑结构［2014.01］	27
H02J7	用于电池组的充电或去极化或用于由电池组向负载供电的装置［2006.01］	13
H02S10	光伏电站；与其他电能产生系统组合在一起的光伏能源系统［2014.01］	10
H02H9	用于限制过电流或过电压而不切断电路的紧急保护电路装置［2006.01］	8
H02S50	光伏系统的监测或测试，如负载平衡或故障识别［2014.01］	7
F24S30	移动或定向太阳能集热器模块的装置［2018.01］	6
H02S30	除涉及光转换以外的光伏模块的结构零部件（电解光敏器件模块的半导体器件部分入 H01G 9/20，无机光伏模块的半导体器件部分入 H01L31/00，有机光伏模块的半导体器件部分入 H10K30/00）［2014.01］	6
H01L31	对红外辐射、光、较短波长的电磁辐射，或微粒辐射敏感的，并且专门适用于把这样的辐射能转换为电能的，或者专门适用于通过这样的辐射进行电能控制的半导体器件；专门适用于制造或处理这些半导体器件或其部件的方法或设备；其零部件（H10K30/00 优先）（由形成在一共用衬底内或其上的多个固态组件，而不是辐射敏感元件与一个或多个电光源的结合所组成的器件入 H01L27/00）［2006.01］	5
H02G13	避雷装置的安装；将其固定到支撑结构上［2006.01］	5

表 4-8　全球高寒地区光伏电站专利 IPC 小组分类号 TOP10

IPC 小组	分类号解释	专利数
H02S40/12	由红外线辐射、可见光或紫外光转换产生电能，如使用光伏（PV）模块，除雪装置［2014.01］	18
H02S20/30	光伏模块支撑结构，可移动或可调节的支撑结构，如角度调整［2014.01］	15
H02J7/35	用于电池组的充电或去极化或用于由电池组向负载供电的装置，有光敏电池的［2006.01］	12
H02S40/10	由红外线辐射，可见光或紫外光转换产生电能，清洁装置［2014.01］	7
H02S40/44	由红外线辐射、可见光或紫外光转换产生电能，如使用光伏（PV 模块，利用热能的装置，如同时产生热水和电的混合系统（直接与光伏电池连接或与光伏电池一体的入 H01L 31/0525）［2014.01］	7
H02H9/04	用于限制过电流或过电压而不切断电路的紧急保护电路装置，对过电压响应的（避雷器入 H01C7/12，H01C8/04，H01G9/18，H01T）［2006.01］	6
H02S10/40	光伏电站；与其他电能产"生系统组合在一起的光伏能源系统，移动光伏发电系统［2014.01］	6

IPC 小组	分类号解释	专利数
H02S40/22	由红外线辐射、可见光或紫外光转换产生电能，如使用光伏（PV）模块，反光或集光的设备（直接与光伏电池连接或与光伏电池结合的入 H01L 31/054）［2014.01］	6
H02S40/42	由红外线辐射、可见光或紫外光转换产生电能，如使用光伏（PV）模块冷却装置（直接与光伏电池连接或与光伏电池结合的冷却入 H01L31/052）［2014.01］	6
F24S30/425	移动或定向太阳能集热器模块的装置，水平轴［2018.01］	5

4.2.5　专利申请人分布

表 4-9 是专利申请人 TOP10 专利数量统计情况，可见专利申请人力量相对集中，主要集中于中国，进入专利申请人 TOP10 榜单的大多是企业。排名前三位的机构依次是国家电网有限公司、辽宁太阳能研究应用有限公司、北京兴天通电讯科技有限公司。其中，国家电网有限公司相关高寒地区光伏电站专利共计 37件，主要技术领域涉及高海拔地区光伏计算方法的专利；高海拔光伏电站检测和监控方面；光伏电站除雪、除冰、防雷等。

表 4-9　有效、审中、PCT 指定期内专利申请人 TOP10 专利数量统计（高寒地区光伏电站专利）

序号	专利申请人	专利总数	有效专利	审中专利	PCT 指定期内专利
1	国家电网有限公司	37	27	10	0
2	辽宁太阳能研究应用有限公司	12	6	6	0
3	北京兴天通电讯科技有限公司	10	10	0	0
4	中国电力科学研究院有限公司	9	8	1	0
5	中国华能集团清洁能源技术研究院有限公司	8	4	4	0
6	天合光能股份有限公司	7	7	0	0
7	大日本印刷株式会社	7	7	0	0
8	阿特斯阳光电力集团股份有限公司	7	7	0	0
9	东北石油大学	7	0	7	0
10	阳光电源股份有限公司	7	6	1	0

4.2.6 重点申请人分析

1. 国家电网有限公司

国家电网有限公司成立于 2002 年，主要业务为投资、建设和运营电网。公司经营范围覆盖全国 27 个省（自治区、直辖市），供电服务人口超过 11 亿人。公司注册资本为 8295 亿元，资产总额达 38 088.3 亿元[①]。

国家电网有限公司相关高寒地区光伏电站专利的主要技术领域涉及高海拔地区光伏计算方法的专利；高海拔光伏电站检测和监控方面；光伏电站除雪、除冰、防雷技术等。

早在 2010 年国家电网有限公司申请专利：高海拔地区电网光伏发电接纳能力计算方法（CN102013701A）。该专利可针对高海拔地区电网运行区域进行光伏电站接纳能力计算方法应用，确保规模化光伏电站与电网之间安全、稳定运行，发明方法可应用于高海拔各类电压等级电网并网型光伏电站接纳能力计算的技术支持。之后的 2023 年也申请了关于光伏计算方法的专利：考虑光伏和配电系统的雷击过电压计算方法和系统（CN116151012A）。该专利结合雷电流参数，对雷击光伏侧和配电线路侧的暂态过电压进行计算，准确性高。

高海拔光伏电站检测和监控方面的代表性专利包括：①2014 年申请的高海拔光伏电站电网扰动模拟检测设备后台操作监控系统（CN104166386B），可以对被测的光伏并网运行单元的各项运行数据进行实时监控，能实时了解并网单元的运行特性，为试验人员提供可靠的运行试验依据。②2014 年申请的高海拔光伏电站电网故障模拟检测设备后台操作监控系统（CN104124757B），高海拔光伏电站故障模拟测试系统自动切换装置（CN204334475U），高海拔光伏电站电网故障模拟检测设备后台操作监控系统（CN104124757A），高海拔光伏电站电网扰动模拟检测设备后台操作监控系统（CN104166386A），高海拔地区的光伏电站低电压穿越检测系统（CN104143834A）。③2015 年申请的用于高海拔光伏电站电网适应性测试的移动检测系统（CN105991091B），可以实现电网适应性检测优化，使检测过程变得可靠，满足高海拔要求。④2015 年申请的光伏低电压穿越移动检测装置的绝缘安全评估方法和系统（CN104865463A），保证了低电压穿越检测装置的绝缘安全可靠。⑤ 2016 年申请的光伏并网模拟系统及控制方法（CN106205313A），研究雷电对光伏并网系统的影响，能够有效避免光伏并网系

---

① 资料来源：http://www.sgcc.com.cn/html/sgcc/index.shtml。

统在真实环境中受到雷电攻击而遭到损坏的问题。

光伏电站除雪、除冰、防雷的代表性专利包括：①2015 年申请的光伏电站防雷装置（CN204886844U），可以通过液压缸内的活塞杆将方钢顶起，方便调节避雷针的高度，方便维修和更换。②2017 年申请的太阳能光伏电站自动除雪器（CN107812728A），刷辊对放置在电池板玻璃载板上的电池板玻璃表面进行扫雪、除尘。③2018 年申请的高纬度寒冷地区光伏电站除雪装置（CN209462338U），可以使得积雪自动进行滑落，结构简单，成本低，同时可以通过加热组件进行加热除霜、除雪。④2021 年申请的用于电力输送的电缆线路智能除冰系统（CN113241708A），整个装置能够自动在移动的过程中对线缆进行自动除冰工作，不需要人工除冰，使用效果好，使用便利，且整个装置结构简单，制作成本低，且采用太阳能供电，节能环保。⑤2022 年申请的具有除雪功能的光伏发电装置（CN218998012U），提供了一种具有除雪功能的光伏发电装置，实现了光伏电板的自动除雪作业，大大节省了人力物力资源，提高了清雪效率。

2. 辽宁太阳能研究应用有限公司

辽宁太阳能研究应用有限公司是由辽宁能源投资（集团）有限责任公司投资，并依托沈阳工程学院新能源研究中心的太阳能专利技术成立的一家合资公司。公司注册资本达 10428.5 万元，主营产品包括太阳能发电机组、太阳能电池（电池片）、太阳能电池板（组件）、太阳能手电筒、太阳能便携供电系统和太阳能路灯。公司不断创新，成功研制出风光互补太阳能路灯系统、太阳能景观车和太阳能风光互补房等多项科技领先的产品，展示了其在太阳能应用领域的强大研发和生产能力[①]。

辽宁太阳能研究应用有限公司相关高寒地区光伏电站专利的主要技术领域涉及光伏组件融雪控制器、光伏组件检测点位积雪深度检测方法、光伏组件融雪结构、光伏组件理论输出功率的计算方法。大多数专利涉及融雪控制器（CN114157230A、CN217216485U、CN219514034U）、融雪速度控制方法（CN114337527A、CN114337527B）、光伏组件融雪结构（CN116192033A）、积雪融化监测方法（CN116317938A）、光伏组件检测点位积雪深度检测方法（CN114355988A）。还有少量专利涉及其他方向，如 2022 年申请的光伏组件理论输出功率的计算方法（CN114372228A），同年申请的光伏组件参数检测电路（CN217116030U），包括光伏组件电压检测电路、电流检测电路、辐照检测电路、雪深检测电路、角度检测电路和温度检测电路。

---

① 资料来源：http://www.lnsol.com.cn。

3. 北京兴天通电讯科技有限公司

北京兴天通电讯科技有限公司成立于 2003 年，注册资本 2000 万元，公司是以"安全防护"为核心竞争力的科技型企业。北京兴天通电讯科技有限公司以智能保障装备的研发和定制化配套作为事业支柱，开发了一系列包括智能机房管理、智能电磁脉冲防护、智能雷电防护等在内的智能系统与硬件产品①。

北京兴天通电讯科技有限公司相关高寒地区光伏电站专利的主要技术领域涉及光伏设备防雷避雷领域，如光伏设备的交流防雷模块、光伏行业专用非均匀场整体密封式多间隙型避雷器、光伏设备信号防雷器、户外光伏设备用片区总防雷配电箱等。

2016 年申请多项光伏设备防雷避雷专利：①光伏行业专用非均匀场整体密封式多间隙型避雷器（CN205282875U），只有相邻的石墨电极才有点火路径，而与其他的石墨电极则由隔板隔开，保证了不会出现跳火现象。②用于光伏设备的交流防雷模块（CN205283123U）、户外光伏设备的干节点防雷模块（CN205304239U）、用于光伏设备的直流防雷模块（CN205333747U）能够对雷击能量分级泄放，从而降低了对设备侧耐压性能的要求，提高了设备侧设备运行的安全性。③用于光伏行业的长波避雷装置（CN205282876U），防止放电装置移动的定位机构，具有拆装、维修方便的特点。④室内光伏设备用防雷插排（CN205282806U），可将部分雷电能量转化为电能，供后级设备使用，提高能源利用率。⑤户外光伏设备用片区总防雷配电箱（CN205283109U）、TN-S 供电系统下光伏设备用片区防雷配电箱（CN205335835U）通过备用变压器，能在电压降低时，先并入一个电压，以提高设备所需要的电压，避免出现电压降低而造成损设备无法正常运行的情况。⑥户外光伏设备信号防雷器（CN205302036U），可避免出现温度过低而对信号防雷器的运行造成影响，提高安全性。

4. 天合光能股份有限公司

天合光能股份有限公司成立于 1997 年，注册资本达 217 356 万元。公司主营业务涵盖光伏产品、光伏系统和智慧能源三大核心板块。2022 年，天合光能股份有限公司在上海设立了国际总部，以进一步加强全球化人才队伍建设。近年来，公司吸引了来自 60 多个国家和地区的国际化高层次管理和研发人才。为实现全球业务的布局，公司在瑞士苏黎世、美国硅谷、美国迈阿密、新加坡和阿联酋迪拜设立了区域总部，同时在马德里、墨西哥、悉尼和罗马等地设立了办事处

---

① 资料来源：https://www.xttkj.com.cn/index.php/single/gongsijianjie.html。

和分公司。此外，天合光能股份有限公司还在泰国、越南、美国、印度尼西亚和阿联酋建立了生产制造基地，使其业务遍布全球 160 多个国家和地区。天合光能股份有限公司通过不断创新和全球化布局，已成为光伏行业的领军企业，在全球市场上占据了重要位置。公司致力于推动清洁能源的发展，为实现可持续的未来贡献力量[①]。

天合光能股份有限公司相关高寒地区光伏电站专利的主要技术领域涉及太阳能组件自动除雪装置及其控制方法、具有融雪功能的晶体硅太阳能电池组件、防积雪光伏组件连接件及抗风双排组件柔性支架。如 2011 年申请的除雪装置（CN102446984A）和带有融雪功能的晶体硅太阳能电池组件（CN208142192U、CN208240697U），可以有效清除组件表面的积雪和冰冻，提高组件在严寒、多冰雪地区的适应能力，提高发电效率。再如，2018 年申请的具有融雪功能的晶体硅太阳能电池组件具备很好的融雪能力，可持续提高太阳能电池组件在降雪较大地区的发电量。另外，还有 2023 年申请的光伏组件连接件及抗风双排组件柔性支架（CN220527935U），能够将两块光伏组件呈相反方向的小倾角布置，形成三角形的结构，减小了迎风面积，增加了抗风压性能，增加了结构的稳定性；同时还避免了积雪、积灰对光伏组件发电的影响，同时该光伏组件连接件还可以避免组件受风吸作用时边框被撕裂。

5. 东北石油大学

东北石油大学聚焦国家能源战略，建成了石油石化优势特色学科群，形成了提高油气采收率、陆相页岩油勘探开发等世界前沿研究方向，形成了"优势引领、融合拓新、支撑有力"的学科专业体系。2016 年工程学进入全球 ESI 前 1% 学科，2023 年化学、地球科学进入全球 ESI 前 1% 学科。2017 年入选黑龙江省首批国内一流学科建设高校，2022 年入选黑龙江省新一轮高水平大学建设高校，石油与天然气工程学科排名第三位，奋力开创了国内一流大学建设新局面[②]。

东北石油大学相关高寒地区光伏电站专利的主要技术领域涉及抗冻胀光伏支架、光伏支架的防冻基础桩、地面光伏的 PHC 管桩土壤热环境调节装置。

抗冻胀光伏支架领域的代表性专利包括：①具有抗冻胀性能太阳能板支架（CN115142462A），该专利能够降低该地区土壤的冻胀对太阳能板支架的影响，有效提高太阳板支架安全性、使用寿命和季节适用性。②抗变形的可调单桩支撑

---

① 资料来源：https://www.trinasolar.com/cn/our-company。

② 资料来源：http://www.nepu.edu.cn/xxgk/xxjj.htm。

光伏支架（CN114362650A）、抗变形的可调双桩支撑光伏支架（CN114499366A），该支架解决了桩基础冻胀融沉导致光伏板变形的问题，提高了光伏发电效率。

光伏支架的防冻基础桩的代表性专利包括：①用于冻土地区光伏支架的防冻基础桩的制作及其安装方法（CN115142461A）。②适用于冻土地区的含纳米相变材料的光伏支架钢管桩基础（CN116378085A），该专利可减少或消除土体的冻胀力，解决光伏支架基础的冻拔问题。

还有少量专利涉及地面光伏的 PHC 管桩土壤热环境调节装置（CN116335207A），加热系统设置在保温层和冻土层之间，利用太阳能板白天工作时多余的能量，由电能转换器转化成电能传输给加热系统，达成土壤加热增温目的。

6. 上海晶澳太阳能科技有限公司

上海晶澳太阳能科技有限公司成立于 2006 年，注册资本为 82 145 万元。公司主要从事晶硅设备及配件的加工制造，产品涵盖石墨热场、碳/碳复合材料、光伏浆料、EVA 胶膜、铝边框、接线盒和光伏线缆等多种光伏配套产品。这些产品主要应用于光伏晶硅、太阳能级电池片及组件的制造，致力于为光伏产业链提供高质量的产品支持。上海晶澳太阳能科技有限公司在海外市场也有广泛布局，设立了 13 个销售公司。其产品广泛应用于地面光伏电站以及工商业和住宅分布式光伏系统，显示出显著的全球化优势。通过不断创新和技术提升，上海晶澳太阳能科技有限公司在光伏行业中占据了重要地位，致力于推动全球清洁能源的发展，为实现可持续的未来作出积极贡献①。

上海晶澳太阳能科技有限公司相关高寒地区光伏电站专利的主要技术领域涉及高荷载防积雪双玻光伏组件（JP7083071B2、CN109787549A）。双玻光伏组件包括层压件、接线盒以及仅设置在层压件的两个长边处的第一框架和第二框架，组件上不易积尘和积雪。

4.3 光伏电站水资源循环再利用技术专利导航

4.3.1 数据来源与检索方法

根据前期的调研，选择光伏电站水资源循环再利用技术相关的关键词进行检

---

① 资料来源：https://www.jasolar.com/index.php? m = content&c = index&a = lists&catid = 425。

索，首先筛选检索相关的关键词，分为中文及英文，如表 4-10 所示。

表 4-10 光伏电站水资源循环再利用技术分支及相关关键词

技术分支	关键词
水资源循环再利用技术	集水 OR 集雨 OR 雨水收集 OR 雨水集蓄 OR 降水收集 OR 集蓄雨水 OR 收集雨水 OR 收集降水 OR 集蓄降水 OR 降水集蓄 OR 水循环 OR 水利用 OR 水处理 OR 节水 OR 保水 OR "光伏水务" OR "光伏污水" OR 露水 OR 冷凝水 OR "rainwater harvesting" OR "rain harvesting" OR "harvested rainwater" OR "Water Harvesting" OR "water recycling" OR "water recycle" OR "Water Treatment" OR "Water recycled" OR "water conservation" OR "water saving" OR "wastewater treatment" OR "PV-wastewater" OR "PV WATER" OR "photovoltaic water" OR "photovoltaic wastewater" OR "water transposition" OR dew OR "condensed water"
光伏电站	光伏电站 OR 光伏板 OR 光伏面板 OR 光伏组件 OR 光伏电场 OR 光伏发电设备 OR "photovoltaic panel" OR "photovoltaic module" OR "photovoltaic power station" OR "PV power station" or 光伏器件 or 光伏阵列

进一步地，根据关键词制定检索式，其中检索设定为出现对应的关键词或者其相应翻译的语意均可以列入检索结果，光伏电站水资源循环再利用技术相关关键词在标题中检索（TTL_all）。搜索设置：结果显示"每组简单同族一个专利代表"。检索日期：2024 年 9 月 15 日。在 158 个国家/地区/专利组织中共检索到涉及光伏电站水资源循环再利用的专利 2566 条，2244 组简单同族。其中，有效专利 1042 件、审中专利 279 件、PCT 指定期内专利 3 件，共计 1324 组简单同族。

4.3.2 专利数量年度分布

世界主要国家、地区、专利组织申请、授权涉及光伏电站水资源循环再利用的专利呈现前期缓慢增长、中期迅猛增长、后期稳定的趋势（图 4-7）。第一件专利是 1982 年 11 月 24 日申请的"FR2545864A1 植物集雨屋顶"，该专利的简单同族国家为法国。但此后多年专利申请数量不多，处于漫长的起步萌芽期，年均申请数量不足 10 件，这种状态一直持续至 2008 年。2009 ～ 2015 年处于缓慢发展期，年均申请数量不足 100 件。2016 ～ 2023 年，每年申请数量快速增加，这与光伏产业的快速发展密切相关，最多申请数量为 2023 年，专利申请数量高达 292 件（由于专利授权及公开的滞后性，近几年实际申请数量会更高）。从授权量、授权占比上看，申请数量高位阶段授权数量都偏低，这应该与专利申请暴涨后审查更加严格有直接关系。

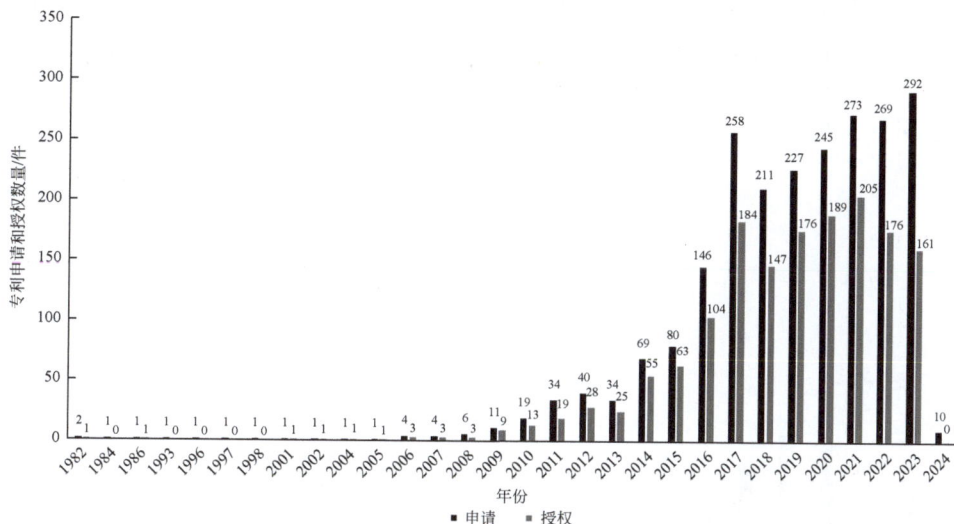

图 4-7　全球光伏电站水资源循环再利用专利申请数量和授权数量年度分布

4.3.3　申请区域分布

全球光伏电站水资源循环再利用专利简单同族国家/地区中（图 4-8），中国共有 2057 件专利，占全部专利数量的 91.67%，遥遥领先其他国家。位于专利数量前 10 位的国家和依次是中国、韩国（37 件）、美国（20 件）、日本（19 件）、西班牙（13 件）、德国（11 件）、印度（9 件）、巴西（7 件）、法国（6 件）、罗马尼亚（5 件）。

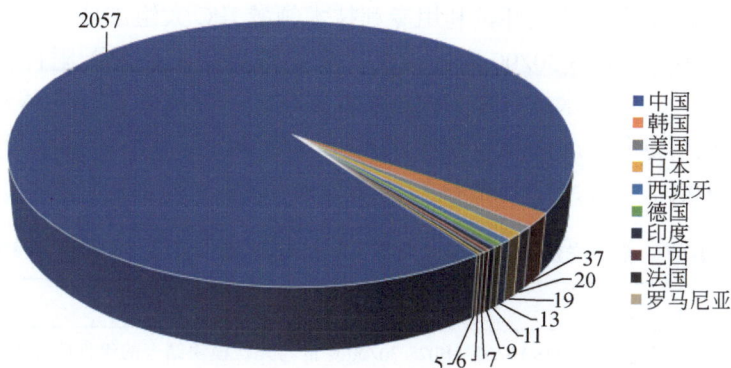

图 4-8　全球光伏电站水资源循环再利用专利简单同族国家/地区分布 TOP10

　　光伏电站水资源循环再利用中国专利的申请区域（统计有效、审中、PCT
指定期内专利）主要分布于江苏、广东、浙江、山东、安徽等省份（图4-9）。
例如，江苏省的主要专利权人为河海大学（4件）、泰州隆基乐叶光伏科技有
限公司（3件）。

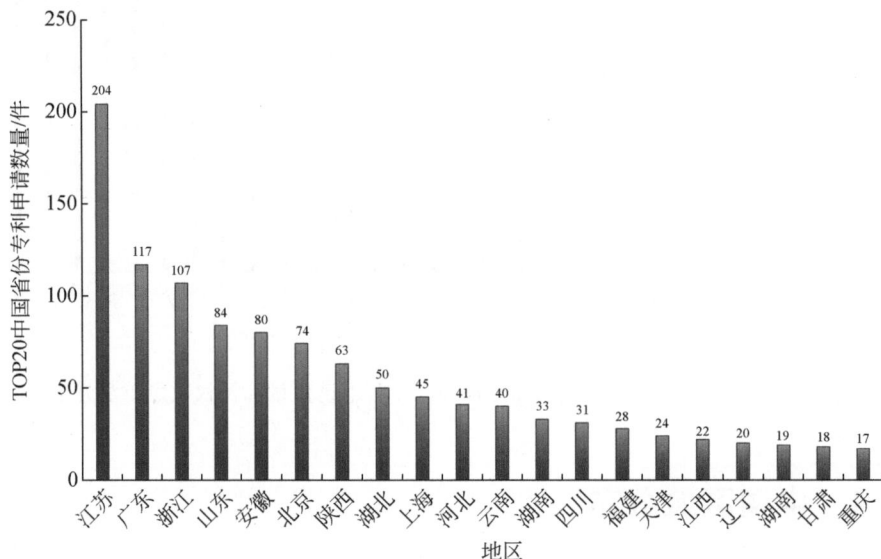

图4-9　中国有效、审中、PCT指定期内专利权人省份TOP20分布图
（光伏电站水资源循环再利用专利）

4.3.4　技术领域分布

　　全球光伏电站水资源循环再利用专利技术领域IPC大组主要分布于：①不包
括在H02S 10/00—H02S 30/00中的与光伏模块结合的组件或配附件；②光伏模
块的支撑结构；③饮用水或自来水的取水或集水的方法或装置。全球光伏电站水
资源循环再利用专利技术领域IPC小组主要分布于：①清洁装置；②取自雨水；
③用喷射力来清洁。详细信息见表4-11和表4-12。

表4-11　全球光伏电站水资源循环再利用专利 IPC 大组分类号 TOP10

IPC 大组	分类号解释	专利数
H02S40	不包括在 H02S 10/00—H02S 30/00 中的与光伏模块结合的组件或配附件 ［2014.01］	839
H02S20	光伏模块的支撑结构 ［2014.01］	483

IPC 大组	分类号解释	专利数
E03B3	饮用水或自来水的取水或集水的方法或装置（水的处理入 C02F）[2006.01]	436
B08B3	使用液体或蒸气的清洁方法（B08B9/00 优先）[2006.01]	298
H02J7	用于电池组的充电或去极化或用于由电池组向负载供电的装置 [2006.01]	260
B08B1	利用工具的清洁方法（用专门的方法或设备清洁空心物品入 B08B9/00）[2024.01]	209
E04D13	与屋面覆盖层有关的特殊安排或设施；屋面排水（通风瓦管入 E04D1/30；通风板入 E04D3/40；内部沟槽入 E04F17/00）[2006.01]	191
C02F9	水、废水或污水的多级处理 〔3〕	164
C02F1	水、废水或污水的处理 C02F3/00 至 C02F9/00 优先）[2023.01]	150
A01G25	花园、田地、运动场等的浇水（施液肥的专用设备或装置入 A01C23/00；喷嘴或排水管、喷洒设备入 B05B）[2006.01]	146

表 4-12 全球光伏电站水资源循环再利用专利 IPC 小组分类号 TOP10

IPC 小组	分类号解释	专利数
H02S40/10	由红外线辐射，可见光或紫外光转换产生电能，清洁装置 [2014.01]	548
E03B3/02	饮用水或自来水的取水或集水的方法或装置，取自雨水 [2006.01]	393
B08B3/02	使用液体或蒸气的清洁方法，用喷射力来清洁 [2006.01]	267
H02J7/35	用于电池组的充电或去极化或用于由电池组向负载供电的装置，有光敏电池的 [2006.01]	248
H02S20/30	光伏模块支撑结构，可移动或可调节的支撑结构，如角度调整 [2014.01]	185
H02S40/42	由红外线辐射，可见光或紫外光转换产生电能，冷却装置（直接与光伏电池连接或与光伏电池结合的冷却入 H01L31/052）[2014.01]	159
B08B1/00	一般清洁；一般污垢的防除，利用工具的清洁方法（用专门的方法或设备清洁空心物品入 B08B9/00）[2024.01]	146
E04D13/18	与屋重覆盖层有关的特殊安排或设施；屋面排水，能量收集装置的屋面覆盖物，如包括太阳能收集板（集成在屋顶结构上的太阳能集热器入 F24S20/67）[2018.01]	142
B08B13/00	一般用于清洁机器或设备的附件或零件 [2006.01]	136
H02S20/23	光伏模块支撑结构，专门适用于屋顶结构的 [2014.01]	100

4.3.5 专利申请人分布

表4-13是专利申请人TOP10专利数量统计情况，可见专利申请人相对集中，主要集中于中国，企业7家，高校和科研院所3家，排名前三位的机构依次是湖北金宝马环保科技有限公司、中国华能集团清洁能源技术研究院有限公司、西安热工研究院有限公司。其中，湖北金宝马环保科技有限公司相关光伏电站水资源循环再利用专利共计10件，主要技术领域为光伏供电的污水处理系统、水上治理智能光伏曝气时变节能系统、风能太阳能互补供电的水上曝气机控制系统等。

表4-13 有效、审中、PCT指定期内专利申请人TOP10专利数量统计
（光伏电站水资源循环再利用专利）

序号	专利申请人	专利总数	有效专利	审中专利	PCT指定期内专利
1	湖北金宝马环保科技有限公司	10	10	0	0
2	中国华能集团清洁能源技术研究院有限公司	10	6	4	0
3	西安热工研究院有限公司	9	3	6	0
4	中国电建集团贵阳勘测设计研究院有限公司	8	6	2	0
5	西北农林科技大学	6	3	3	0
6	北京亦庄环境科技集团有限公司	6	5	1	0
7	国家电网公司	5	3	2	0
8	河海大学	5	3	2	0
9	天津大学	5	2	3	0
10	阳光新能源开发股份有限公司	5	5	0	0

4.3.6 重点申请人分析

1. 湖北金宝马环保科技有限公司

湖北金宝马环保科技有限公司成立于2008年，注册资本10 068万元，主要从事污水处理、污染修复（水体、土壤、矿山）、废气、噪声、固废、环保工艺、设备研发、设备制造、安装、环保设施运营等业务。公司长期和科研院所及大专院校合作，资源共享，经过多年积累，已拥有多系列专利技术和专有技术，如污水处理及生态修复方面有"人工水草"、"生物活性炭"、"生物铁"、"WK-BQ"器、"WK-JB"器、"生态浮岛"、节能型光伏微动力生活污水处理系统、光伏水上曝气机（河道、湖泊、水库）、光伏微动力 A^{2}O（带生物填料）工艺、土壤修复剂等专利技术；工艺、设备、材料和污染修复、噪声处理、大气粉尘等专有技术共计 47 项。拥有完全自主知识产权的"人工水草"，每年可生产 600 万 m^2，土壤修复剂每年可生产 60 万 t；光伏微动力生活污水处理系统、"WK-BQ"器、"WK-JB"器、"生态浮岛"等设备生产量均在 5 万套/年以上[①]。

湖北金宝马环保科技有限公司相关光伏电站水资源循环再利用专利的主要技术领域涉及光伏供电的污水处理系统，以及水上治理智能光伏曝气时变节能系统、风能太阳能互补供电的水上曝气机控制系统等。

代表性专利包括：①污水处理系统中好氧池的光伏供电装置（CN209787100U），该专利通过旋转螺杆以调节底座距离配电柜的高度而调节安装板与配电柜之间的夹角，使得光伏板迎合太阳的入射角，提高光伏发电的效率。②用于光伏污水处理的安全控制装置（CN209787121U），该专利可以实时监控光伏组件的运行情况，当光伏组件受到破坏时，PLC 控制接触器断开，以便维修人员及时到现场维护处理。③风能太阳能互补供电的污水处理系统（CN210945014U、CN214880998U、CN210710944U）。④水上治理智能光伏曝气时变节能系统（CN209367948U），该专利通过旋转驱动件可驱动射流曝气机转动，以改变射流曝气机的扩散管的朝向，从而调节曝气位置，提升曝气效果。

2. 中国华能集团清洁能源技术研究院有限公司

中国华能集团清洁能源技术研究院有限公司是中国华能集团公司直属的清洁能源技术研发机构，注册资本为 133 757.3 万元。公司致力于煤基清洁发电与转化、可再生能源发电、污染物及温室气体减排等领域的技术研发、技术转让、技术服务、关键设备研制和工程实施。中国华能集团清洁能源技术研究院有限公司在可再生能源方面，积极开展水电、风电、太阳能发电、海洋能发电和生物质能发电的技术研发，此外，还在发电新材料、能源系统设计优化、页岩气和煤层气开发等领域进行深入研究，致力于推动能源行业的技术进步和可持续发展。通过不断创新和技术提升，其在清洁能源技术研发方面取得了显著成就，为国家能源结构优化和环境保护作出积极贡献，推动了我国清洁能源产业的发展与进步[②]。

中国华能集团清洁能源技术研究院有限公司相关光伏电站水资源循环再利用专利的主要技术领域涉及光伏板件自动清洗方法中水的回收利用、光伏面板收集雨水牲畜自动饮水系统、适用于北方干旱地区光伏电站雨水收集分流系统、光伏

---

① 资料来源：http://hbjbmhb.com/about.asp? News_ID=5&News_ParentID=2。
② 资料来源：https://www.qcc.com/firm/6d35dbdfdabdf86f86e7d57a58b0471b.html#assets。

电站治沙集水系统等。其大多数专利涉及光伏板件自动清洗方法中水的回收利用，如光伏板件自动喷淋清洗系统及其工作方法（CN111384894A），光伏组件清洁装置及其工作方法（CN113731924A），光伏电站喷水喷气清洁及水回收系统（CN217017618U）等。这些专利技术可进行清洗水回收，显著节约清洗用水，结合喷气喷水清洁与降温，可提高光伏组件发电功率和发电量。除此之外，还有2022年申请的光伏面板收集雨水牲畜自动饮水系统（CN218457027U）；同年申请的适用于北方干旱地区光伏电站雨水收集分流系统（CN218667722U），是一种结构简单、成本低、生态效益高的适用于北方干旱地区光伏电站雨水收集分流系统；2023年申请的光伏电站治沙集水系统（CN219491148U），包括蓄水箱、存水组件、植被种植栅格、种植箱和太阳能光伏板，解决了现有技术中过滤层清理费时费力的问题。

3. 西安热工研究院有限公司

西安热工研究院有限公司是我国国家级的能源电力技术研发机构和科技型企业，注册资本为300 000万元。公司专注于多个关键领域的研究和开发，包括节能环保、水处理和废水零排放、新能源、智能电站、金属材料、电站化学、燃气轮机和分布式能源、核电和电气技术等。其核心业务聚焦于清洁煤利用、智能化技术和新材料技术的开发和应用。公司的主要产品和技术涵盖了广泛的电力领域。例如，在电站清洁燃烧技术方面，西安热工研究院有限公司研发了先进的燃烧系统，显著提高了燃煤电站的效率并减少了污染物排放。汽轮机技术的研发也取得了重大进展，通过优化设计和创新材料的应用，提高了汽轮机的性能和可靠性。水处理设备方面，西安热工研究院有限公司开发了多种先进的水处理技术和设备，实现了废水的零排放，推动了电力行业的绿色发展。此外，西安热工研究院有限公司在智能电站和分布式能源技术方面也进行了深入研究，致力于通过智能化手段提升电站的运行效率和管理水平。同时，在核电和电气技术领域，西安热工研究院有限公司不断创新，推动了相关技术的进步和应用。通过不断地技术创新和产品优化，西安热工研究院有限公司在能源电力领域树立了卓越的研发能力和行业影响力，致力于为国家能源技术进步和环境保护贡献力量。

西安热工研究院有限公司相关光伏电站水资源循环再利用专利的主要技术领域涉及光伏电站组件清洗用水及自动降温装置的水处理方法、沙漠光伏电站用集水灌溉装置等。

涉及光伏电站组件清洗用水及自动降温装置的水处理方法代表性专利包括：带有污水循环利用的光伏组件清洁装置及清洁方法（CN116404973A），该专利设置清洗水净化单元和回收单元，回收单元用于回收清扫后的污水；净化单元设置在回收单元和供水单元之间，用于净化污水。2022 年申请的光伏电站组件用自动降温装置（CN115313979A），设置有水循环装置，用于将水槽内部收集的水回收后通过展开槽的斜面输送至光伏组件进行冲洗和降温。2023 年申请的沙漠光伏电站用集水灌溉装置（CN219875546U）结构简单且实用，能够保障在降雨时最大限度地收集沙漠地区的雨水并进行定点深层灌溉，帮助沙漠电站提高植被成活率，增强治沙固沙效果，改善土地环境。

4. 中国电建集团贵阳勘测设计研究院有限公司

中国电建集团贵阳勘测设计研究院有限公司成立于 1958 年，注册资本 21 亿元，是国家知识产权示范企业和国家高新技术企业。公司现有员工 4000 余人，拥有一支高素质的专业人才队伍，致力于提供全球"能源、水资源、城市"领域的工程全生命周期价值服务。中国电建集团贵阳勘测设计研究院有限公司在多个业务领域拥有广泛的专业知识和丰富的经验，主要承担大中型水电水利、新能源、交通、市政、建筑、环境及岩土工程等项目的规划、勘测、设计、科研、监理、咨询以及工程总承包工作。在新能源领域，公司积极参与太阳能、风能和生物质能等可再生能源项目的开发与建设，推动绿色能源的普及和应用①。

中国电建集团贵阳勘测设计研究院有限公司相关光伏电站水资源循环再利用专利的主要技术领域涉及光伏板除尘清洗装置清洗水的收集、复杂电网下判断水光互补一体化光伏规模的方法、水光互补清洁能源基地年调节水库电站汛期发电调度方法、大跨度柔性支架光伏电站的石漠化治理系统。例如，2019 年申请的节水型的光伏板除尘清洗装置（CN210405207U），该专利设有集水板，能有效收集下雨时光伏板滑落下的雨水，用于对光伏板的清扫，节约了水资源。2023 年申请的大跨度柔性支架光伏电站的石漠化治理系统（CN219812768U），解决了石漠化地区生态保护与光伏电站发展难题，缓解了光伏项目的土地难题，实现了石漠化地区经济发展与生态修复的和谐统一。

5. 西北农林科技大学

西北农林科技大学始终坚持"顶天""立地"相结合的科技工作方针，致力于在科技前沿领域取得突破，同时紧密结合国家战略需求和区域发展需要，积极开展与农业生产实际密切相关的应用基础研究和应用技术研究。

在农作物遗传育种与病虫害防治方面，西北农业科技大学致力于培育高产、优质、抗病的农作物新品种，开发高效、环保的病虫害防治技术，为农业增产增

① 资料来源：http://ghidri.powerchina.cn/col/col6589/index.html。

效提供强有力的技术支持。在水土保持与生态修复领域，西北农林科技大学通过研究和推广先进的水土保持技术，积极开展生态环境修复，助力区域生态文明建设。在旱区农业高效用水研究中，学校重点攻关旱区农业节水技术和水资源高效利用模式，为干旱半干旱地区的农业生产提供科学解决方案。在经济林果育种与栽培方面，西北农业科技大学在核桃、苹果、葡萄等经济作物的育种、栽培和管理技术方面取得了显著成效，推动了区域经济林果产业的发展。在畜禽良种繁育与健康养殖领域，西北农业科技大学通过选育优良畜禽品种和研发健康养殖技术，提升了畜牧业的生产效率和产品质量。在农业生物技术研究方面，西北农林科技大学在基因工程、分子生物学等前沿技术上不断探索，为现代农业的发展提供了新动能。在设施农业工程方面，学校积极开展设施农业装备与技术的研究与推广，助力现代农业的智能化和精准化发展。在葡萄与葡萄酒研究领域，西北农林科技大学通过研究葡萄种植技术和葡萄酒酿造工艺，推动了我国葡萄与葡萄酒产业的提质升级。西北农林科技大学通过在多个研究领域形成鲜明特色和优势，不断提升自身的科研实力和社会服务能力，为我国农业科技进步和现代农业发展作出了重要贡献[①]。

西北农林科技大学相关光伏电站水资源循环再利用专利的主要技术领域涉及光伏水泵相关技术。

光伏水泵的代表性专利包括：利用水箱水位调节光伏板倾角的追日装置（CN113507259A），与固定式光伏电池板相比，该专利提高了整个光伏提水系统的能量利用率；与双轴精密式太阳能电池板追日装置相比，该专利能提高追日系统的整体稳定性。根据太阳辐照强度自动调节滴灌流量的方法及其装置（CN115443891A），采用太阳能作为灌溉动力，在不同的辐照强度下，利用智能测控一体阀调节灌溉管路流量与压力，实现灌溉管网流量和压力的自动调节，满足灌区的灌溉需求，提高整个光伏水泵提水滴灌系统的能量利用效率。

6. 北京亦庄环境科技集团有限公司

北京亦庄环境科技集团有限公司于 2008 年由北京亦庄投资控股有限公司独资设立，注册资本 56 079.2 万元，下属全资、控股、参股企业 3 家。北京亦庄环境科技集团有限公司专注于再生水生产、污水处理等领域，力求为客户提供综合水环境改善整体解决方案。公司自主运营经开再生水厂、东区再生水厂、东区污水处理厂、南区污水处理厂、经开污水处理厂、核心区和东区再生水管网，参股运营东区污水处理厂三四期、北京新航城东区再生水厂和北京新航城西区再生水

---

① 资料来源：https://www. nwsuaf. edu. cn/xxgk/xxjj1/index. htm。

厂，目前公司使用双膜法（微滤+反渗透）、SBR、MBR、MBBR、C-TECH 等多种水处理工艺，每日拥有 25 万（17 万+8 万）t 的污水处理能力，区域污水处理率达到 100%①。

北京亦庄环境科技集团有限公司相关光伏电站水资源循环再利用专利的主要技术领域涉及污水处理系统，如 2017 年申请的分布式光伏发电与市电协同供电的 SBR 污水处理系统（CN207251222U），包括 SBR 污水处理系统和光伏冲洗装置，可最大限度地利用光伏电供电，并将处理后的污水进行二次利用，保证光伏发电的发电效率，整个系统由智能控制系统控制，操作简便、运行高效；同年申请相似专利分布式光伏发电与市电协同供电的 MBBR 污水处理系统（CN207243566U）、光伏电与市电协同供电的污水处理系统及供电方法（CN107311310A）；还有光伏电与市电供电的双膜法再生水处理系统及供电方法（CN107370229A）。

4.4 光伏电站积尘清洁技术

4.4.1 数据来源与检索方法

根据前期的调研，对光伏电站积尘清洁技术相关的关键词进行检索，首先筛选检索相关的关键词，分为中文及英文，如表 4-14 所示。

表 4-14 光伏电站积尘清洁技术分支及相关关键词

技术分支	关键词
积尘清洁技术	积尘 OR 积灰 OR 清理 OR 清洁 OR 清洗 OR 清尘 OR 自洁 OR 清灰 OR 清扫 OR 冲洗 OR 除尘 OR 喷淋 OR "clean ＊" OR "dust particle adhesion" OR "Dust accumulation" OR "Dust settling"
光伏电站	（太阳能 OR solar) AND（电站 OR 电场 OR 电厂 OR "power station" OR "power system" OR 电池组件 OR 电池板)) OR 太阳能板 OR 太阳能面板 OR 光伏 OR photovoltaic ＊)

进一步地，根据关键词制定检索式，其中检索设定为出现对应的关键词或者其相应翻译的语意均可以列入检索结果，光伏电站积尘清洁技术相关关键词在标题中检索（TTL_ALL）。搜索设置：结果显示"每组简单同族一个专利代表"。检索日期：2024 年 9 月 21 日。在 158 个国家/地区/专利组织中共检索到涉及光

---

① 资料来源：https://www.bdaenviro.com/introduces。

伏电站积尘清洁的专利 12 926 条，10 920 组简单同族，有效专利（5548 件）、审中专利（1607 件）、PCT 指定期内专利（15 件），共计 7170 组简单同族。

4.4.2 专利数量年度分布

世界主要国家、地区、专利组织申请、授权涉及光伏电站积尘清洁的专利呈现前期缓慢增长、中期迅猛增长、后期稳定的趋势（图 4-10）。第一件专利是 1979 年 2 月 2 日申请的"BE873886A 太阳能电池板清洁装置"，该专利的简单同族国家为比利时。但此后多年专利申请数量不多，处于漫长的起步萌芽期，年均申请量不足 10 件，这种状态一直持续至 2006 年；2007～2010 年处于缓慢发展期，年均申请数量不足 100 件；2011～2023 年，每年申请数量快速增加，这与光伏产业的快速发展密切相关，最多申请数量为 2023 年，专利申请数量高达 1682 件（由于专利授权及公开的滞后性，近几年实际申请数量会更高）。从授权量、授权占比上看，申请数量高位阶段授权数量都偏低，这应该与专利申请暴涨后审查更加严格有直接关系。

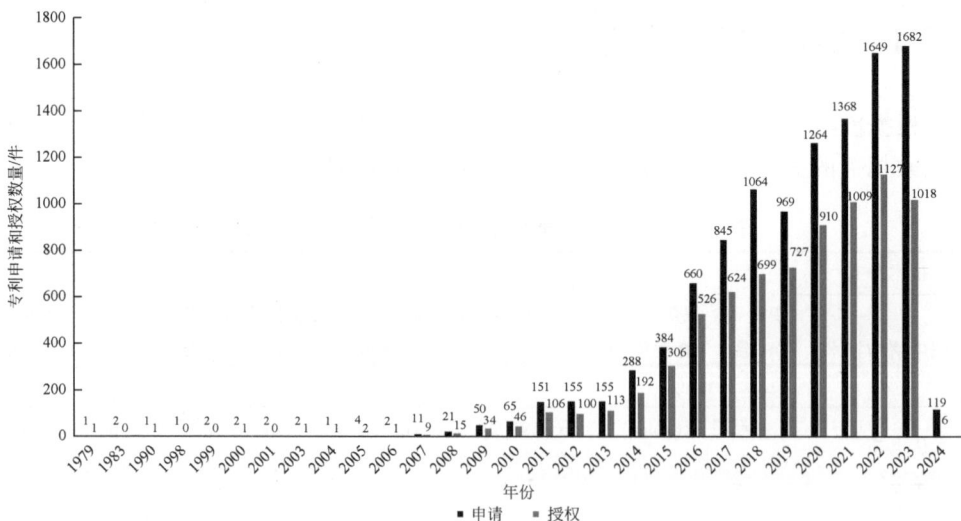

图 4-10   全球光伏电站积尘清洁专利申请数量和授权数量年度分布

4.4.3 申请区域分布

全球光伏电站积尘清洁产业相关专利简单同族国家/地区中（图 4-11），中国共有 9807 件专利，占全部专利数量的 89.81%，遥遥领先其他国家。位于专利数量前 10 位的国家和依次是中国、韩国（295 件）、印度（200 件）、日本（102 件）、美国（75 件）、德国（63 件）、意大利（37 件）、以色列（34 件）、西班牙（31 件）、土耳其（23 件）。

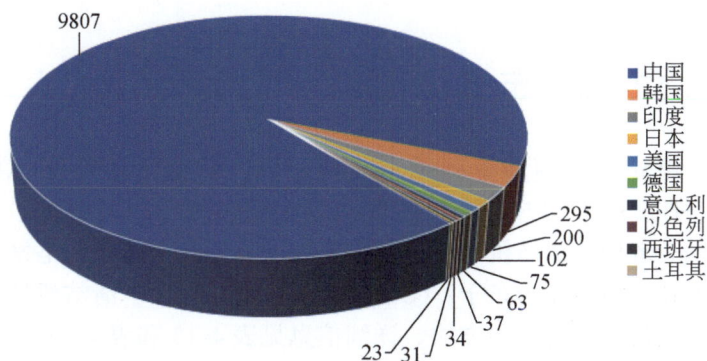

图 4-11　全球光伏电站积尘清洁专利简单同族国家/地区分布 TOP10

光伏电站积尘清洁的中国申请专利（有效、审中、PCT 指定期内专利）主要分布于江苏、浙江、广东、山东、安徽等省份（图 4-12）。例如，江苏省的主要专利权人为海容（无锡）能源科技有限公司（26 件）、南京天创电子技术有限公

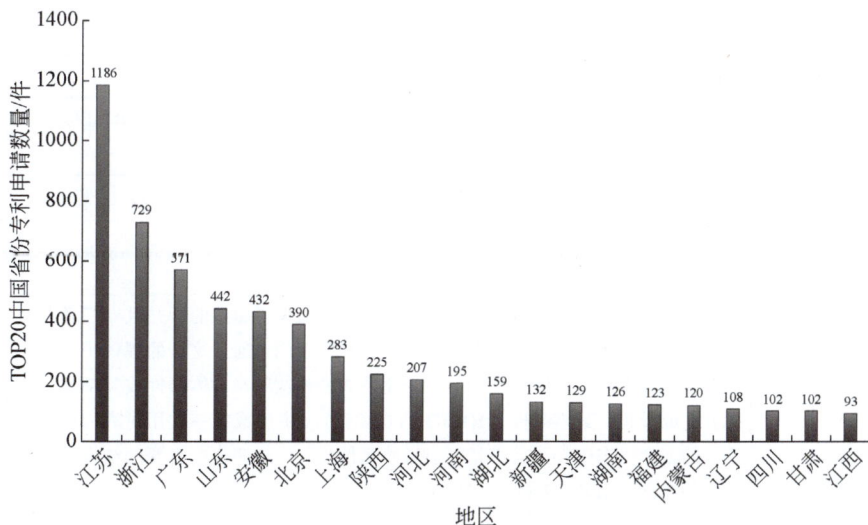

图 4-12　中国有效、审中、PCT 指定期内专利权人省份 TOP20 分布图
（光伏电站积尘清洁专利）

司（23件）、苏州瑞得恩光能科技有限公司（21件）、南通大学（18件）、无锡恒睿隆新能源科技有限公司（14件）；浙江省的主要专利权人为杭州舜海光伏科技有限公司（76件）、湖州丽天智能科技有限公司（67件）、浙江库科自动化科技有限公司（36件）、浙江克里蒂弗机器人科技有限公司（21件）、浙江国自机器人技术股份有限公司（15件）。

4.4.4　技术领域分布

全球光伏电站积尘清洁专利技术领域 IPC 大组主要分布于：①不包括在 H02S 10/00—H02S 30/00 中的与光伏模块结合的组件或配附件；②利用工具的清洁方法；③一般用于清洁机器或设备的附件或零件。全球光伏电站积尘清洁专利技术领域 IPC 小组主要分布于：①清洁装置；②一般用于清洁机器或设备的附件或零件；③利用工具的清洁方法。详细信息见表4-15和表4-16。

表4-15　全球光伏电站积尘清洁专利 IPC 大组分类号 TOP10

IPC 大组	分类号解释	专利数
H02S40	不包括在 H02S 10/00—H02S 30/00 中的与光伏模块结合的组件或配附件［2014.01］	7751
B08B1	利用工具的清洁方法（用专门的方法或设备清洁空心物品入 B08B9/00）［2024.01］	5282
B08B13	一般用于清洁机器或设备的附件或零件［2006.01］	3377
B08B3	使用液体或蒸气的清洁方法（B08B9/00 优先）［2006.01］	3300
B08B11	专门适用于清洁柔韧的或精致的物品的方法或装置（B08B3/12，B08B6/00 优先）［2006.01］	827
B08B5	利用空气流动或气体流动的清洁方法（B08B6/00，B08B9/00 优先）［2006.01］	795
H02S20	光伏模块的支撑结构［2014.01］	716
H01L31	对红外辐射、光、较短波长的电磁辐射，或微粒辐射敏感的，并且专门适用于把这样的辐射能转换为电能的，或者专门适用于通过这样的辐射进行电能控制的半导体器件；专门适用于制造或处理这些半导体器件或其部件的方法或设备；其零部件（H10K30/00 优先）（由形成在一共用衬底内或其上的多个固态组件，而不是辐射敏感元件与一个或多个电光源的结合所组成的器件入 H01L27/00）［2006.01］	442
B25J11	不包含在其他组的机械手［2006.01］	303
H02S50	光伏系统的监测或测试，如负载平衡或故障识别［2014.01］	284

表 4-16　全球光伏电站积尘清洁专利 IPC 小组分类号 TOP10

IPC 小组	分类号解释	专利数
H02S40/10	由红外线辐射，可见光或紫外光转换产生电能，清洁装置［2014.01］	7634
B08B13/00	一般用于清洁机器或设备的附件或零件［2006.01］	3377
B08B1/00	一般清洁；一般污垢的防除，利用工具的清洁方法（用专门的方法或设备清洁空心物品入 B08B9/00）［2024.01］	2999
B08B3/02	使用液体或蒸气的清洁方法，用喷射力来清洁［2006.01］	2907
B08B1/04	（转入至 B08B1/32—B08B1/36）	2587
B08B11/04	专门适用于清洁柔韧的或精致的物品的方法或装置专门用于平板玻璃的，如加工挡风玻璃前用的（清洁永久固定的窗格玻璃之间的间隙入 E06B3/677）［2006.01］	741
B08B5/02	利用空气流动或气体流动的清洁方法，用喷气力来清洁，如吹清凹处［2006.01］	522
H02S20/30	光伏模块支撑结构，可移动或可调节的支撑结构，如角度调整［2014.01］	391
B25J11/00	不包含在其他组的机械手［2006.01］	303
B08B5/04	利用空气流动或气体流动的清洁方法，用带或不带辅助动作的抽气来清洁（吸尘器入 A47L）［2006.01］	296

4.4.5　专利申请人分布

表 4-17 是专利申请人 TOP20 专利数量统计情况，可见专利申请人力量相对集中，主要集中于中国，进入专利申请人 TOP20 榜单的大多是企业，只有两家高校，没有科研院所。排名前五位的机构依次是深圳怪虫机器人有限公司、杭州舜海光伏科技有限公司、仁洁智能科技有限公司、湖州丽天智能科技有限公司、中国华能集团清洁能源技术研究院有限公司。其中，深圳怪虫机器人有限公司相关光伏电站积尘清洁专利共计 78 件，主要技术领域为光伏清洁机器人、无人清洗装置。光伏清洁机器人防摔感知的、自主规划的、辅助定位的方法。

表 4-17　有效、审中、PCT 指定期内专利申请人 TOP20 专利数量统计（光伏电站积尘清洁专利）

序号	专利申请人	专利总数	有效专利	审中专利	PCT 指定期内专利
1	深圳怪虫机器人有限公司	78	48	30	0
2	杭州舜海光伏科技有限公司	78	54	24	0

续表

序号	专利申请人	专利总数	有效专利	审中专利	PCT 指定期内专利
3	仁洁智能科技有限公司	77	67	8	2
4	湖州丽天智能科技有限公司	68	25	43	0
5	中国华能集团清洁能源技术研究院有限公司	57	30	27	0
6	国家电网有限公司	50	36	14	0
7	西安热工研究院有限公司	41	16	24	1
8	浙江库科自动化科技有限公司	36	22	14	0
9	北京中电博顺智能设备技术有限公司	36	32	4	0
10	厦门蓝旭科技有限公司	36	22	14	0
11	阳光新能源开发股份有限公司	31	22	9	0
12	山东豪沃电气有限公司	29	23	6	0
13	廊坊思拓新能源科技有限公司	27	19	6	2
14	海容（无锡）能源科技有限公司	26	25	1	0
15	东北电力大学	24	14	10	0
16	苏州瑞得恩光能科技有限公司	24	18	6	0
17	华北电力大学	24	14	10	0
18	南京天创电子技术有限公司	24	20	4	0
19	浙江克里蒂弗机器人科技有限公司	24	15	9	0
20	郑州德瑞智能科技有限公司	22	17	5	0

4.4.6　重点申请人分析

1. 深圳怪虫机器人有限公司

深圳怪虫机器人有限公司成立于 2018 年，注册资本 1066.7 万元。经营范围包括一般经营项目有太阳能发电技术服务；针对大型玻璃表面智能清洁机器人的研发、生产、销售与租赁等。主要产品是堀-自主太阳能清洁机器人，优势如下：①应用于所有类型电站，地面、水上漂浮、I&C 屋顶、高桩、居民屋顶等。②设计紧凑，重量轻，易于携带。③100% 自主工作模式，自动启动/清洁/转弯/返回等。④无须遥控器和操作员。⑤无安全风险，无人员跌倒滑倒风险，无中暑风险。⑥先进的 AI 算法确保 100% 清洗，避免热斑效应，延长寿命。⑦核心技术结合 AI+Sensor+Vslam+Semantic Vision+MM 级 Navi 系统①。

深圳怪虫机器人有限公司相关光伏电站积尘清洁专利的主要技术领域涉及光伏清洁机器人；无人清洗装置；光伏清洁机器人防摔感知的、自主规划的、辅助定位的方法。

代表性专利为光伏清洁机器人，如连续作业的光伏清洁机器人（CN110882967A）、跨障红外快门及跨障光伏清洁机器人（CN110180851A）、具有自伸缩旋转吸盘组件的光伏清洁机器人（CN110860501A）、具有分布式吸附组件的光伏清洁机器人（CN110882971A）、沿桥面自动行走的光伏清洁机器人（CN110882969A）、自主清洁的光伏清洁机器人（CN110919666A）、具有红外快门传感器装置的光伏板清洁机器人（CN111482395A）、具有检测光伏面板底纹类型的光伏清洁机器人（CN111687858A）、可识别光伏阵列放置方式的光伏清洁机器人（CN111687857A）、具有跨障吸附组件的光伏板清洁机器人（CN111619688A）、自主可昼夜工作的光伏吸尘清洁机器人（CN112404081A）、具有自适应滚刷组件的光伏清洁机器人（CN113098382A）、具有旋翼机构的光伏清洁机器人（CN113147935A）、可自动返航以及续航的光伏清洁机器人（CN113198765A）、可跨大缝的光伏清洁机器人（CN113245262A）、基于视觉 SLAM 的光伏清洁机器人（CN113414157A）、具有履带自清洁组件的光伏清洁机器人（CN113414159A）、滚刷组件可更换的光伏清洁机器人（CN113426736A）、可同步光伏清洁和 EL 检测的光伏清洁机器人（CN113794439A）、用于重尘干刷工况下的可搬移式光伏清洁机器人（CN114714318A）、具有辅助攀爬器的光伏清洁机器人（CN114714319A）、清洁水面漂浮电站光伏板的机器人（CN116800190A）。

另外，公司还有涉及无人清洗装置专利，如多光伏板阵列自主无人清洗装置（CN112474520A、CN213728150U），该专利提供一种结构简单、自动清洁且清洁效率高的多光伏板阵列自主无人清洗装置。还有涉及光伏清洁机器人防摔感知的方法（CN115664327A），光伏清洁机器人自主规划的方法（CN115672799A），以及光伏清洁机器人辅助定位的方法（CN115701810A）。

2. 杭州舜海光伏科技有限公司

杭州舜海光伏科技有限公司成立于 2013 年，注册资本为 131.2 万元。作为

---

① 资料来源：https://www.kwunphi.com/zh-CN/products/Kwun-B62G。

一家国家高新技术企业，该公司专注于光伏组件的智能清洁服务，并在全球首创了拥有完全自主知识产权的"基于智慧云的光伏组件智能清洁机器人"技术。公司的主要业务包括光伏科技研发、光伏设备的生产和光伏发电设备的清洁服务等。公司已获得118项专利授权，其中包括26项发明专利和92项实用新型专利。此外，公司还拥有3项国际专利（分别在美国、沙特阿拉伯和印度获得授权）。作为主要起草单位，公司编制的"品字标"标准《轨道式光伏组件智能清洁机器人》（T/ZZB-2602—2021）于2021年11月正式发布，成为光伏清洁机器人行业的全球首个团体标准。这些创新和标准的制定进一步巩固了公司在光伏清洁技术领域的领先地位①。

杭州舜海光伏科技有限公司相关光伏电站积尘清洁专利的主要技术领域涉及光伏电池板的光伏电池板清扫设备的刮刀机构、导轨机构、轨道机构；光伏面板、太阳能板清扫装置和设备；光伏清洁车；光伏智能清洁控制系统和方法；光伏清洁机器人。

光伏电池板清扫设备的刮刀机构、导轨机构、轨道机构的代表专利包括：①光伏电池板清扫设备的刮刀机构（CN205584103U），沿销轴的轴线方向进行上下浮动，从而避免刮刀机构在滑动时出现卡死的现象。②光伏电池板清扫设备的导轨机构（CN205584100U），保证连接板可顺利地从轨道接头的开口中通过，避免出现卡死现象。③光伏电池板清扫装置的轨道机构（CN205725617U），可防止刮刀机构在轨道机构上运行时，上、下支架因受刮刀机构的冲击而掉落。

光伏面板、太阳能板清扫装置和设备的代表专利包括：①光伏面板清扫装置和设备（CN205584110U、CN205584102U），优化驱动装置的结构，在降低使用和维修成本的同时，还大大提高驱动装置的传动效率，同时也提高结构的可靠性。②光伏太阳能板清扫设备调试装置及光伏太阳能板清扫设备（CN206977387U），调试盒与清扫设备上的调试接口通过数据线进行连接，使得一个调试盒可以对多个清扫设备进行控制，从而可有效地降低生产成本。③光伏电池板清扫设备的收放绳装置（CN207042888U），可使得上拉绳和下拉绳在拉动刮刀机构进行运动的过程中，避免上拉绳和下拉绳出现磨损现象，大大增加上拉绳和下拉绳的使用寿命。

光伏清洁车的代表专利包括：①单电机双绳驱动的光伏清洁小车（CN109013624A），能消除绳差，同时有效降低牵引的能耗，确保光伏清洁小车高效、平稳、可靠地运行。②光伏清洁车用爬坡轨道（CN209502509U），能实现光伏清洁设备爬坡运行，能满足高低起伏的太阳能光伏板组件的清洁需求。

---

① 资料来源：https://www.shun-hai.com/guanyushunhai。

光伏智能清洁控制系统和方法的代表专利包括：①基于雪量感知的光伏智能清洁控制系统和方法（CN111112270A），可及时且准确地判定是否开始下雪，并及时地对光伏组件进行自动扫雪清洁，能防止积雪导致的发电量丧失，使光伏组件能正常进行光电转化。②基于多传感器的光伏智能清洁控制系统和方法（CN111010079A），根据气象数据，自动分析处理，在最大湿度或雨天进行清洁，使清洁效果更佳和更经济。③多点驱动的光伏清洁控制系统（CN114499393A），采用两台清洁设备共同用一根轨道的方式对光伏面板进行清扫，增加了电站清洁设备的覆盖率，减小了清洁设备的成本。

光伏清洁机器人的代表专利包括：多点驱动光伏清洁机器人（CN114785265A）、适用于预设轨道光伏组件的单主单从自行式清洁机器人（CN114499395A）、单轨车头可旋转的双电机光伏清洁机器人（CN114710108A）、手持遥控式光伏清洁机器人（CN114640300A）、用于清洁光伏组件的三驱动悬臂梁机器人（CN114710107A）、清洁梁辅助驱动组件及光伏清洁机器人（CN116260383A）、传动轮组件及光伏清洁机器人（CN117722487A）。

3. 仁洁智能科技有限公司

仁洁智能科技有限公司成立于 2019 年，专注于光伏智能清扫机器人和便携式清扫机器人，注册资本 6402.7 万元。2024 年 1 月，仁洁智能科技有限公司宣布完成 A 轮超亿元人民币融资，此次融资将主要用于光伏电站智能化机器人产品研发及全场景清扫解决方案优化升级。经营范围包括机器人；工业自动化控制系统技术研发；提供机器人及设备安装、维修等。

仁洁智能科技有限公司相关光伏电站积尘清洁专利的主要技术领域涉及光伏板清扫机器人偏斜检测和纠偏方法、控制方法、越障控制方法；应用于光伏清扫机器人的桥架；光伏清扫摆渡车及其传动模块、轨道安装结构；光伏清洁装置及其防风装置等。

光伏板清扫机器人的代表专利包括：①光伏板清扫机器人及其偏斜检测和纠偏方法（CN109382384A），避免光伏板清扫机器人在行走过程中卡死。②光伏板清扫机器人及其控制方法（CN109365462A、SA119410148B1），实现了实时检测光伏板清扫机器人是否偏斜，便于及时纠偏。③光伏组件清扫机器人及其越障控制方法和装置（CN109772841A、US11456696B2），可控制光伏组件清扫机器人的上端电机和下端电机同时正转运行、实现前行，解决了现有技术中容易卡死在相邻组件落差处的问题。④应用于光伏清扫机器人的桥架（CN209969140U），可根据需要调节可调桥架钢的长度，从而提高该应用于光伏清扫机器人的桥架的适应性。

光伏清扫摆渡车的代表专利包括：①光伏清扫摆渡车及其传动模块（CN216580487U），无论光伏清扫摆渡车处于工作状态还是非工作状态，驱动轴都能处于正常受力状态，提高了整个结构的平稳可靠性和使用寿命。②光伏清扫摆渡车的轨道安装结构（CN216911431U），安装时无须在现场测量定位，更加方便快捷，简化施工，节省施工成本，而且对原材料的厚度要求降低，不仅可以进一步减轻整体重量，还可以节省材料成本，更加经济实惠。③清扫摆渡车及光伏清洁装置（CN216915868U），光伏清洁装置通过应用上述清扫摆渡车，使限位轮组件的安装和调试更加便捷，提高了限位轮组件对行走轮组件限位纠偏的效果。

4. 湖州丽天智能科技有限公司

湖州丽天智能科技有限公司成立于2023年，注册资金1555万元，是一家专注于新能源领域，集研发、制造、集成、销售和服务于一体的高科技企业。公司主营业务是光伏电站的智能安装及清扫运维，其核心产品是光伏安装机器人及智能清扫机器人。产品核心技术以视觉识别、自动导航等AI技术为主导。

湖州丽天智能科技有限公司相关光伏电站积尘清洁专利的主要技术领域涉及光伏清扫机器人、太阳能光伏组件的清洗装置以及方法、检测清扫方法和装置、清扫光伏组件时质检光伏组件的方法和装置等。

太阳能光伏组件的清洗装置以及方法的代表性专利包括：①用于清洗太阳能光伏组件的清洗装置（CN105107810A），可避免出现清洁死角和积水；配合出风口可以实现烘干和进一步除尘，有效地避免水渍残留。②用于光伏板高压冲洗的飞行装置以及清洗方法（CN113953241A），通过高压喷水枪喷射出高压清洗液对光伏板进行清洗，并评估判断清洗效果，可进行多次反复清洗，达到彻底清洗干净的效果，并且无须降落至光伏板，大大缩短了清洗时间，提高了清洗效率。③光伏清洗装置的停机充电方法及系统（CN115208302A），所述作业数据能够传输至所述停机库的所述数据处理单元进行处理，能够极大地减少所述光伏清洗装置的计算量。④光伏清洗系统及清洗方法（CN115121528A），能够降低自主导航式移动装置在不平整地面移动时将抖动传递至清洗机器人，能够提高清洗机器人运行过程中的平稳性。⑤自动光伏清扫系统的同步运行方法和装置（CN115833734A），能够解决两个不同设备在不同的运行环境下同步行进的问题。⑥带有驱鸟功能的光伏面板清扫装置及其驱鸟方法（CN115800903A），通过主控单元控制驱鸟单元完成驱鸟工作，保障了光伏面板不受鸟类粪便污染，并且根据预先若干次测试不同频率的声波对光伏面板周边的驱鸟效果选择得到固定声频，提升了驱鸟效果。⑦防脱落磁吸式搬运机构及光伏清扫系统（CN116346020A），避免磁吸组件吸附清扫机器人并跨越移动过程中，因吸附不良或者其他因素导致的清扫机器人与磁吸组件脱落问题。

检测清扫方法和装置的代表性专利包括：①光伏面板异物检测清扫方法和装置（CN115833736A）。该装置根据异物大小，更换清扫部件，提升了清扫系统的安全性，提高了清扫装置的清扫效率并降低了光伏面板的人工维护工作量。②在清扫光伏组件时质检光伏组件的方法和装置（CN116388686A）。该装置在清扫设备上多点布置激光传感器，接收返回信号测试距离，计算组件形变以对光伏组件进行质检分析。

5. 北京中电博顺智能设备技术有限公司

北京中电博顺智能设备技术有限公司成立于 2016 年，注册资本 4135 万元，是一家全国领先的新能源资产运营解决方案供应商，专注于新能源领域，致力于提供光伏电站智能运维、智能工业运行系统优化等提质运营服务。主要从事太阳能电站光伏板智能机器人清扫系统的研发、生产和销售，目前拥有自主研发的 11 项国内发明专利、24 项实用新型专利以及 10 项美国发明专利。发明专利处于世界领先技术水平，同时，采用军工级别的"3D 液态模锻"工艺技术，定制生产轻量化高强度零部件，不仅为业主提供高可靠性与强耐受性的智能机器人，亦可支撑新能源汽车、高铁等相关行业的产业升级[①]。

北京中电博顺智能设备技术有限公司相关光伏电站积尘清洁专利的主要技术领域涉及光伏面板清洗设备等。

代表性专利包括：①伸缩机构及具有该伸缩机构的光伏板清洗设备（CN205833790U），通过该伸缩机构配合越障机构实现本体自动从一个光伏板阵列上移动到另一个光伏板阵列上，省时省力。除此之外，还有移动机构及具有该移动机构的光伏板清洗设备、防脱机构及具有该防脱机构的光伏板清洗设备、越障机构及具有该越障机构的光伏板清洗设备、喷水功能的清洗机构及具有该机构的光伏板清洗设备、自锁机构及具有该自锁机构的光伏板清洗设备等。②光伏板清洗设备停靠架（CN206850714U），实用性强，形式多样，适用性强，能够减小瞬间大电流对光伏板清洗设备各电子设备的冲击，进而保护光伏板清洗设备。③集成动力板及光伏板清洁机器人（CN110460303A）、滚刷分布式安装结构及光伏板清洁机器人（CN210327488U）、光伏板自清洁装置及光伏板清洁机器人（CN110548705A）。④具备除尘和除草功能的轨道式全天候光伏组件除尘装置（CN218486653U），解决了当光伏板的表面附着灰尘或杂草在光照下产生阴影时，导致组件输出性能的下降，并且容易让组件产生热斑效应，进而缩短电站整体寿

---

① 资料来源：https://www.bosonrobotics.com/about/about。

命的问题。

6. 东北电力大学

东北电力大学位于吉林省，是一所以电力工科学科为特色的重点大学。东北电力大学的历史可以追溯到1949年，是新中国创办的首所电力工科学校。1958年东北电力大学更名为吉林电力学院，1978年正式更名为东北电力学院。在学科建设方面，东北电力大学的工程科学学科已经进入全球ESI前1%。同时，吉林省"世界一流学科培育计划"中，东北电力大学有1个学科被立项建设。此外，东北电力大学拥有9个吉林省特色高水平学科，其中包括4个一流学科、4个优势特色学科以及1个新兴交叉学科[①]。

东北电力大学相关光伏电站积尘清洁专利的主要技术领域为太阳能光伏板积灰在线监测装置及计算方法等。

太阳能光伏板积灰在线监测装置及计算方法的代表性专利包括：①基于机器视觉的光伏电池板积灰状态监测系统及计算方法（CN108572011A），该专利提供包括光伏电池板积灰图像灰度值计算和发电效率损失计算的光伏电池板积灰状态计算方法。系统具有结构简单、合理，造价低廉，测量周期短，工作效率高等优点；计算方法具有科学合理，适用性强，计算准确率高等优点。②基于卷积神经网络的光伏板积灰状态图像识别系统及其分析调控方法（CN109615629A）。③基于电容法测量光伏电池板积灰厚度的系统及方法（CN111565025A），该专利较传统人工巡检、图像识别及时间预测等方法，具有更高的检测精度及更快的响应速度。④基于功率衰减的光伏板积灰浓度检测系统及方法（CN113092321A）。⑤光伏板表面积灰预测系统及方法、存储介质及电子设备（CN114139797A），应用该专利提供的光伏板表面积灰预测系统，能够根据可移动实验平台上设置的各个设备在当前状态下采集的各个设备信号，对光伏电池板的积灰状态进行预测，进而可以根据光伏电池板的积灰状态，对光伏电池板表面的积灰进行定期处理，从而提升光伏电池板中玻璃盖板的反射率和透光率，提高光伏电池板的发电效率。⑥光伏板积灰浓度识别网络、系统及方法（CN114332039A），该专利能够对光伏板及时清洗提供有利依据，能够有效为电网调度计划提供重要参考，对光伏安全并网运行具有重要意义。⑦光伏板表面积灰分布聚类识别方法及系统（CN116612094A），该专利结合图像识别与神经网络建模方法实现对光伏板表面不均匀积灰浓度分布的测量，克服传统人工巡检及时间序列预测等方法无法识别不均匀积灰分布的问题，具有更低的检测成本及更快的响应速度。⑧考虑积灰沉

---

① 资料来源：https://www.neepu.edu.cn/xqzl/xxgk.htm。

降率的光伏板输出性能损失分析系统和方法（CN116633264A），该专利克服传统光伏能效分析方法无法量化积灰的影响，能够获得更准确的损失结果，实现单独量化光伏板由积灰沉降造成的能效损失。⑨基于局部聚集性积灰影响光伏板发电性能损耗建模方法（CN117829067A），该专利可以借助光伏发电现场的环境参数量化聚集积灰造成的光伏发电损耗，较传统人工巡检、图像检测等方法，具有更高的检测精度。⑩边框积灰对光伏发电功率损耗评价系统及方法（CN118052182A），该专利可以根据现场灰尘分布，量化边框积灰对光伏发电功率的损耗，较传统人工检测及图像检测等方法具有更低的检测成本及更好的量化效果。

第5章 | 专利技术路线及布局

5.1 荒漠地区光伏电站

根据对光伏电站与荒漠地区的相互影响及风沙防护相关技术的调研结果，进一步对专利检索结果进行分类，整体分为五个大类，包括器件性能与设计、防风沙、电站选址规划、电站效益、对生态环境的影响。对所有专利进行关键词的词云聚类，经人工清洗去除干扰词汇后呈现出词云聚类（图5-1），出现频次越高的关键词显示越大。根据关键词的出现频次结果，专利技术主要围绕光伏板、光伏组件、光伏支架、光伏电站、生态修复等展开。根据前述分类，涉及具体的技术关键词，主要为与器件性能和设计相关的，尤其是光伏支架，包括光伏支架、支撑架构、支撑架、支撑杆、固定支架、风荷载等；与防风沙相关的主要为光伏治沙、防风沙、防风装置、生态修复、水生态、水土流失、沙尘暴等。与电站选址规划、电站效益、生态环境相关的关键词在词云中出现不明显，说明专利数量较少。

图 5-1 荒漠地区光伏电站相关技术专利关键词聚类词云图

根据不同分支方向对整体检索结果进一步分类，分类方法为在整体检索结果中筛选标题及摘要原文和翻译中含分支方向相关关键词的专利，不同分支方向对应关键词及申请专利数量（表5-1）。结果表明，目前器件性能与设计方向专利布局最多，有1777组申请，占据相关专利整体的78.18%；防风沙方向也相对较多，有 649 组申请；电站选址规划、电站效益及对生态环境的影响相关的专利布局较少，均不足 20 组。

表 5-1　荒漠地区光伏电站相关技术分支申请专利数量统计

一级技术分支	二级分支*	关键词	专利数量
器件性能与设计（1777）	防风	防风、抗震、抗风、风荷载、减震	1549
	耐候性	老化、隐裂、组件失效、性能退化、性能下降、热斑、衰减、开裂、耐高温、磨损、冲蚀、蚀积、耐磨、散热	424
防风沙（649）	防风沙技术	防风墙、防风装置、沙障、生物结皮、土壤结皮、固沙、治沙、防沙、挡沙、阻沙、输沙、导沙、草方格、冲蚀、蚀积、生态修复、生态恢复、生态重建、植被重建、植被恢复、植被修复、尼龙方格、石方格、种植	632
	风沙输移规律	风洞、风沙运移、风沙输移、风沙运动、防风预警、风力监测、风力监控、沙尘暴监测	17
对生态环境的影响（13）		土壤粒度、土壤温度、土壤湿度、土壤水分、土壤含水量、土壤养分、土壤碳排放、土壤碳汇、土壤颗粒、土壤固碳、植被盖度、植物盖度、植被多样性、植物多样性、物种多样性、生物多样性、生态多样性、微生境、植物群落、生物群落、动物群落、动物多样性、植物生产力、生物量、微气候、局地气候、热岛效应、小气候、降水量、降雨量、空气湿度、空气温度	13
电站效益（13）		效益评估、经济效益、板间养殖、板下种植、板间种植、光伏农业、光伏种植、光伏养殖、农光互补、社会效益、生态效益、电站控制系统、经济收益、效益评估、产业链	13
电站选址规划（6）		参数、电站规划、选址、电站设计、土地适宜性、阴影遮挡、辐照度、地面反射率	6

*部分专利技术内容可能同时涉及多个二级分支技术方向

5.1.1　器件性能与设计

　　光伏器件包括光伏面板或组件（又可以细分为电池、背板、边框、封装等相关材料）、光伏支架、逆变器、电缆等。荒漠地区适用的器件性能与设计主要目的为可以承受高温、老化、隐裂、热斑、性能衰减、风沙侵蚀和磨损等。
　　根据分支方向检索结果，光伏器件性能与设计是荒漠地区光伏电站相关领域中专利申请最多的方向，共计 1777 组，为方便分析专利技术的发展脉络及布局，对所有专利进行详细梳理，又可以分为以下两类。

1. 防风

与防风相关的器件性能与设计专利有 1549 组，主要是与光伏面板连接固定结构，也就是光伏支架、底座或跟踪安装机构有关的器件（图 5-2）。光伏支架是光伏系统中用来固定光伏组件以及承受并传递荷载的主体结构，可以通过与底座及跟踪安装机构的结合实现光伏面板的倾角改变，达到追踪太阳能及防风抗震作用。当风速过大，风荷载超过光伏面板或支架所能承受的值时，会造成面板被掀翻损毁，或支架不稳，光伏阵列倒塌的情况。此外，荒漠地区由于沙地地质的原因，支架基础容易出现沉降或不稳定现象。在专利中，通过对光伏支架或安装机构的改进可以达到防风抗震效果，有效提升光伏电站对大风灾害的承受力。

2000年之前	2001~2005年	2006~2010年
1986年, IT1215124B1：带风力传感器的防风安全支架 1991年, US5125608A：高度可调减少风荷载应力支架 1997年, JP1999177114A：L型构件组合框架连接支架承受剧烈荷载 …	2001年, JP3727871B2：无须底座和边框的可承受风荷载支架 2002年, JP2003343048A：可根据部位风荷载强度设置固定强度的支架 2004年, JP2005317588A：抗风荷载能改变采光面支架 …	2006年, DE102006049690A1：随风荷载可调支架 2007年, CN201014797Y：自动跟踪防风安装机构 2008年, US20090025708A1：滚动跟踪抗风荷载安装机构 2010年, US8671930B2：带风锁装置单轴跟踪系统电磁锁定抗强风 …

2011~2015年	2016~2020年	2021年至今
2011年, CN201966835U：钢筋混凝土基础安装支架,防风抗倾覆 2012年, CN202957265U：盐碱环境铝型材高风荷载支撑 2013年, CN203007967U：安装稳定的沙土区支架小型灌注桩基础 2014年, KR1020160018967A：主动响应风荷载减阻升降式安装 2015年, CN204875843U：戈壁滩支架安装基础 …	2017年, CN207603505U：含U型钢锁紧夹具大跨度防风稳定支架 2018年, CN207994982U：设置稳定索的斜拉柔性防风抗振动支架 2019年, CN209787102U：沙区防沉陷支架 2020年, DE212020000530U1：含U型支撑架防风安装支架 …	2021年, CN113364392A：减小风荷载导流装置 2021年, CN215806016U：抗风减震的阻尼式单轴光伏支架 2022年, CN114094924A：便于调节角度的光伏支架减少迎风面积 2023年, CN220342251U：防隐裂光伏板柔性支架底座通过阻尼器的阻尼作用有效减缓风荷载震动 …

图 5-2　荒漠地区光伏电站防风抗震相关专利技术发展路线图

1986 年申请的专利 IT1215124B1 中，就开始研发带有防风安全装置的自调节太阳能电池板支架，包括可调节的风力传感器装置，能够向所述设备传输命令，以便在风力超过给定限制时相应的面板水平定位，电池板载体还配备有四光电池装置，以自动控制电池板在太阳方向上的自动定向。后续专利的发展主要体现在两个方面：一是减少光伏组件面临的风荷载，二是提升组件本身的抗应力。相关专利技术包括高度可调节支架，L 型构件组合安装框架连接支架，可根据风荷载强度设置固定强度的支架，可随风荷载改变采光面的支架等（US5125608A，JP1999177114A，JP2003343048A，JP2005317588A，DE102006049690A1，KR1020160018967A）。

2006 年起，可自动跟踪追日防风安装机构相关专利增多，自动跟踪系统一方面可以根据太阳方向改变角度提升发电效率，另一方面也可以根据风向改变角度达到智能防风抗震的效果。例如，包括方位角跟踪机构、高度角跟踪机构、控制方位角跟踪机构和高度角跟踪机构跟踪太阳运动的跟踪控制电路防风性能大幅提高的自动跟踪防风安装机构（CN201014797Y），滚动运动跟踪太阳能组件（US20090025708A1），东西方向向日水平轴单轴跟踪系统（CN201479045U），具有风锁装置的单轴太阳能跟踪系统和装置（US8671930B2）等。

光伏支架的安装基础也对防风抗震性能造成影响，专利中在这一方向也有涉及，如钢筋混凝土基础能解决风荷载作用下的抗倾覆问题（CN201966835U），通过在高原戈壁沙土地区采用小型灌注桩基础和预埋钢板的组合方案解决传统台阶式基础在沙土地区施工困难的问题（CN203007967U），戈壁滩支架安装基础连接部内预埋固设有加强钢网（CN204875843U），防风沙掏蚀作用的光伏支架基础（CN117027035A）等。

近年来，随着大跨度柔性支架的出现，组件防风抗震性能进一步得到提升，如 2017 年申请的专利 CN207603505U 含 U 型钢锁紧夹具大跨度光伏支架，保证了支架在各种工况下的稳定性，杜绝了组件在极端荷载条件下引起的损坏隐裂等问题。2018 年申请的专利 CN207994982U 斜拉式柔性光伏支架单元及光伏支架，采用优化的自平衡预应力拉索体系，提高了结构的竖向刚度，解决了风荷载作用下的振动问题，对于地形复杂区域有较强的适应性。2023 年申请的专利 CN220342251U，防隐裂的光伏板柔性支架底座通过阻尼器的阻尼作用有效减缓风荷载震动。

除此之外，通过改善光伏支架的材质和添加其他配置，也可以达到防风抗震的性能，如盐碱环境适用铝型材高风荷载支撑（CN202957265U），含 U 型支撑架防风安装支架（DE212020000530U1），减小风荷载导流装置（CN113364392A），抗风减振的阻尼式单轴光伏支架（CN215806016U）等。

2. 耐候性

针对光伏器件耐候性的专利相对较少（424 组），涉及的器件包括太阳能电池面板、背板封装材料、背膜、电缆、组件边框、逆变器、支架等，专利围绕提高耐高低温、耐老化、防隐裂、防热斑、防性能衰减，以及防风沙侵蚀和防磨损等展开，通过改善材质、器件结构设计或涂层技术，达到提升光伏组件使用寿命及发电效率的目的（图 5-3）。

2000年之前	2001~2005年	2006~2010年
1978年, US4191169A：耐高温和风化光伏面板塑料薄膜密封外壳 1978年, JP1980068682A：高耐候性光伏面板硅树层	2001年, JP2003152212A：组件背面保护聚丙烯树脂膜高强耐热耐化学性防水等	2007年, CN100590169C：耐高低温老化背板封装PET基材 2008年, EP2268586A1：面板背面和侧面耐磨风化和紫外线聚合物涂层 2009年, CN101673596A：包覆总屏蔽、金属护层及外护套的耐候耐热老化高强电缆

2011~2015年	2016~2020年	2021年至今
2011年, KR1020140139627A：含羟基涂料交联固化层组件用片材 2012年, US9786803B2：耐多层聚偏乙烯薄膜结构背板保护 CN103087448A：PVDF/PVA/纳米SiO₂复合膜抗磨损和紫外老化背膜 2013年, CN203205441U：耐风沙含铝箔支撑层背板 2014年, CN204271099U：含氟膜层及等离子体接枝处理层耐侵蚀老化组件背材 2015年, WO2017049798A1：含聚烯烃层抗PID耐风沙晶硅太阳能电池组件	2016年, CN205723572U：耐磨和紫外高温含玻璃层和POE层及表面致密反射镀膜层 CN205845970U：组件基板表面减反膜层和耐磨金属膜层，耐磨损侵蚀 2017年, CN207149571U：双玻双面HIT高效光伏组件抗PID高透EVA膜，抗风沙和水汽 2018年, CN108807558A：含金属表面保护层轻质可变形耐腐蚀光伏组件单元，耐高低温和腐蚀	2021年, CN113959931A：光伏支架用耐候钢耐风沙冲蚀 2021年, CN216450662U：三层背板结构耐紫外高温及风沙 2022年, CN116200123A：耐冲蚀抗紫外光伏支架涂层 2023年, CN220172139U：组件薄膜，含POE基层和离型层，耐磨耐紫外高温

图 5-3　荒漠地区光伏电站器件耐候性相关专利技术发展路线图

最早的专利为 1978 年申请的 US4191169A：将整个太阳能面板包裹在耐候性塑料薄膜的保护密封外壳中，下层能够承受高温，上层材料能够提供良好的耐候性，完全围绕框架延伸以保护整个框架免受风化。

此后的发展中，对光伏组件背板的专利布局最多，从背板相关的材料及结构设计进行改进，涉及的背板保护层材料包括聚丙烯树脂膜（JP2003152212A），背板封装 PET 基材料（CN100590169C），耐磨风化和紫外线聚合物涂层（EP2268586A1），多层聚偏乙烯薄膜（US9786803B2），PVDF/PVA/纳米 SiO_2 复合膜抗磨损和紫外老化背膜（CN103087448A），含铝箔支撑层背板（CN203205441U），含氟膜层及等离子体接枝处理层耐侵蚀老化组件背材（CN204271099U），高性能氟碳涂料涂覆型背板（CN105505183A），三层背板结构耐紫外高温及风沙（CN216450662U），含耐候氟树脂涂层双耐候层背板（CN218069867U）等。

对电池组件的保护层相关专利也较多，如高耐候性光伏面板硅树脂的合成橡胶垫片保护层（JP1980068682A），含羟基涂料交联固化层组件用片材（KR1020140139627A），两侧设置聚烯烃层的抗 PID 耐风沙晶硅太阳能电池组件（WO2017049798A1），含玻璃层和 POE 层及表面致密反射镀膜层（CN205723572U），组件基板表面减反膜层和耐磨金属膜层（CN205845970U），抗 PID、风沙、水汽渗透性能好的双玻双面 HIT 高效光伏组件（CN207149571U），含金属层表面保护层轻质可变形耐腐蚀光伏组件单元（CN108807558A），含 POE 基层和离型层耐磨耐紫外组件薄膜（CN220172139U）等。

此外，还有少量针对光伏电缆、组件边框、光伏支架等耐候性相关专利，如包覆总屏蔽、金属护层及外护套的耐候耐热老化高强电缆（CN101673596A），防锈涂层铝合金组件边框（CN203312334U），含纳米材料隔离层的耐温耐磨电缆（CN204558108U），光伏支架用耐候钢（CN113959931A），耐冲蚀抗紫外光伏支架涂层（CN116200123A）等。

5.1.2 防风沙

防风沙相关专利主要是从风沙运动、防风沙技术以及风沙积尘清洗三个方向展开（与光伏器件改进相关的部分已在 5.1.1 部分阐述，此章节不再重复。另外，因积尘清洗技术同时适用于荒漠和高寒地区，单独列为一个章节，见 5.4 节光伏电站积尘清洁技术部分）。根据对相关专利的梳理，防风治沙相关专利主要从以下方向开展：风沙运动（包括风力模拟分析、风洞试验、风沙监测）以及防风沙技术（防护林、板间板下种植、防风墙、草方格、石方格、灌溉以及电站整体设计等）。

1. 防风沙技术

防风沙技术方向相关专利共计 632 组，主要围绕两个方向展开：一是防风挡沙装置，如防风墙、防风网、挡沙板等；二是与生态改善相关，如生物结皮，种植防护林，板下、板间、电场周围种植植物，灌溉措施以及几种方法组合等。近年来，涉及的主要为与生态改善相关的技术；此外，还可以从电站的整体规划设计实现防风沙效果（图5-4）。

2010年之前	2011~2012年	2013~2015年
2007年，CN201045808Y：安装防护板人工调节对沙漠植物提供适宜光照，抑制空气对流和沙尘暴 2010年，CN102347384A：电池层压件后侧安装挡风墙：固定在左右相邻组件支架上	2011年，DE102011117342 A1：光伏阵列排列成一排，组件背向太阳方向设置防风装置 2012年，CN103444493A：太阳能沙漠滴灌系统 CN103015336A：支撑架安装由阻沙板和抑风网片组成的防风沙障 JP2014077285A：针叶树皮切成一定长度混入光伏场土壤表层作为改良材料	2013年，JP2015059415A：阵列后方曲面防风装置导风 2015年，CN204559471U：架设防风网形成电站防风墙 CN104641887A：光伏基地划分方形小区，四周及板下种植荒漠植物，外围荒漠植物防护林，板下耐阴植物

2016~2017年	2018~2020年	2021年至今
2016年，JP6742135B2：光伏阵列与防风林结合，简化安装降低成本 CN205610524U：上方置透明防风沙装置 CN106386094A：板下及不同距离处种植不同植物，形成多树种立体混交模式 CN206922277U:变电站设挡沙板和沙土收集箱	2018年，CN208064089U：配合智能滴灌系统利用地下水调整沙漠生态 2019年，CN109699404A：移动式光伏电站隔一段时间重建种植植物 CN110249920A：不同风蚀区分别采用草方格沙障、砾石压盖、红泥覆盖及生物结皮快速修复，建立监控监测	2022年，CN114978022A：可收纳光伏组件防风墙 2023年，CN116944232A：生物结皮与经济作物立体修复技术 CN117356368A：光伏站周围生态调查，获取原生植物种子库，筛选目标物种;站内规划生态修复区目标物种并定期养护

图5-4　荒漠地区光伏电站防风沙相关专利技术发展路线图

最早将光伏与治沙结合在一起的专利为申请于2007年的CN201045808Y。该专利是一种沙漠治理方法，将防护板安装于太阳能电池阵列上，可以人工调节沙漠上方的阳光辐射，对植物生长提供适宜的阳光辐射强度，抑制沙漠表面空气对流，减少沙尘暴的发生。

与阻挡风沙装置相关的专利包括沙上铺设防沙布（CN101594086A），电池组件或者阵列后方或者电站外围设置挡风墙防风结构（CN102347384A，DE102011117342A1，CN204559471U，JP1474477S，CN114978022A），支撑架上架设防风障（CN103015336A，CN216018282U），光伏板前沿下方铺设防风蚀面垫（CN210482271U），组件上方透明防风沙罩（CN205610524U），变电站挡沙板及沙土收集箱（CN206922277U），光伏电站流沙固沙网及阻沙网（CN217266992U）等。

与生态改善相关的专利包括太阳能沙漠滴灌系统（CN103444493A）；光伏发电配合智能滴灌系统（CN208064089U）；表皮土质的改善：包括表皮铺设针叶树树皮纤维（JP2014077285A），不同风蚀区域分别采用草方格沙障、砾石压盖措施及红泥覆盖及生物结皮快速修复并建立监控监测机制（CN110249920A）等；对不同区域进行规划种植植物：包括光伏基地划分方形小区并在四周及板下外围荒漠植物防护林种植荒漠植物或耐阴植物（CN104641887A），板下及不同距离处种植不同植物形成多树种立体混交模式的光伏板下高原石漠化治理方法（CN106386094A），生物结皮与经济作物立体修复技术（CN116944232A），板下及不同距离处种植不同植物形成多树种立体混交模式的光伏板下高原石漠化治理方法（CN106386094A），光伏电站的交叉间作绿化系统（CN220326422U）等。此外，还包括多种方法结合的生态改善防风治沙技术，如防沙墙、林区、草场、电站及水井结合，光伏发电用于汲水灌溉系统（CN207974586U），基于方格垄灌溉带种植的太阳能工程周围场地绿化固沙系统（CN219812744U），光伏电站组合式治沙系统，包括防护林、沙障及不同植物（CN220157201U）等。

从电站的整体规划设计出发进行防风沙的相关专利，包括用于沙漠治理的移动式光伏电站系统和方法（CN109699404A）；通过光伏场站生态调查获取原生植物种子库并筛选目标物种种植的荒漠区光伏场站生态修复方法（CN117077926A）；通过光伏场站生态调查获取原生植物种子库并筛选目标物种种植的荒漠区光伏场站生态修复方法（CN117077926A）。

2. 风沙运动

风沙运动相关专利较少，共计 17 组，其中主要为风洞试验相关的专利，包括风沙模拟及监测相关专利（图 5-5）。

2015 年之前相关专利较少，最早的相关专利为 2010 年申请的 JP2011181670A。该专利对太阳能电池阵列、安装框架及防风墙进行建模来进行风力分析，确定防风墙的规格。2012 年申请的 KR101315306B1，是对沙漠适用太阳能电池模块进行风沙环境模拟测试。

涉及最多的风洞试验相关的专利包括风洞中模拟光伏发电板的模型装置（CN207439638U）；在外界环境的载荷作用下光伏组件应变量对其输出特征的影响（CN110261059A）；模拟光伏结构进行风洞试验，以获取不同风速条件下受到

2010年之前	2011~2015年	2016~2018年
2010年，JP2011181670A：对太阳能电池阵列，安装框架及防风墙进行建模来进行风力分析，确定防风墙的规格	2012年，KR101315306B1：沙漠适用太阳能电池模块风沙环境模拟测试	2017年，CN207439638U：风洞模拟光伏发电板的模型装置 2018年，CN109448011A：光伏发电装置防风预警方法 CN109141807A：模拟光伏结构风洞试验获取不同风速条件下受到的风荷载确定安装角度和安装高度以及长宽比

2019~2020年	2021~2022年	2023年至今
2019年，CN110261059A：风洞实验室进行真实环境模拟研究在外界环境的载荷作用下光伏组件应变量对其输出特征的影响	2021年，CN205723572U：光伏支架用耐候钢耐风沙冲蚀试验系统及方法 2022年，CN114674521A：柔性光伏支架气弹模型及其制作方法，能够获取有效风洞试验数据	2023年，CN116718342A：屋面光伏板高度和角度可变化的风洞试验装置 CN220228510U：光伏板下地面风蚀沉积检测系统 CN219999333U：环境气象监测预警装置，能检测沙尘暴的速度以及沙通量并预警

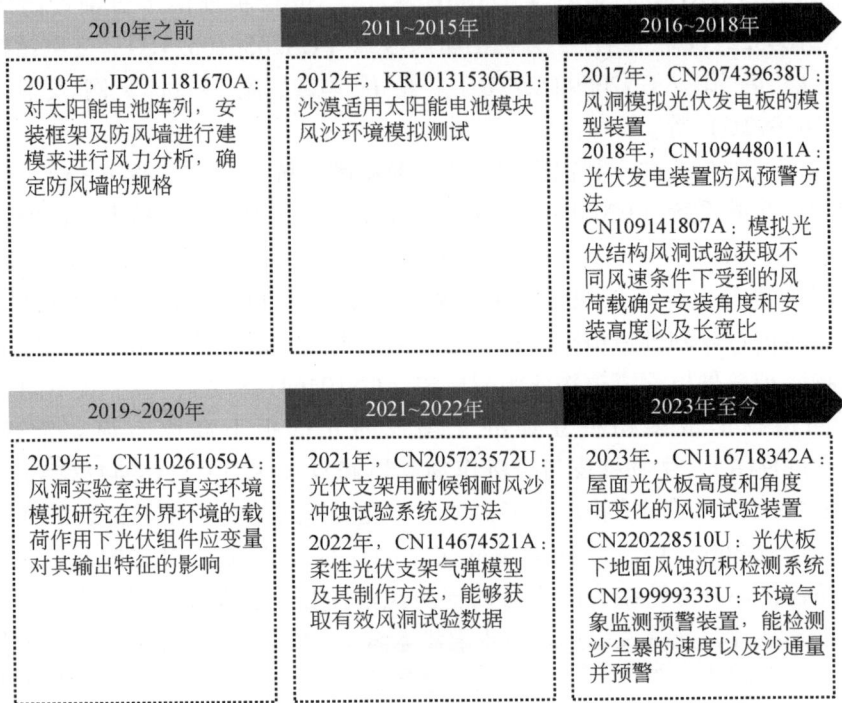

图 5-5　荒漠地区光伏电站风沙运动研究相关专利技术发展路线图

的风荷载，确定安装角度和安装高度以及长宽比方法（CN109141807A）；柔性光伏支架气弹模型及其制作方法（CN114674521A）；屋面光伏板高度和角度可变化的风洞试验装置（CN116718342A）。

其他的专利主要包括风沙监测及风蚀试验监测，如光伏发电装置防风预警方法（CN109448011A）；沙漠光伏电站的设备运行监测装置（CN213944060U）；光伏支架用耐候钢耐风沙冲蚀试验系统及方法（CN205723572U）；光伏板下地面风蚀沉积检测系统（CN220228510U）；设置监测预警组件，利用温湿度传感器、沙通量传感器、光照传感器、$PM_{2.5}$传感器、风速风向传感器对环境气象进行检测，当遇到沙尘暴天气时，沙通量传感器、光照传感器、$PM_{2.5}$传感器、风速风向传感器能够检测出沙尘暴的速度以及对沙通量进行预警的环境气象监测预警装置（CN219999333U）。

5.1.3　对生态环境的影响

光伏电站的设置会对场地附近的局地微气候、土壤、风沙活动、动植物群落等造成影响。这些影响又会反过来影响光伏电站的运行。目前，针对这种影响的相关专利还比较少，仅有 13 组，包括对气候、风沙阻挡、植被的影响，但是土壤、动物群落等方面还没有相关专利。

对气候影响的专利具体包括以气候管理为目的影响全球大气环流的方法，包括在墨西哥、北非、中亚和澳大利亚等地球表面的沙漠地区建造的几个太阳能发电厂（RU2014128421A）；基于 CLM 陆面过程模式的荒漠地区光伏电站参数化方法（CN116579154A），可为气候模式提供准确的光伏电站下边界条件，从而使气候模式对光伏电站内气温、水汽等气象因子进行相应反馈，对荒漠戈壁地区的气候变化研究及光伏电站选址具有重要的科学意义与社会价值。对植被的影响相关专利包括将荒芜的盐碱地作为光伏发电的场地（CN106111694A），由于太阳能电池板的遮挡，促进了植被的生长；能对干旱荒漠进行生态修复的光伏电站（CN206686113U），板下种植有耐旱低矮植被能保护修复植被；光伏发电生态修复系统（CN109430006A），实现雨水和光伏面板清洁水的自动收集、存储、灌溉，提高了水资源的利用率，提高了植物的成活率；石漠化脆弱区光伏场区植物群落结构的构建方法（CN115362864A），可促进场区植物群落正向演替，提升碳汇功能。风沙阻挡方向的专利为光伏板排列挡风墙减少沙漠流动的方法（CN110409328A），利用发电光伏板与挡风植被排列布局的方式形成有效挡风墙，根据当地风沙流动强度确定挡风墙排列布局参数，光伏板与植被互为保护、互为利用，起到改善和保护环境的作用。

5.1.4　电站效益

荒漠地区光伏电站效益相关专利主要为电站效益的评估方法和电站效益增效方法。最早的专利为 2016 年申请的 CN106127364A，涉及电站效益评估方法，针对光伏发电和荒漠绿化灌溉系统的综合发展提供一种科学全面的效益评估方法，通过构建新能源发电与荒漠治理综合发展的效益评估模型实现，包括光伏发电成本模型、光伏发电收益模型与光伏发电总效益模型。其他电站效益评估方法专利还包括 2023 年申请的，光伏直流配电系统经济效益分析评价系统（CN116562916A），该专利提高了光伏发电厂在经济效益维护层面的效率，保障了光伏发电厂的经济效益分析的参考性和价值性。电站效益增效方法具体包括种植中药、智慧沙漠绿洲系统运行以及农植光伏互补，如干旱荒漠光伏太阳能支持本地资源利用的全产业链经济生态双赢系统（CN109832071A），该专利板下种植具有直接或间接经济价值的耐旱低矮植被，这样具有既能治理干旱荒漠、培育植被，又能就地利用产出的大负荷不稳定电能产生可观经济效益的优点；太阳能光伏板下玉簪的栽培方法（CN112166993A），该专利提高沙地植被覆盖，改善土地沙漠化，促进沙地光伏能源和中药产业的共同发展；智慧沙漠绿色宜生能源环境系统及其运行机制（CN116086025A），该专利为在沙漠之中建设绿洲提供了可能，为在该环境下发展多种形式的经济产业提供了可能，从而实现可观的经济收益。

5.1.5　电站选址规划

荒漠地区光伏电站选址规划相关专利主要是与电站设计参数相关，据此为电站选址提供依据。目前，这些方向的专利布局还相对较少，主要包括仿真计算模型、巡检方法及系统、电站参数化方法以及电站运行状态模拟等。相关专利有适于沙尘暴异常天气情况下的光伏系统出力仿真计算方法（CN109002593A），太阳能光伏发电系统的巡检方法及系统（CN109961157A），基于 CLM 陆面过程模式的荒漠地区光伏电站参数化方法（CN116579154A），沙漠环境下光伏发电站元件参数的优化方法（CN116956572A），沙漠环境下电力系统运行状态的模拟方法（CN117010171A）等。

5.2　高寒地区光伏电站

根据光伏电站与高寒地区的相互影响及防护相关技术的调研结果，进一步对本部分检索数据进行分类，整体分为六个大类（表5-2），包括器件性能与设计、防冻胀冻融、防自然灾害（地震雷击）、电站选址规划、电站效益、对生态环境的影响。对所有专利进行关键词的词云聚类，高寒地区光伏电站相关技术专利关键词聚类如图5-6所示，出现频次越高的关键词显示越大。其涉及具体的技术关键词主要为与器件性能与设计相关的，尤其是光伏支架，包括光伏支架、支撑架、支撑杆、支撑板，以及传感器、逆变器、控制器等；与防地震雷击相关的避雷针、防雷装置、避雷器等；与防冻胀冻融相关的专利主要与光伏安装支架有关，关键词也体现在"光伏支架"相关词中。

表5-2　高寒地区光伏电站相关技术分支申请专利数量统计

技术分支	专利数量
器件性能与设计	1962
防地震雷击	1774
防冻胀冻融	28

技术分支	专利数量
电站选址规划	2
电站效益	1
对生态环境的影响	0

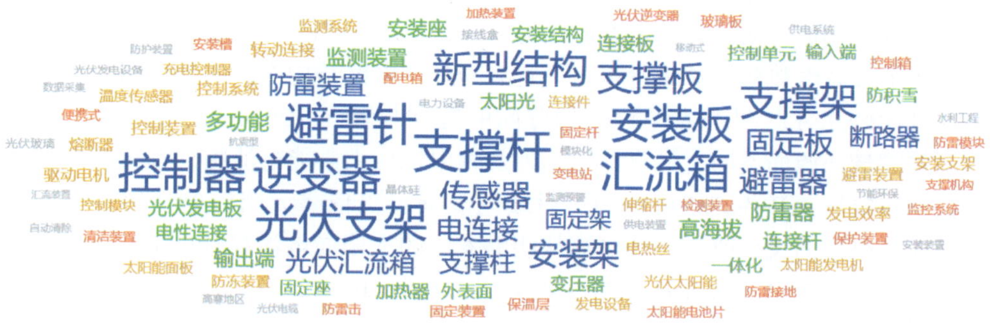

图 5-6　高寒地区光伏电站相关技术专利关键词聚类词云图

5.2.1　器件性能与设计

针对高寒地区的低温、温差大以及高原的紫外线强等区域特点，适用于这些地区的光伏器件需具备良好的耐低温、防冻、防覆冰覆雪、耐老化、耐紫外辐射等性能。根据对专利的检索，目前相关专利总计有 1962 组，其中主要与防覆冰覆雪相关的专利有 1727 组。其他相关性能统一归纳为耐候性，相关专利较少，不足 200 组。

1. 防覆冰覆雪

防覆冰覆雪的相关专利最早可追溯至 1976 年的地面光伏太阳能电池板（US4063963A）。该专利通过在矩形框架边缘之间横向拉伸的细丝相互连接形成网格，从而生产出一种不易受到风、雪和冰损坏的轻质廉价支撑，此外电池的顶部安装有细电阻线，以防止冰雪积聚。后续的发展中，一方面通过加热方式进行融雪融冰去除冰雪，并通过融雪积雪监测传感器的加入和电路的持续改进，使得融雪融冰方式更加高效、智能化；一方面是从安装结构或安装方式进行改进，减少积雪的覆盖或者刮除冰雪；或者是两种方式进行结合。

　　加热方式进行融雪融冰去除冰雪是主要的方式，专利布局的技术方向中，一是在不同位置配置加热装置，如埋入地下的热管通过传热构建与太阳能面板边缘连接装置（JP1984041873A），组件表面侧设有融雪电阻发热装置（JP3239035B2），前基板和背板之间配置融雪加热器（JP2001250973A，CN201340855Y），边框上安装有电热丝、电伴热带等加热元件（CN202259327U，CN106788195A，CN217984971U，），安装在表层玻璃板的下表面的电热薄膜（CN202549859U），光伏钢化玻璃上表面上设置透明导电加热层（CN203351626U），太阳能电池片的下方设有导热板背面均匀铺设有电热管（CN205754185U），封装胶膜的至少一侧嵌入多个金属电热丝，玻璃背板上设置有与外部电路结构连接的导电引出部装置（CN108198882A），太阳能电池板的背面的融雪装置（JP2024002307A）。二是加热源的能量来源的不同，最早是使用外加蓄电池向太阳能电池施加预定值的偏压提供加热电流（JP1987254635A），后续的发展可以依靠太阳能电池组件自身发电，通过电路的设计改进能让电流从能够发电的太阳能电池组件中输出加热来融雪（JP1998284746A，US6093885A，JP2001223377A，JP2002319687A，JP2004296547A，WO2011149116A1，CN204156540U），或是接入储能电池将部分电能储存在下雪时加热（CN106788195A），此外还可以结合光催化薄膜、碳纳米管发热构件、辐射发热体来融化冰雪（JP2011127198A，CN110299893A，JP2007311635A）。三是对控制系统的改进，主要是积雪监测及融雪控制，使得融雪更加高效智能化。早在 1997 年的专利中就配置有积雪/融雪检测单元能够准确地判断积雪的有无（JP1998284746A），后续专利中涉及监测太阳能电池板顶部积雪的高度的系统（KR101570457B1），点阵式阵列积雪感应单元，控制单元包含控制芯片和通讯模块（CN205092808U），根据发电量数据和气象数据计算与处理绘制直方图判断是否积雪（CN108205599A），基于 MPPT 思想的控制算法检测辐照强度与参考值对比判断积雪量（CN113726290A）。融雪控制主要是实现融雪电路的稳定输出或者实现对融雪速度的控制，如太阳能电池串和双向功率转换装置之间的防回流二极管能够稳定融雪控制（JP2001223377A），利用光学传感器判定霜雪阈值控制电路启动（US20130105456A1），多模式互补集中加热融雪控制系统提高效率（CN103381413A），根据预测发电量的对比控制实施融雪控制（JP2017163632A），控制光伏组串进行多米诺式自动融雪（US20230344382A1），通过耗能判定选择合适的除冰雪方案（CN113904624A），采集单块光伏组件表面各检测点的积雪深度值计算控制融雪速度（CN114337527A），通过控制器对同一直流母线下的一个光伏组串进行反向供电实现减耗融雪（CN116683383A）。

　　安装结构的改进，包括配置防雪罩、刮雪装置、鼓风机、无人机、水射流喷嘴、爆震除冰雪装置等或者非接触式除雪或者喷涂防雪涂层，如覆盖可卷绕透明膜检测到预定雪量时启动卷绕除雪（JP1993079137A）；适当间隙排列的安装结构配置可垂直移动臂部件防积雪（JP2004211372A）；框架构件固定防雪构件，包括挡雪器和用于防止挡雪器旋转的旋转防止部分（JP2006278671A）；太阳能电池板除雪机含滑板和刀架等可有效刮除表面积雪（WO2019097723A1，JP2018061307A）；喷射水流的喷嘴安装在支架上（WO2009139586A2）；利用柔性连接绳进行刮雪、敲击体敲击太阳能电池板使积雪滑落（CN108494358A）；利用无人驾驶飞行器（无人机装置）排出的气流来吹走积雪的非接触式除雪（JP6755062B1）；含鼓风装置、导轨及控制器的除雪装置（KR102262334B1）；含积雪传感器、下沉式内开口滑道、耐低温硅胶除雪板、耐低温滚动胶轮等的自动除雪装置（CN113300670A）；太阳能电池板和玻璃表面喷涂超疏水 SiO_2 纳米颗粒薄膜防冰涂层（TR202302823A2），爆震燃烧室壳体内形成爆震燃烧提高除雪和除冰的效率（CN117411424A）。安装方式的改变包括支架或安装框架的选择，实现电池板或组件的倾斜角度的调整，防止积雪堆积，如可控制自动翻转装置（CN104051579A）；跟踪式柔性光伏支架调节电池板角度防积雪（CN204794847U）；太阳能板倾斜结构防积雪（JP2017042025A）。

此外，还有一些专利中将以上两种方式进行结合，如加热电阻丝融化表面的雪结合太阳能板倾斜安装特性使大部分的积雪受重力的影响自动滑落（CN102931246A）等。

2. 耐候性

高寒地区光伏器件耐候性专利布局相对较少，不足 200 组，涉及方向包含太阳能组件相关材料（如耐候性涂层、耐高低温中空玻璃、黑色背板材料等），耐高低温和紫外辐射电缆，支架保护涂料或涂层等。其中，与电缆相关的专利最多。

最早的相关专利为 1994 年申请的 JP3267452B2，该专利开发了一种太阳能电池模块，可最大限度地减少因长期透湿导致的光伏元件性能劣化的表面涂层材料，其具有优异耐候性和耐热性，且与光伏元件的结合性良好。

此后的发展中，对耐候性光伏电缆的专利布局最多，主要通过对电缆结构和材料的改善提高耐候性，如在绕包带外设置金属屏蔽层，在金属屏蔽层外挤包内护套（CN101673585A）；高强度耐候性高倍聚光光伏发电用电缆，包括导体、绝缘层、绕包层、内护层、铠装层和外护套层（CN201886810U）；抗辐射耐候型辐照交联聚烯烃绝缘及护套电力电缆（CN204423985U）；双层保护层以及第二保护层内置导热条和绝缘材料高耐寒耐候电缆（CN205564324U）；设置抗紫外线外护套、阻燃包带层、编织屏蔽层和耐磨凸起耐候电缆（CN209525962U）；外绝缘层及外护套层采用无卤低烟高阻燃辐照交联聚烯烃绝缘料的电缆（CN215731010U）；增加加强筋的高耐候辐照电缆（CN217690574U）；内芯架的外部活动套接依次有保温层、网套架、绝缘绝热层及外套保护层的耐超低温电缆（CN217506975U）；UV 抗紫外线外皮及抗 UV 涂料耐挤压耐候电缆（CN115641986A）；柔性铝合金光伏电缆（CN220189261U）；包含抗辐射层及防腐层添加炭黑的电缆（CN117612781A）。

与光伏电池组件制造相关的专利布局包括耐候性涂层、耐高低温中空玻璃、黑色背板材料等，如采用与传统中空玻璃相同的制造方法来制造保持长期的耐用性和防水性玻璃（JP1999340494A），电池模块外围插入弹性橡胶垫片密封层及黏合橡胶和树脂二次密封层材料（JP2001053320A），减缓温差大造成老化的含黑色背板组件（CN204230271U），包含减反射层和橡胶耐候层的单晶硅太阳能电池组件（CN205355058U）等。

此外，还有少量针对光伏支架、组件边框及逆变器等的耐候性相关专利，如油墨组合物涂层的光伏组件边框（CN201796901U），环氧树脂、纳米级二氧化钛和聚苯乙烯防腐蚀光伏支架涂料（CN104356865A），高原型的光伏控制逆变一体装置（CN204290462U），耐低温塑料光伏支架（CN110527216A）等。

5.2.2 防地震雷击

高寒地区包括高原地区、山地等，易发生地震雷电等自然灾害，因而在该区域建设的光伏电站还应考虑抗震性及防雷击保护。目前，这一部分的相关专利也较多，共计有 1774 组，其中防雷击相关专利占大部分，有 1222 组，地震相关专利有 552 组。

1. 防雷击

雷电对于光伏发电站具有巨大的危害，不仅会对太阳能组件运行效果产生影响，还会制约太阳能板的常规化应用，因而在光伏电站防雷击技术领域也有较多相关专利。目前，防雷电雷击相关的专利涉及的方向包括设置有防雷击保护器、雷电检测装置的降低雷电浪涌损坏的太阳能电池组件，防雷击电缆，光伏阵列防雷汇流箱，防雷击安装支架，逆变器防雷装置，电站防雷装置结构及安装技术（避雷针等）。

最早的相关专利为 1998 年申请专利 JP1999274544A：能够将雷电浪涌造成的损坏降至最低的太阳能电池模块。该专利将太阳能电池串联成电池串并联旁路二极管，旁路二极管设有防雷击保护器吸收雷电浪涌。后续的专利中持续在电池组件进行防雷设置，如贴附有绝缘保护膜降低阻抗，配置雷电检测装置，增加雷电接收部的可伸缩的保护机构及 SPD 浪涌保护模块（JP2006114784A，JP2007116857A，JP2013143246A，CN205901680U）。光伏电站的防雷击相关结构及安装技术近年来的相关专利较多，如设置塔架、避雷针、接闪器、下引线等（CN208623298U），设置导电柱、固定柱、引雷球和导电架（CN211088527U），设置避雷针阵列（CN111277201A），绝缘底座、连接杆和引雷线（CN115065024A）等。

其他的方法包括光伏阵列防雷汇流箱（CN201601477U，CN201623478U，CN202352696U，CN104300874A），防雷光伏支架（CN202712207U，CN114337480A），防雷击电缆（CN101673585A），（CN203056570U）等。

2. 防地震

最早的相关专利是 1997 年申请的 JP1999177114A：能够充分承受剧烈的风荷载、雪荷载、地震荷载等，同时减少材料用量，降低施工成本，缩短工期的安装支架。后续的发展中，还包括强度高、载荷大、沉降小、抗震性好太阳能电站专用叶片钻杆钢桩（CN201531020U），能提高抗震性的具有凹凸部分的固定面板和将固定面板紧固到固定框架的固定构件（KR200451576Y1），将传递到太阳能电池板的地震波振动最小化的缓冲构件（KR1020120004314A，CN113938092A），在固定在支柱材料顶部的底座和安装太阳能电池板的框架之间插入的吸振结构（JP2014201943A），能减少使用抗震板及地震造成的横向位移的模块化安装系统（US10256767B1），安装在光伏组件安装座上的抗震装置，包括立柱，抗震垫等（KR101722040B1），防震式太阳能电池板（CN206629021U），大跨距架空、柔性拉索、含抗震弹簧、高强不锈钢、改变自振频率、含抗腐蚀金属阻尼器等抗震光伏组件支架系统（CN106788148A，CN207218589U，CN207652356U，CN112928971A，CN218041272U，CN116388660A）。

与地震预测控制系统及灾害预警系统相关的专利最早的为 2005 年的专利US7104064B2：一种具有动态伸缩塔的太阳能发电站，该太阳能电站的动态塔式系统配备了解决风和地震问题的控制系统，通过根据实时数据动态调整塔式位置，提高了太阳能收集的准确性和可扩展性，从而提高了可靠性和效率。后续的发展中相关专利有：可在支撑架上设置的振动传感器（KR101558106B1），太阳能电站灾害管理系统（KR101706976B1）等。

此外还有少量其他专利，如与电池组件结构相关的抗震硅胶层（CN206098409U），阻燃护套与所述外护层之间均匀设有减震弹簧的抗震电缆（CN208460450U）等。

5.2.3 防冻胀冻融

高寒地区的土体低温很容易出现冻胀，从而影响到电站的地基，甚至给电站造成破坏性影响。气温升高支架基础易产生融沉现象，出现差异冻胀融沉情况，从而导致光伏支架发生偏移，进而改变光伏组件的安装倾角，最终导致光伏组件发电量受到影响。因而，高寒地区设计光伏电站时需要考虑冻胀冻融的影响，该领域相关的专利申请起步较晚，目前相关专利还较少，共计 28 组，涉及的方向全部为抗冻胀光伏支架和桩基础，布局专利涉及桩基础结构和施工工艺、支架结构、桩基础导热或加热装置等。

最早的抗冻胀光伏支架桩基础结构和施工工艺专利是 2015 年申请专利 CN204982931U：抗冻胀光伏支架基础，通过灌注混凝土将钢管桩与锚杆相固定，桩外周与基础孔之间填充有回填料，有效降低钢管桩周侧冻切力，减少钢管桩用钢量及灌浆混凝土用量。后续专利继续发展出消除不均匀冻胀或融沉支架基础（CN107366296A），抗冻胀和调整桩顶施工误差的带滑动套管的钢管桩光伏支架基础（CN106759273A），包括护筒和混凝土桩、护筒式新型碎石的防冻基础桩（CN106917406A，CN114934501A），包括预制桩体和细石混凝土层、细石混凝土注入聚苯乙烯泡沫板保温层减少冻土冻胀力的支架基础桩（CN207189941U，CN115142461A），"几"形截面冷弯薄壁开口钢桩减少冻胀支架基础（CN110344429A），扩大预制管桩冻土层下部的桩径降低切向冻胀力的光伏基础（CN213204089U），桩本体中引入刚性件、立柱段侧边设置补偿气囊、通过保温件与桩体连接隔离冻融区和保温区防止防冻裂冻胀融沉桩基础（CN217419715U，CN114737595A，CN219100103U），根据硬石层的分布情况而独立调整"T"形支撑件和内支撑杆的相对位置的抗冻胀桩基础施工工艺（CN116927232A）等。通过以上技术可以提高桩基的稳定性，消除或减少冻胀融沉造成的影响。

光伏支架相关专利包括预成孔微型灌注桩减少土层破坏光伏支架（CN205566164U），设有剪叉组件、抗变形的可调双桩支撑、含金属支撑柱和地上固定装置和地下保护装置的抗冻胀光伏支架（CN215378843U，CN114499366A，CN115142462A）等，通过以上专利技术可以从支架结构设计达到增加冻土区支架稳定性的目的。

桩基础导热或加热装置专利是从 2023 年才开始出现的，包括含吸收地热能及导热良好的纳米相变材料的抗冻胀光伏支架钢管桩基础（CN116378085A），填充相变微胶囊和防冻液的"U"形导热铜管和 PVC 管热循环系统（CN116411587A），由光伏板发电电能传输给加热系统的土壤热环境调节装置（CN116335207A），以及包括桩柱及加热组件的螺旋桩装置及光伏系统（CN220099884U）。这些专利通过导热或加热装置，实现周围土壤温度调节，解决冻拔冻胀融沉问题。

5.2.4　电站选址规划

高寒地区光伏电站选址规划方向的专利仅有 2 组，包括电站阵列排布设计、绿色施工方法及电站组件 Voc 修正方法，均申请于 2023 年。具体包括高原山地复杂地形的光伏阵列自动排布方法（CN116707413A），该方法在考虑东西方向错台要求、南北方向阴影遮挡要求、支架高低限定要求和复杂地形支架平缓处理等因素的基础上，通过多层次循环迭代，快速确定最佳的光伏阵列布局；针对高海拔地区特殊环境条件提出了组件工作温度修正方法（CN116703648A），该方法基于光伏组件 I～V 特性和基于组件材质特性的开路电压 Voc 修正方法，为高寒、高海拔地区工程设计提供了技术支持。

5.2.5　电站效益

高寒地区光伏电站效益相关专利仅有 1 组，即 CN116760334A。该专利采用子方阵绿色施工技术减少施工过程中的土地占用、植被破坏，将施工活动限制在合理范围内，施工完成后，生态影响可以结束，工期及成本也相应减少，经济效益提升明显。

5.3　光伏电站水资源循环再利用技术

根据光伏电站水循环利用技术的调研结果，进一步对检索数据进行分类（表5-3），整体分为三个大类，包括集水，光伏水泵和水处理。对所有专利进行关键词的词云聚类，光伏电站水资源循环再利用技术专利关键词聚类如图 5-7 所示，出现频次越高的关键词显示越大。根据关键词的出现频次结果，涉及集水技术的专利是最多的，出现较多的关键词包括雨水收集、集水槽、集水箱、储水箱、蓄水箱、集水池等，其中主要为雨水收集，此外还包括露水及冷凝水的收集。涉及水处理和光伏水泵的专利相对较少，其中光伏水泵相关关键词包括光伏水泵、抽水泵等，涉及水处理相关的关键词包括污水处理、污水处理装置、污水处理系统等。下文进一步对各个分支方向的重点专利进行梳理。

表5-3 光伏电站水资源循环再利用各技术分支申请专利数量统计

技术分支	专利数量
集水	1355
水处理	547
光伏水泵	151

图5-7 光伏电站水资源循环再利用技术专利关键词聚类词云图

5.3.1 集水

早期与光伏集水相关的专利技术主要集中在装设有光伏面板的建筑物屋顶或者顶部的雨水收集技术。例如，早在1982年申请的专利：植物集雨屋顶（FR2545864A1）。该专利涉及屋顶雨水收集技术，其中槽可以包括一个或多个溢流装置，斜坡可以覆盖有光伏面板或太阳能收集器，并且可以包括在屋顶斜坡上形成滴注模制件的折弯条。2001年日本专利：雨水利用系统（JP2003056135A）。该专利在光伏建筑屋顶架设集水通道收集雨水并连接水箱，利用雨水冷却或融化各种光伏面板上的积雪以提高转换效率。

2000年之后，关于集水的技术相关专利开始逐步转移到光伏组件或者光伏电站直接配置的集水装置，集水装置可以设置在光伏面板侧面，也可以设置在光伏支架或支架底座，同时集水箱可以连接净化处理装置及循环泵，实现水收集、净化、循环使用一体化连接。

根据专利提及的集水目的，一方面可以收集水作为光伏面板或光伏电站的清洁、冷却及光伏阵列荒漠化效应地面的植被灌溉等；另一方面可以避免雨水滑落在光伏板前沿下方地面、促进植物生长过高而遮挡光伏板，进而影响光伏板正常发电（图5-8）。

2010年之前	2011~2015年	2016~2018年
2009年，CN201590425U：带雨水收集功能的光伏组件组件，边框加带雨水收集槽 2009年，GR1007590B：集雨水灌溉、机组冷却和清洁的智能集成自增强光伏板，光伏板下边缘收集雨水并将其储存在水箱	2013年，DE102013002825A1：具有独立于网络的供水，配备雨水收集系统灌溉系统和光伏组件的冷却系统 2015年，CN205134426U：雨水收集利用装置，组件下端地面集水槽，槽底通过管路与过滤池污水进口连通	2017年，CN107587550A：光伏板前沿集雨装置，含集水槽、输水管与蓄水池 2018年，CN207968405U：雨水收集功能的光伏板底座支架

2019~2020年	2021~2022年	2023年至今
2020年，CN211637424U：光伏电站用可自动集水清洗装置，太阳能板左右两侧平行设置有挡水有机玻璃以及固定于挡水有机玻璃上侧的喷洒水装置实现光伏电站用可自动集水清洗功能	2021年，CN215609629U：光伏板清洁水回收装置 2022年，CN115885814A：光伏集水浇灌系统、光伏电站及光伏电站生态修复方法，提升水分利用率	2023年，CN219980768U：集水结构的光伏板，可据雨水下落方向调整角度增加集水效率 CN220228510U：具备凝水结构的光伏电板收集雨水恢复植被装置

图 5-8   光伏电站集水利用相关专利技术发展路线图

2009～2015 年，多项专利聚焦于雨水收集与光伏组件的清洁利用，发明了多种带雨水收集功能的光伏组件及清洁装置。这些创新专利包括在光伏组件边框增设雨水收集槽（CN201590425U）、设计污水回收与沉淀系统（CN201616781U）、集成灌溉（GR1007590B）、冷却与清洁功能的智能光伏板（DE102013002825A1），以及自动清洗装置（CN204442265U）等。它们不仅有效收集雨水用于灌溉、冷却和清洁，还解决了光伏板表面清洁、节约水资源、防止土地板结和沙漠化，以及提高光伏组件转换效率和发电量等问题。此外，一些专利还涉及清洗装置或机器人的移动控制设计，如轨道设计、多层轨道、行走避让及越障等，以提高清洁效率和稳定性。

2016～2018 年申请的专利主要聚焦于雨水收集与利用、光伏组件降温及自动清洗技术。专利包括光伏组件水冷却降温系统（CN206442351U）、雨水收集实验模型（CN206774086U）、雨水收集灌溉系统（CN207176868U、CN207794188U）、光伏板集雨装置（CN107587550A、CN207968405U）、光伏组件集水装置及框架（CN108649883A）、自动清洗型光伏板（CN108521266A）以及光伏电站组件降温装置（CN209949053U）等。这些专利通过创新的雨水收集、储存与利用技术，提高了水资源利用效率；通过降温与自动清洗技术，提升了光伏组件的发电效率与使用寿命。设计涉及滑动连接、"U"形连接座、导水装置、过滤装置、伸缩筒与伸缩杆等，优化了安装便利性与稳定性，实现了对雨水的高效收集与利用，以及对光伏组件的自动清洗与降温，为光伏电站的可持续发展提供了有力支持。

2020～2023 年申请的专利主要聚焦于集水、清洗与水资源回收利用技术，包括自动集水清洗装置（CN211637424U）、清洁水回收装置（CN215609629U）、具有雨水收集功能的安装支架（CN215818035U）、集水式光伏支架（CN217721064U）、光伏集水系统（CN115142515A、CN218667722U）、光伏集水浇灌系统（CN115885814A）、治沙集水系统（CN219491148U）、光伏治沙装置及电站（AU2023203966A1、CN219980768U）、集雨收集装置（CN220521531U）及雨水恢复植被装置（CN117256442A）等。这些专利通过创新的集水设计、过滤装置、可调整角度的安装板及回收系统，实现了雨水的有效收集、清洗水的回收利用及植被的灌溉，提升了水资源利用效率，降低了维护成本，促进了光伏电站的可持续发展及生态友好性。

上述专利基本为收集雨水，此外，还有少量专利涉及大气水的收集技术，如2017 年申请的专利：适用于高温低湿环境的光伏电解质膜一体化空气制水装置（CN107842062A），空气制水装置采用一体化设计，结构简单紧凑、安全可靠，无运动部件，无固定设备，制作简单，便携性好；同时，通过电化学反应使得集气罐内的空气中水蒸气富集，其所需的低压直流电由太阳能光伏组件提供；水蒸气富集过程受空气温湿度影响较小，有较宽的可操作温度和优越的低露点性能，可在高温低湿情况下正常运行，甚至在空气湿度小于 5% 时都仍可继续工作，特别适用于沙漠等高温低湿环境中的空气制水，可连续工作，取水效率高。2019年申请的专利：集成光伏（PV）面板–水吸附层系统（US11728766B2），包括PV 面板，该 PV 面板具有被配置为接收太阳光以产生电流的正面和与正面相对的背面，以及安装在光伏电池板背面的大气水收集装置，大气水收集装置被配置为基于从 PV 面板接收的热量通过蒸发吸收的大气水来冷却 PV 面板。2022 年申请的专利：有集水功能的光伏电站（CN218437301U），能够充分利用自身支撑架表面与空气的接触面积，在温差较大时利用简单机构加速空气中水分在支撑架表面的凝聚，并收集存储凝聚在支撑架上露水，以在干旱沙漠环境中实现制水储水。2023 年申请的专利：光伏电站集水灌溉装置（CN220528895U），亲水鼓包收集的水汽凝结后通过集水基板流入储水箱，能够收集空气中的水汽，在不降雨时也能够收集到水，且能够提高光伏板的发电效率。

5.3.2 水处理

光伏电站区域太阳能资源丰富，可以充分利用太阳能提供电源与水处理系统有机结合，将收集的雨雪水及清洗或生产生活污水等进行处理，实现水循环利用，高寒荒漠地区解决缺水问题。检索涉及利用光伏面板作为水处理发电模块的相关专利，并进行梳理总结。

最早的相关专利是 1984 年的 DE3405466A1：一种将移动太阳能电站与风力发电机、光伏板、输水泵、饮用水及生活用水处理装置以及生活用水加热系统相结合的设备，是能源替代利用的一种新形式，为环保、人性化的方式使用超小尺寸的自给自足、分散式能源供应装置开辟了新的前景。2001 年申请的日本专利：水处理池光伏发电系统（JP4122712B2）。该专利将光伏面板高效地安装在水处理池上，便于水处理池和光伏面板的维护和检查，提高可操作性。

后续的专利继续在此方向进行改进，提高发电效率及污水处理效果，如改变光伏面板的材质、排列方式、架设方式或者配置集水、光催化、生物净水装置等（图 5-9）。

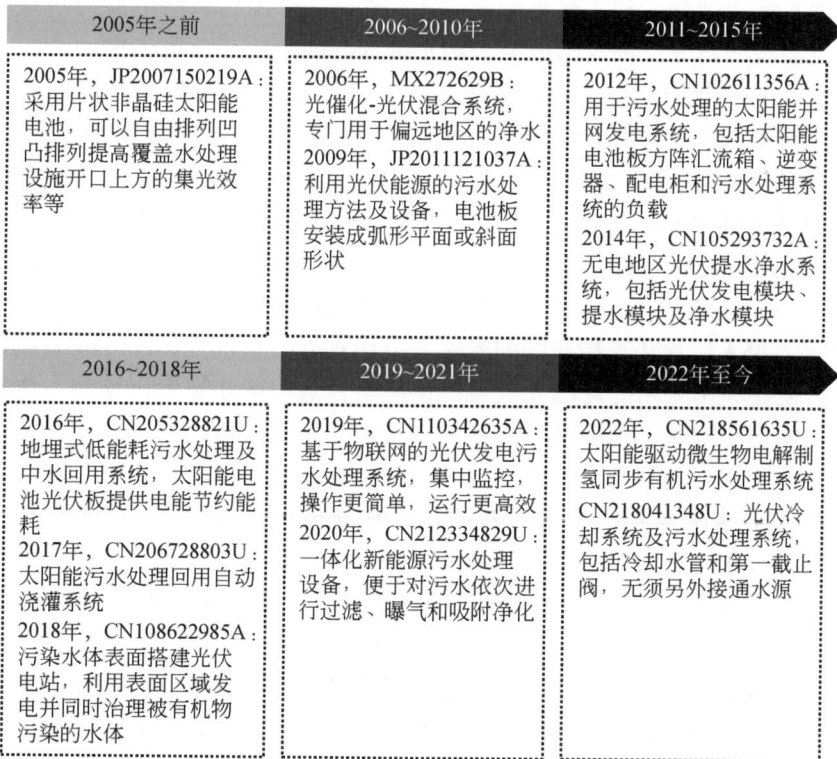

2005年之前	2006~2010年	2011~2015年
2005年，JP2007150219A：采用片状非晶硅太阳能电池，可以自由排列凹凸排列提高覆盖水处理设施开口上方的集光效率等	2006年，MX272629B：光催化-光伏混合系统，专门用于偏远地区的净水 2009年，JP2011121037A：利用光伏能源的污水处理方法及设备，电池板安装成弧形平面或斜面形状	2012年，CN102611356A：用于污水处理的太阳能并网发电系统，包括太阳能电池板方阵汇流箱、逆变器、配电柜和污水处理系统的负载 2014年，CN105293732A：无电地区光伏提水净水系统，包括光伏发电模块、提水模块及净水模块
2016~2018年	2019~2021年	2022年至今
2016年，CN205328821U：地埋式低能耗污水处理及中水回用系统，太阳能电池光伏板提供电能节约能耗 2017年，CN206728803U：太阳能污水处理回用自动浇灌系统 2018年，CN108622985A：污染水体表面搭建光伏电站，利用表面区域发电并同时治理被有机物污染的水体	2019年，CN110342635A：基于物联网的光伏发电污水处理系统，集中监控，操作更简单，运行更高效 2020年，CN212334829U：一体化新能源污水处理设备，便于对污水依次进行过滤、曝气和吸附净化	2022年，CN218561635U：太阳能驱动微生物电解制氢同步有机污水处理系统 CN218041348U：光伏冷却系统及污水处理系统，包括冷却水管和第一截止阀，无须另外接通水源

图 5-9　光伏电站水处理相关专利技术发展路线图

例如，2005 年申请的日本专利：太阳能发电装置（JP2007150219A）。该专利采用片状非晶硅太阳能电池，可以自由排列凹凸排列，并且可以大大放宽对方位和倾斜角度的限制，提高覆盖水处理设施开口上方的太阳能电池组件的集光效率、安装自由度、强度设计、浮力设置等。2009 年申请的日本专利：利用光伏能源的污水处理方法及设备（JP2011121037A）。该专利利用曝气池上方的空间，将太阳能电池板安装成弧形、平面或斜面形状。2010 年的专利：利用太阳能驱动的污水生物处理系统及其操作方法（CN101786725A）。该专利利用太阳能代替常规电能驱动污水生物处理反应器，而且舍弃了常规太阳能系统中的蓄电池，降低了太阳能光伏单元的建设和维护成本，通过软件控制，实现了电力的稳定输出，使污水生物处理单元在有太阳能辐射的情况下运行、在无太阳能辐射的情况下静置，实现污水厌氧、缺氧和好氧过程的交替与太阳辐射强度变化周期相结合，有效去除污水中的各类污染物，适用于分散型污水处理。2012 年的专利：用于污水处理的太阳能并网发电系统（CN102611356A）。该专利包括太阳能电池板方阵、汇流箱、逆变器、配电柜和污水处理系统的负载，将太阳能光伏系统跟污水处理系统相结合，利用充足的太阳光，光伏组件发出来的电给污水处理系统使用，将多余的发电量供应给电网，污水处理后的水用于灌溉庄稼。

2016～2019 年的专利主题聚焦于将光伏技术与污水处理及水资源回用领域的结合。例如，地埋式低能耗污水处理及中水回用系统（CN205328821U）、污水处理厂分布式光伏系统（CN206004579U）、高稳定柔性光伏支架（CN206820687U）、太阳能污水处理回用自动浇灌系统（CN206728803U）、光伏污水处理装置（CN206858251U）、地埋式一体化污水处理装置（CN206985961U）、太阳能微动力污水处理系统（CN207227214U）、污水治理和发电复用的光伏组件（CN108622985A）及基于物联网的光伏发电污水处理系统（CN110342635A）等。这些专利通过利用太阳能电池光伏板提供电能，采用菌体降解污染物、渗透膜过滤、太阳能驱动增氧、物联网智能控制等技术，实现了污水处理、中水回用、节能降耗及水资源高效利用，为光伏技术与环保领域的深度融合提供了有力支撑。

2020 年申请的专利：一体化新能源污水处理设备（CN212334829U）。该专利便于对污水依次进行过滤、曝气和吸附净化，提高污水净化效果，且便于对多个过滤网进行清洁，便于提高过滤网的过滤效果，避免网孔堵塞。2022 年申请的专利：太阳能驱动微生物电解制氢同步有机污水处理系统（CN218561635U）。该专利包括太阳能发电单元、电化学电池单元、微生物电解池制氢单元、有机废水供应单元和控制单元，避免了光伏阵列烦琐的逆变和变压设备，直接将波动性和间歇性的电能转化为氢能，同步将降解污水中的有机污染物，具备高效储能与水处理相结合的双重功能。2022 年申请的专利：光伏冷却系统及污水处理系统（CN218041348U）。该光伏冷却系统包括冷却水管和第一截止阀，通过污水处理系统中的冷水对光伏组件进行降温，无须另外接通水源，换热后的水接回污水处理系统实现循环利用。

此外，还有少量专利通过配置集水、光催化、生物净水装置等实现水处理的目的。例如，2006 年申请的专利：用于水净化和电能生产的集成设备（MX272629B）。该专利涉及光催化-光伏混合系统，由光伏板提供电源的再循环泵确保水流过光催化反应器，从而额外地冷却光伏板，其专门用于偏远地区的净水。2014 年申请的专利：用于光伏发电系统的节水装置（CN103981937A）。该专利可收集雨水和雪水，最大程度上节约了水资源，可用于新建和已建成太阳能电站上。2014 年申请的专利：无电地区光伏提水净水系统（CN105293732A）。该专利将水泵控制变频器与 MPPT 控制器连接，根据光伏发电功率输出光伏水泵的功率，当水源水位过低，或者净水池或蓄水池满时自动关闭光伏水泵。2017 年申请的专利：沙漠生态光伏建筑（CN206438684U）。该专利净水装置与集水装置相连，能够在沙漠地区为维护人员提供一个较为适宜的临时工作休息环境，便于沙漠光伏电站的人工维护，能够有效促进沙漠光伏行业的发展。2017 年申请的专利：集光伏发电与光催化水净化于一体的太阳能利用系统（CN107043149A）。该专利太阳能光伏板的背板通过导热胶粘贴于光催化反应器中导热性高的盖板上，实现太阳能光伏板在低温下高效发电并能同时进行高效的光催化水净化的目的，提高太阳能的利用效率。

5.3.3　光伏水泵

光伏水泵系统以太阳能发电作为动力合理开发地下水，根据需水要求，建立适度规模装机容量，不仅满足边远偏僻地区农牧民的清洁饮用水问题，更可利用光伏水泵系统，建立地下暗管灌溉系统，解决沙漠、戈壁、荒漠等干旱地区农作物水利用以及光伏电站清洁用水、生活用水、工业用水等用水问题。

根据专利检索结果，光伏水泵相关专利最早出现在 2007 年，一种高效率光伏水泵系统（CN201103546Y）。该专利由太阳能电池光伏阵列、电机、DC/AC 变换器、水泵、蓄电池组、充放电控制器、控制器和水压传感器组成，吸收或存储的能量通过电力变换器或者直流电机驱动器供给各种类型的电机，拖动水泵提水，采用水压检测装置对水压进行检测和闭环控制，利用"移峰填谷"的办法来提高光伏水泵系统的效率，尽可能地使系统在较多时间内扬水，达到系统效率的最优化以及出水量最大化的目的，具有无污染、全自动、高可靠性等优点。光伏水泵的相关技术后续主要为向简单化、高效化、低成本化、智能化发展（图 5-10）。

例如，2010 年申请的专利：新型光伏扬水装置（CN201908849U）。该专利包括依次电连接的光伏组件、扬水逆变器及水泵，连接有定时模块，可根据实际

2010年之前	2011~2012年	2013~2015年
2007年，CN201103546Y：高效率光伏水泵系统，利用"移峰填谷"的办法来提高光伏水泵系统的效率 2010年，CN201908849U：新型光伏扬水装置，连接有定时模块	2011年，CN202194797U：全自动、全天候太阳能光伏水泵 2012年，CN102913426A：基于智能控制算法实现MPPT的高效全自动光伏水泵系统及其控制方法	2013年，CN203775105U：用于光伏水泵系统的变频控制装置，调控准确，反应迅速，能源利用率高，安全可靠

2016~2017年	2018~2020年	2021年至今
2016年，CN206035741U：可自主调节的光伏扬水系统，追踪变流器据光强变化调节转速 2017年，IN201721011263A：交流光伏水泵调速运行与并网备用电源的系统布置与方法	2018年，CN108757417A：光伏水泵系统及其控制方法，水泵模块由第一水泵和第二水泵并联构成 2020年，CN212774625U：光伏水泵，光伏组件设置有多片扇形光伏板，结构简单，设计合理，体积小，存放方便	2021年，CN113311894A：利用重力势能实现单轴追踪的综合农业光伏系统 2022年，CN218604380U：伏集群灌溉系统包括取水站点和集水站点，取水点为中心向周边辐射，利用集水站点进行供水接力实现大范围灌溉的目的

图 5-10　光伏水泵相关专利技术发展路线图

需要的扬水时间设置定时模块，通过该定时模块的自动控制作用，不仅使灌溉或绿化喷水等做到定时且适量的最佳扬水作用，扬水效果较佳，而且还省去了人工操作的烦琐，使用方便，实用性能强。2011 年申请的专利：太阳能光伏水泵（CN202194797U）。该专利能够全自动、全天候工作，无须人员看管，维护工作量可降至最低。2012 年申请的专利：光伏水泵系统（CN202417990U）。该专利无须通过工频变压器升压后驱动电机带动光伏水泵提水，增强系统的稳定性和可靠性。2012 年申请的专利：太阳能光伏水泵系统（CN202707399U）。该专利太阳能光伏阵列经光伏扬水逆变器与交流水泵电连接，可根据日照强度的变化调节交流水泵的转速。2012 年申请的专利：基于永磁同步电机的光伏水泵系统（CN202746140U）。该专利具有高效稳定、扬程高和使用寿命长的特点，能适应更复杂的地形。2012 年申请的专利：高效全自动光伏水泵系统及其控制方法（CN102913426A）。该专利涉及一种基于智能控制算法实现 MPPT 的高效全自动光伏水泵系统，提高了系统的自适应性，能适应天气变化频繁的场合，实现输出电压快速稳定地逼近最大功率点电压。2013 年申请的专利：用于光伏水泵系统的变频控制装置（CN203775105U）。该专利调控准确、反应迅速、能源利用率高、安全可靠。2014 年申请的专利：与光伏电站相结合的沙漠治理系统（CN104025974A）。该专利可在满足新能源光伏系统发电功能的基础上，最大化地利用并优化荒漠土地进行沙漠治理。2016 年申请的专利：可自主调节的光伏扬水系统（CN206035741U）。该专利包括依次连接的光伏组件、超级电容、变流器和水泵，采用追踪变流器可根据光照强度的变化调节水泵转速，当光照不足时，不满足扬水高度且流量为零时，自动停止运行，且当天气情况不好时，将太阳能膜卷起，保护太阳能膜。2017 年申请的专利：交流光伏水泵调速运行与并网备用电源的系统布置与方法（IN201721011263A）。该专利提高了效率并降低了成本，将光伏电源从直流形式转换为交流形式，并以最佳频率向电机提供输出电源，其中为了全天从 PV 面板获得最大输出，优化的 MPPT 算法内置在逆变器中使用。2017 年申请的专利：智能全天候光伏水泵供水系统（CN207333212U）。该专利具备智能化，对设备进行监测和调控，简单易操作。2018 年申请的专利：光伏水泵系统及其控制方法（CN108757417A）。该专利的水泵模块由第一水泵和第二水泵并联构成。2020 年申请的专利：光伏水泵（CN212774625U）。该专利的光伏组件设置有多片扇形光伏板，结构简单，设计合理，体积小，存放方便，使用时将光伏板打开，调整光伏板的俯仰角即可。2021 年申请的专利：利用重力势能实现单轴追踪的综合农业光伏系统（CN113311894A）。该专利包括至少一个蓄水塔，用于储存由光伏水泵抽取的地下水。2022 年申请的专利：光伏集群灌溉系统（CN218604380U）。该专利包括光伏取水站点和光伏集水站点，通过以光伏取水点为中心向周边辐射，利用集水站点进行供水接力，实现大范围灌溉的目的，可控、高效、投资成本低、性价比高。

5.4 光伏电站积尘清洁技术

根据对光伏组件清洁技术的调研，目前包括人工清洁、喷淋技术、机器人清洁（属于自清洁设备）、自清洁防尘涂层、激光除尘、电除尘和声波除尘等（表5-4）。目前已成熟或已大规模使用的光伏组件清洁技术主要为喷淋技术，该技术基本成熟且小范围或特定场景下使用的光伏组件清洁技术为自清洁装置和自清洁涂层，自清洁技术发展迅速，相关专利增速迅猛，自清洁装置涉及专利也是最多的，且近年来仍然是主要的专利布局方向。激光除尘、电除尘和声波除尘等还处在实验室阶段，应用并不广泛。从关键词来看（图5-11），与自清洁技术相关的清洁装置，清洗装置，清洁组件，以及自动清洁、清洁机器人、清扫机器人、机器人等出现最多。

表 5-4　光伏电站积尘清洁技术分支申请专利数量统计

技术分支	专利数量
自清洁装置	9597
喷淋技术	987
涂层	363
激光，静电，声波	247

图 5-11　光伏电站积尘清洁技术专利关键词聚类词云图

5.4.1　自清洁装置

光伏组件自清洁装置的专利是目前相关方向中最多的，共计 9597 组，近几年发展迅猛，仍然处于快速发展期。最早相关专利是 1979 年申请的，通过滑梯支撑来回循环移动清洗组件（BE873886A）。该专利包括驱动旋转拖把的电机，带有循环水（可加上任何清洁剂）。

后续的发展布局中，涵盖的方向主要是对清洁装置的移动方向及速度的控制，对清洁装置停机的把控措施，对监控系统的配置，对多阵列或者不同角度阵列清洗的应对措施以及节水环保清洗装置。通过对以上方向的布局，使得自清洁装置对光伏组件或阵列的清洗实现高效环保无死角，其适合多种场合，延长设备使用寿命，同时控制更加智能化（图 5-12）。

对清洁装置移动方向及速度的控制具体包括轨道的设计，上下垂直导轨的安装，可以在至少两个相反方向移动，万向轴承，旋转轴线轨道，多层轨道设计，

2005年之前	2006~2010年	2011~2014年
2001年，JP2002273351A：纵向上、下端的安装导轨和装有清洁装置主体的一体式载体组成 2005年，DE102005007200A1：具有可移动的清扫元件，可在至少两个相反方向移动，清扫用具是一把长方形扫帚	2007年，US8240320B2：可纵向移动，在喷嘴和/或刷子的帮助下清洗 2008年，WO2009044982A1：含驱动系统，监测污染度，达到阈值启动 2010年，EP2422889A1：清洁成排排列的一系列倾斜太阳能电池板，含驱动导向装置	2011年，JP2012190953A：含控制、脏污识别、降雨监测单元，可在降雨时控制清洗 2013年，CN103406292A：行走避让智能控制机器人 2014年，US8813303B1：具有电子下降控制和势能回收系统，可控制运动速率 US9080791B1：可停靠并锁定在连接到太阳能阵列上，自对接自锁

2015~2017年	2018~2021年	2022年至今
2015年，CN104984942A：无水清扫光伏清扫机器人 2016年，JP2017159285A：各种安装角度和安装高度清洁光伏发电中使用的机器人系统 2017年，CN107544519A：清扫机器人接驳系统及其接驳方法	2018年，US10277163B1：包含太阳能电池板耦合磁性锚定机构 2020年，WO2020200694A1：驱动轨道具有多层结构的清洁机器人 2021年，CN113037207A：双面光伏组件清洗系统工作方法	2022年，CN114866018B：机器人和跟踪系统的交互协作确定清洗动作或调整跟踪系统的倾斜角度 2023年，CN117526837A："V"形或倒"V"形顶面光伏板表面清洗 CN116404973A：带有污水循环利用的光伏组件清洁装置

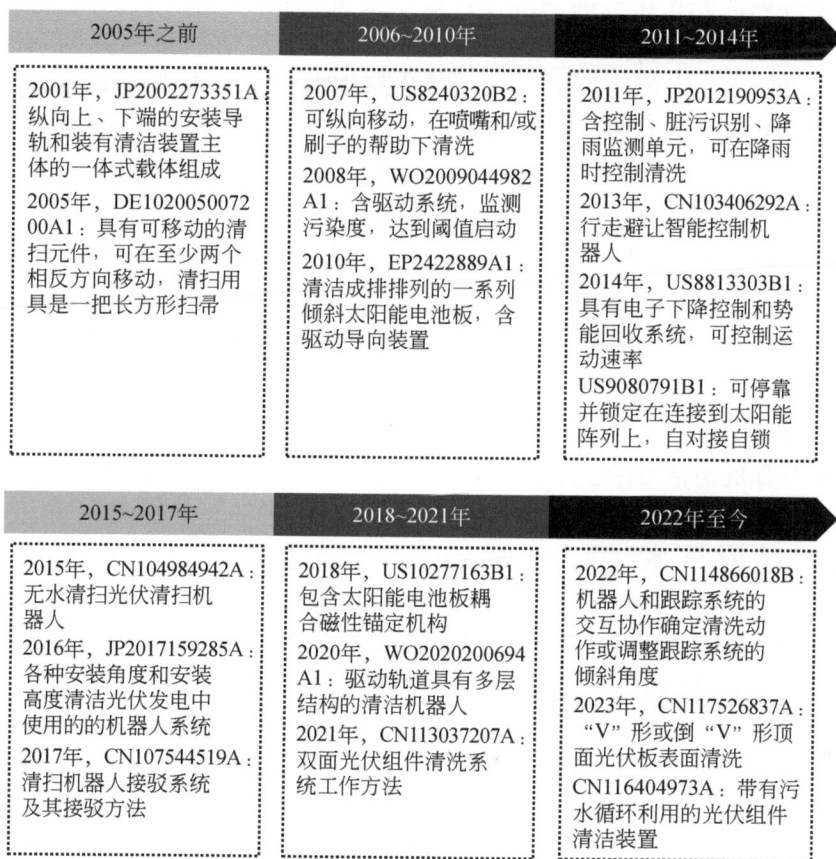

图 5-12　光伏电站自清洁装置相关专利技术发展路线图

行走避让及越障设计，具有电子下降控制和势能回收系统，适合"V"形及倒"V"形结构组件清扫机器人等（JP2002273351A，DE102005007200A1，CN101195116A，DE102010006531A1，CN103406292A，WO2020200694A1，US11456696B2，US8813303B1，CN117526837A 等）。这些设计使得清洗装置或清洗机器人的运行更加稳定、路线优化、清理更加高效。

对清洁装置的停机设置的把控，包括自对接和自锁、接驳系统、磁性锚定机构、外插式防脱落机构等（US9080791B1，CN107544519A，US10277163B1 等）。这些方向的研究使得自清洁装置在结束清洁任务时更好地与光伏组件耦合在一起，防止因脱落或停机不稳造成设备损坏等。

监控的配置包括配合清洗装置设置脏污监测单元，根据脏污预警启动清洗装置（WO2009044982A1 等），使得清洁装置运行更加智能化，节省人力物力。

对多阵列的光伏组件的清洗是近些年来研究较多的方向，如流体驱动清洁多个太阳能板的清洁系统（CN112654822A），清洁成排排列的一系列倾斜太阳能电池板（EP2422889A1），可跨越支架实现多个光伏板快速自动清理（CN219322348U）等，还包括对不同倾角变化或双面光伏组件的清洗装置（CN114866018A，CN113037207A）。这些方向的研究使得清洁更加高效化，并拓宽清洁装置的适用范围。

此外，针对节水环保清洗装置也有专利布局，如不需要水及清洁液沙漠适用具有旋转轴线的可不沿垂直方向清洗（CN103930983A），无水清扫光伏清扫机器人（CN104984942A），具有雨水收集复用功能的太阳能光伏板用清洁装置（CN117353649A），带有污水循环利用的光伏组件清洁装置及清洁方法（CN116404973A）等，主要是从无水清洁、利用雨水、污水处理实现循环利用来实现节水环保的清洁目的。

5.4.2 喷淋技术

光伏组件喷淋技术相关的专利也相对较多，最早清洗的专利申请于 1983 年的太阳能电池板自动清洗系统（JP1984150484A）。该专利利用光自动检测太阳能电池板的光接收表面上由灰尘等引起的污染，根据监测结果操作水管阀门，以将清洁水从管道喷嘴喷射到受光面，自动清洁受光面，可实现太阳能电池板的无人操作。

后续的发展布局中，涵盖的方向主要是对喷淋水流速度和喷头的调控，配置控制系统，与其他清洗装置结合，以及集水水循环等。通过对以上方向的布局，喷淋技术在光伏组件或阵列的清洗中实现更加高效节水环保，同时使控制更加智能化（图 5-13）。

在对喷淋水流速度和喷头的调控方向，代表性技术包括在喷淋水管布置多个高压喷头、增设雾化喷淋系统、采用定向远射喷头和若干扇形喷头组合以及喷淋嘴设计为扁口让水液呈扁平状喷出增加水液喷出的范围等提升清洗效率，通过减少喷头流量增加水压，同时在喷头内设调速组件根据积尘状况随时调整流速，提升水资源利用率（CN202259384U，CN108971106A，CN110404835A，CN220570493U）。

配置控制系统相关的专利，主要是通过监测太阳光辐照强度变化获取灰尘数据来控制清洗开关，实现清洗智能化，或者是获取光伏组件的温度数据决定是否进行喷淋冷却，相关代表专利如 KR1020130058967A、CN202667184U、CN103316861A 等。

与其他清洗装置结合的方向，包括结合盘刷、排刷、柔性雨刷、机械清洁系

2005年之前	2006~2010年	2011~2014年
1983年, JP1984150484A：利用光自动检测太阳能电池板的灰尘等污染，根据监测结果操作水管阀门，以将清洁水从设置在同一管道中的喷嘴喷射到受光面	2009年, CN201500653U：光伏组件框架上沿设带有喷水孔的喷水管，含高压水泵及水箱 2010年, US9016292B1：喷嘴定位成在太阳能电池板的表面上喷水以清洁和冷却，包括排水沟以回收用过的水	2012年, KR1020130058967A：控制系统接收测量系统的信号，控制洗涤或冷却水泵水阀，喷淋洗涤和冷却电池板 2013年, CN103316861A：控制系统监测太阳辐照强度变化判断积尘厚度，自动喷淋 2014年, CN204244162U：含水泵，集水槽与过滤箱及沉淀箱，可回收使用水冷却清洁

2015~2018年	2019~2021年	2022年至今
2016年, CN205566204U喷淋装置结合柔性雨刷及光照强度检测机构 2017年, MA41528A1：配备集水单元、水处理单元和水循环系统的光伏组件 2018年, CN108971106A：喷头内设调速组件，可据状况调整流速，设烘干装置低温时快速烘干防冻	2019年, CN110404835A：积尘检测、雾化喷淋、机械清洁系统结合自动开启喷雾清洁 2020年, CN112436800A：喷头小流量+高水压最大化利用水；采用定向远射喷头和若干扇形喷头组合达最佳清洗效果 2021年, CN217017618U：喷气喷水清洁降温，清洗水回收	2022年, CN217747706U：挡水板与支撑板形成U形，雨水循环用于光伏组件清洁 2023年, CN116493324A：对光伏板进行全覆盖式的移动喷淋清洗，并且，废水回收与清洗操作同步进行

图 5-13　光伏电站喷淋技术相关专利技术发展路线图

统、喷气系统等，实现清洗更加彻底高效；另外还可以结合烘干装置，在冷冻时节可以快速干燥防止结冰冻害等（CN203955588U，CN205566204U，CN108971106A，CN217017618U）。

与集水水循环相关的专利较多，通过增加排水槽、集水集雨箱，以及过滤或者污水净化装置，实现清洗用水的循环利用，节约水资源，尤其适合干旱少雨地区，相关的代表性专利如 CN204244162U、CN206981293U、MA41528A1、CN116493324A 等。

5.4.3　涂层

自清洁涂层的作用主要是改变玻璃表面特性，超疏水涂层或超亲水涂层使微粒不易在表面沉积或易于被清除，添加光催化剂的涂层可以光催化降解有机污染物。此部分的专利目前还相对较少，根据检索结果共有 363 组。

最早的相关专利可以追溯到 1999 年，在专利 DE19932150A1 中，提及了自清洁、防黏附具有微细的表面绒毛结构 Lotus 涂层。后续相关专利在涂层的组成材料、涂层结构及涂层的功能方向不断改善，使得自清洁涂层性能不断提高。涉及的涂层根据组成材料分类，主要包括光催化氧化物、无机氧化物、有机聚合物、贵金属、硅酸盐等，具体包括二氧化钛和氧化锌、氧化硅、有机硅、氟树脂、石墨烯、聚丙烯酸、碳掺杂氮化硼、氧化铬、硅酸盐、双固化超支化树脂、聚酯、环氧树脂、氧化铝、珍珠岩、Ag、PEG 等。根据涂层结构分类，包括表面绒毛结构、纳米级间距凹凸不同疏水层、荷叶仿生结构、三维交联网状结构、纳米片结合网状结构等。从涂层附加功能来看，除了自清洁相关的超疏水、超疏油、超亲水以及光催化外，还包括高透光、耐磨、减反增透、自修复、超耐候、耐老化防腐、耐酸、高附着力、常温固化、阻燃、平滑不开裂等。具体的代表性专利如下。

2005 年申请的 US8344238B2：含光催化氧化物二氧化钛和有机硅或氟树脂及纳米粒子自清洁涂层。

2009 年申请的 CN201438469U：具有纳米级间距且凸凹不平的疏水层纳米自清洁层。

2010 年申请的 CN201853715U：高透光防尘涂层超亲水氧化硅膜。

2011 年申请的 CN201438469U：具有 SiO_2 膜或硅酸乙酯增透层及羟基自清洁层；CN202142540U：自清洁属性纳米二氧化钛层。

2015 年申请的 CN104916711A：自清洁石墨烯涂层。

2018 年申请的 CN109251457A：荷叶仿生结构的自清洁太阳能电池板丙烯酸树脂基薄膜；CN108456467A：含纳米光催化活性粒子，聚偏氟乙烯，疏水硅树脂，碳粉自清洁耐磨涂层；CN110104956A：强亲水性、良好的透光性以及光催化降解有机物含纳米二氧化钛、氧化锌等。

2019 年申请的 CN210628322U：高效自清洁碳掺杂氮化硼纳米涂层。

2021 年申请的 CN115717031A：减反增透自清洁纳米光学涂层含氮化铬，硅酸盐，硅氟烷等。

2022 年申请的 CN217063651U：超耐候自清洁聚酯涂层；CN114772942A：三维交联网状结构掺杂导电及光催化粒子；CN115197633A：耐老化防腐自清洁纳米 SiO_2 改性环氧涂层；CN115505325A：自修复含光热双固化超支化树脂及胺类微胶囊和氧化钛纳米粒子；CN114231177A：乙烯基硅烷化合物表面改性纳米 TiO_2/SiO_2 复合粉体与氟硅烷改性含氢硅油和铂催化剂制备疏水疏油透光率高。

2023 年申请的 CN116836575A：纳米硅钛化合物络合氟化镁溶胶，常温固化附着力强；CN117165106A：阻燃耐磨含 Al_2O_3 纳米片和 AlOOH 纳米片的网状

SiO$_2$ 溶胶；CN117264489A：耐磨耐候改性珍珠岩丙烯酸树脂基涂层；
CN117658484A：TiO$_2$-PEG 溶胶加入 SiO$_2$ 溶胶混合后陈化平整不开裂镀膜溶胶；
CN116445043A：高耐酸性和高耐候纳米 SiO$_2$ 和氧化锆改性四氟乙烯/乙烯基单体
共聚物；CN116948437A：Ag 掺杂 TiO$_2$、SiO$_2$ 自清洁纳米涂层。

5.4.4　激光、静电、声波除尘技术

　　激光、静电、声波除尘技术在大规模光伏电站除尘中应用还比较少，但在近
年来的专利中也有将这些技术与应用较广泛的喷淋或自清洁装置结合起来，进一
步提升清洁功效。整体来看，相关专利较少，目前仅有 247 组，最早的专利为
2009 年的 CN201389535Y：方便、高效地清洗已安装固定的太阳能电池板超声波
清洗机，利用了超声波的技术。后续的相关专利中，静电除尘和超声波除尘的专
利相对较多，而激光除尘技术较少。

　　（1）声波除尘。代表专利如 2009 年申请的 CN201389535Y：方便、高效地清
洗已安装固定的太阳能电池板超声波清洗机；2011 年申请的 CN202217667U：设
置有超声波换能器与超声波发生器辅助清洗的光伏组件；2016 年申请的
CN106733906A：清洗太阳能电池板污垢的超声波清洗装置；2019 年申请的
CN111014214A：配置在电池板两侧的超声波震动装置和毛刷除尘装置；2021 年
申请的 US11228276B1：光伏板侧壁或下方设置 MEMS 超声换能器将超声波施加
到太阳能电池板表面的清洗水；2021 年申请的 CN113828590A：声波激励吸尘装
置；2023 年申请的 CN117411414A：智能无触式声波光伏清洗机器人；2023 年申
请的 CN117458980A：大型光伏电站高效循环组件清洗系统，含喷射清水单元以
及发射超声波的超声单元等。

　　（2）静电除尘。代表专利如 2012 年申请的 IN458228B：不同几何形状的导
电涂层施加由适当的电子装置产生的静电直流场脉冲除尘；2012 年申请的
CN103212553A：电离空气流中带电粒子中和太阳能电池板与堆积在其表面的灰
尘之间的静电电荷除尘；2013 年申请的 CN203408934U：横向移动导轨安装有静
电刷；2018 年申请的 WO2019051438A1：使用电动屏蔽的自清洁太阳能电池板；
2022 年申请的 CN115532734A：自供能太阳能板静电除尘装置；2023 年申请的
CN116329191A：光伏阵列静电负离子清灰装置等。

　　（3）激光除尘。代表专利如 2016 年申请的 CN106623274A：根据污染物的厚
度及表面状态选择脉冲激光扫描清洗；2021 年申请的 CN113369250A：激光清洗
顽固污垢与表面剥离，配合干冰清污将残留污垢扫清干净；2022 年申请的
CN115346139A：太阳能光伏板的无人机激光清洗方法、装置等。

第6章 总结及专利布局建议

6.1 总　　结

6.1.1 太阳能转化利用

过去十多年，能源需求急剧增长，能源之争成为国际事务中的突出问题之一。化石燃料的应用会产生二氧化碳和其他污染物质，对环境造成危害，同时其产量有限。太阳能作为主要的可再生能源之一，具有来源广泛、清洁无害、可持续等特点。因而，太阳能的大规模利用具有重大经济、生态及战略意义。

太阳能的利用技术主要包括太阳能发电技术、热利用技术和光化学转换技术。已经实现大规模太阳能利用的主要为太阳能发电技术，尤其是光伏发电；而光热发电发展前景良好，但目前占据比例较小。①光伏发电技术，是将太阳能直接转换成电能的一种技术，把光子和电子的相互作用转化为电能。②光热发电技术，通过大量反射镜以聚焦的方式将太阳能直射光聚集起来，加热工质，产生高温高压的蒸汽，蒸汽驱动汽轮机发电。③其他技术，如太阳能光热转换技术，指通过反射、吸收或其他方式把太阳辐射能聚集至各种聚光器或集热器转换成足够高温度的过程，对物体通过热传导、热辐射或对流进行加热以获得内能，从而应用于加热、干燥、蒸发、蒸汽发生、热水供应等用途；太阳能光化学转化利用技术，指利用光能将化学物质转化为其他化学物质的技术。

从太阳能光伏产业链上来看，上游产业是原材料的生产环节，主要是对硅矿石和高纯度硅料的开采、提炼和生产，如冶金硅提纯、多晶硅提纯、单晶/多晶硅片加工与切割等环节，此外还包括太阳能电池背板、电池用玻璃等系统配件的制造。中游产业是技术核心环节，主要是部件和组件的研发制造等，包括单晶/多晶硅电池片、电池组件（晶硅组件、薄膜光伏组件）生产与组装。下游产业包括太阳能并网发电工程、太阳能电池组件的生产及安装、光伏集成建筑等在内的光伏产品系统集成与安装等。

我国西北荒漠及青藏高原地区由于地处高原，云层稀薄，阳光直射时间长，光照条件非常优越，太阳能资源极为丰富。西北荒漠及青藏高原地区的太阳能辐射量是全国最高的区域之一，可以充分利用丰富的太阳能资源，为电网提供稳定的清洁能源。除了自然条件优越外，政策和科技创新也为西北荒漠及青藏高原地区能源产业的发展提供了强有力的支持。近年来，国家高度重视可再生能源的发展，出台了一系列支持政策，为西北荒漠及青藏高原地区的能源产业提供了宝贵的政策红利。例如，政府对光伏发电、风电和水电等可再生能源项目给予了财政补贴、税收优惠等措施，大大降低了项目投资成本，加速了可再生能源的开发利用。在科技创新方面，西北荒漠及青藏高原地区的能源企业不断加大技术研发投入，积极引进和推广新技术，提高能源产业的核心竞争力。例如，部分企业采用了先进的太阳能电池板技术，提高了光电转换效率，使得光伏发电站的成本不断降低，进一步推动了可再生能源的发展。西北荒漠及青藏高原地区能源产业的发展不仅为我国能源安全提供了有力保障，也为实现绿色发展作出了积极贡献。在"十四五"期间，西北荒漠及青藏高原地区将继续加大能源产业投资力度，加快推进可再生能源的开发利用，力争在全国能源结构调整和绿色发展中发挥更加重要的作用。同时，西北荒漠及青藏高原地区还将以能源产业为依托，推动区域经济的快速发展。通过建设大型能源项目和引入相关产业链，带动当地就业和相关产业的发展，促进地方经济的繁荣。此外，能源产业的发展也将助力西北荒漠及青藏高原地区的经济发展，为当地农民和企业提供更多创收机会，推动乡村振兴和区域均衡发展。

6.1.2　太阳能发电

太阳能光伏发电是利用半导体界面的光生伏特效应而将光能直接转变为电能的一种技术，主要由太阳能电池板（组件）、控制器和逆变器三大部分组成，主要部件由电子元器件构成。太阳能电池经过串联后进行封装保护可形成大面积的太阳能电池组件，再配合上功率控制器等部件就形成了光伏发电装置。

光伏发电材料分为主料和辅料，主料为电池材料，包括硅材料、薄膜材料、其他材料等；辅料是指制备光伏组件的其他材料，包括光伏银浆、胶膜、焊带、背板和玻璃等。

硅材料分为单晶硅材料、多晶硅材料和非晶硅材料：①单晶硅材料是指硅材料整体结晶为单晶形式，是目前普遍使用的光伏发电材料。单晶硅太阳能电池是硅基太阳能电池中技术最成熟的，相对多晶硅和非晶硅太阳能电池，其光电转换效率最高。②多晶硅材料生产能耗低，生产过程无污染，与单晶硅太阳能电池相比，多晶硅太阳能电池更加经济。③非晶硅太阳能电池生产成本低，制备简单，弱光性好，是实用廉价的太阳能电池之一。该类电池多采用 p-i-n 结构，易于大面积制备。

薄膜材料分为铜铟（镓）硒 [CuIn（Ga）Se$_2$] 薄膜材料、铜锌锡硫（CZTS）薄膜材料、聚合物薄膜材料：①铜铟（镓）硒 [CuIn（Ga）Se$_2$] 薄膜材料是最重要的多元半导体薄膜光伏材料之一，其光电转换效率接近多晶硅太阳能电池，受到光伏产业的高度重视。②铜锌锡硫（CZTS）薄膜材料，处于单晶硅太阳能电池的理想带隙值，成本低且不含有毒元素，是理想的薄膜太阳能电池吸收层材料。③聚合物薄膜材料来源非常广泛，制作简单，生产成本低廉，比较适合大规模推广，聚合物薄膜电池的柔韧性更强，能够有效改善有机材料对太阳能光谱的吸收效果，提高载流子的迁移效率。

其他光伏电池材料主要有钙钛矿太阳能光伏材料、石墨烯、染料敏化电池材料：①钙钛矿太阳能光伏材料不仅具有良好的吸光性和电荷传输速率，而且还能通过不同的结构提升其光电转化效率。②石墨烯特有的单原子结构使其具有优异的导电性、较高的热导率、极高的载流子迁移率、极佳的柔韧性，是具有良好发展前景的新一代太阳能光伏材料。③染料敏化太阳能电池可吸收太阳光染料，对氧化物半导体进行敏化，有效解决太阳光吸收搭载带半导体稳定性差的问题。

辅料有光伏银浆、胶膜、焊带、背板和玻璃等：①光伏银浆是电池片电极的核心材料，约占电池片非硅成本的 33%，其性能直接影响电池的转换效率。②光伏电池封装胶膜（EVA）一种热固性有黏性的胶膜，用于放在夹胶玻璃中间，由于 EVA 胶膜在黏着力、耐久性、光学特性等方面具有的优越性，它被越来越广泛地应用于电流组件以及各种光学产品。③光伏焊带又称镀锡铜带或涂锡铜带，分为汇流带和互连条，应用于光伏组件电池片的连接。④光伏背板是用在太阳能组件背面，直接与外环境大面积接触的光伏封装材料，其应具备卓越的耐长期老化（湿热、干热、紫外）、耐电气绝缘、水蒸气阻隔等性能。⑤光伏玻璃可利用太阳辐射发电，并具有相关电流引出装置以及电缆的特种玻璃。

光伏器件设计分为光伏阵列、逆变器、支架及控制系统。

光伏阵列的技术关键在于板间距、阵列间距、离地高度和倾角：①光伏板间距是指太阳能电池板之间的距离，这个距离对于太阳能电池板的发电效率有着非常重要的影响。在太阳能电池板的安装过程中，合理的光伏板间距可以提高太阳能电池板的发电效率，同时也可以减少安装成本和维护成本。②光伏支架阵列间距是指光伏阵列中，相邻两行光伏组件之间的距离，也就是光伏组件等间距排列的中心间距。光伏支架阵列间距是影响光伏发电效率的一个重要参数，不同的间距设置会影响光伏组件的光利用率及阴影覆盖率。③光伏板距离地面高度是影响光伏发电量的重要因素之一。合适的安装高度可有效避免阴影和底部污染等影响光伏板发电的情况，并能够提高光伏板的安全性和美观度。④光伏阵列的方位角是方阵的垂直面与正南方向的夹角。倾斜角是太阳能电池方阵平面与水平地面的夹角，并希望此夹角是方阵一年中发电量为最大时的最佳倾斜角度。

逆变器是光伏系统中的核心电子电力设备，其将直流电转化为频率、幅值可调的交流电，维持光伏阵列系统的平衡。逆变器主要包括集中式逆变器、组串式逆变器、集散式逆变器：①集中式逆变器总功率大，应用于光照条件较好的地面光伏电站等大型项目，其具有体积大、成本低、安全性高、设备元器件数量少的特点。②组串式逆变器基于模块化设计将多片光伏电池板串联成一个组串，将光伏组件产生的直流电转化为交流电接入电网，适用于分布式系统，安装方便、输出电压范围宽。③集散式逆变器将 MPPT 前移到汇流箱，并增加汇流箱数量，有效降低传输损耗。

光伏支架是光伏系统中用于光伏组件的安装、固定、支撑、转动支持的一类特殊功能支架，在光伏产业链中处于中游环节。根据光伏支架是否能够支持光伏阵列跟随太阳入射角变化而转动，光伏支架可分为固定式光伏支架和跟踪式光伏支架两类：①固定式光伏支架，根据所在地光照资源测算最佳入射倾角安装光伏组件并接收太阳辐射。②跟踪式光伏支架，追踪太阳方位转动光伏组件，最大化接收太阳辐射。

控制系统主要包括系统功能架构、系统架构设计、系统实现。光伏电站远程监控系统主要分为六个功能：数据采集、显示与传输，系统安全和数据存储管理，故障监测，绘制统计图，本地远程监控，中央远程监控。系统总体架构一共分为四个结构层次，光伏电站现场设备层、数据采集及数据传输层、本地远程监控层、中央远程监控层。系统实现主要包括以下几个方面：硬件设计、软件开发、系统集成和测试。

光伏电站选址规划包括土地适宜性分析、阴影遮挡、辐照度和地面反射率。光伏电站的宏观选址首先需要考虑坡度、坡向、阴影、汇水区域和资源条件。土地适宜性分析包括用地政策分析、坡度及坡向分析。阴影遮挡因素包括自然遮挡物、人为遮挡物等，这些遮挡物轻则影响光线透射率，降低组件表面光照辐射量，重则在组件局部形成热斑效应，影响光伏组件发电效率和使用寿命。光伏电站标准辐照度是指在一定的条件下，太阳辐射在垂直于太阳光线方向的标准平面上的辐照度。

光伏电站效益包括经济效益、社会效益和生态效益。太阳能光伏发电的直接经济效益体现在多个方面，首先是能源成本的降低；其次是就业岗位的增加；再次是对能源安全的提升。光伏发电与其他产业结合还可以带来附加效益。光伏电站的社会效益主要体现在以下几个方面：①减少二氧化碳排放；②促进经济发展；③提高能源安全；④推动可持续发展。

6.1.3　光伏电站与特殊生态环境协同关系

我国西北荒漠及青藏高原地区具有丰富的太阳能资源，但同时也具备气候干旱、少雨多风、高寒、高温变、植被结构简单、生态脆弱等特殊生态环境特点。光伏电站与其建设场地生态环境之间的关系是相互协同作用的，一方面建设过程会扰动地表，破坏植被，改变地表形态，造成风蚀、水土流失、土壤变化、局部小气候变化、动植物资源的变化等生态损害。但是，另一方面，电站建成后，光伏阵列可以增加电站地表的粗糙度，减弱近地表风速；改变局部区域流场，具有类似沙障的挡风阻沙作用；板下提供遮阴及集水汇集区域，有助于植被成长。此外，要适应这些多风沙、高辐射、高寒、高温变环境，对设备本身的耐候性要求也有别于其他地区。

光伏电站对特殊生态环境的影响主要有四个方向：①对局地微气候的影响，包括对地表太阳辐射、空气温湿度及降水量等的影响。②对土壤的影响，包括对土壤抗蚀性、土壤温湿度、土壤养分和碳汇功能及土壤生物群落等方面的影响。③对风沙活动的影响，具体包括对板下及附近区域风蚀、电站周围及内部风速、风速廓线、风速流场及风沙输移的影响。④对动植物群落的影响，集中在对植被盖度、植物多样性、植物生产力、野生动物群落等的影响。

特殊生态环境对光伏电站的影响包括以下几个方面：①荒漠地区的风沙影响，随风运动的沙粒遇到太阳能光伏组件会发生堆积和冲蚀。积尘会导致光伏电站发电效率降低、组件受光照不均匀、产生热斑或者组件寿命降低等不利现象。冲蚀会对组件表面造成磨损破坏，降低组件的寿命。此外，光伏电站内风沙活动的不均一性会造成局部沙土堆积，发生沙埋，风速过大时也会对光伏组件稳定性造成影响，造成设备的损毁和倒塌，严重影响正常施工及后续电站运行维护。②高温高辐射的影响，主要是对光伏组件的耐候性带来的影响，光伏组件由玻璃、EVA、背板、电池片等原辅材料组成，特定气候环境（如高温、高辐射、高湿、高盐雾等）对材料耐候性造成影响。在电池层，由于材料老化、腐蚀、电池与电池触点之间的黏附力丧失、涂层变质和减反射而导致性能逐渐下降；在模块层，电池开裂、脱层失效、电池的失效机制、互连故障、密封剂和旁路二极管故障可能会导致性能下降。③高寒及高温差变化影响，西北荒漠及青藏高原地区冬季室外温度长期处于零下，且昼夜温差较大，光伏电站及组件长期处于这样的环境中，会造成组件性能下降、覆冰、冻害裂缝、地基冻胀、冻融破坏害等。④自然灾害的影响，主要是大风、地震、雷击等，西北荒漠及青藏高原地区大规模光伏电站所在区域常为高原、荒漠地区等，地域开阔，常有大风灾害，造成电站被掀翻损毁；在雷雨天气，尤其容易受到雷击；地质不稳定，多发地震，对光伏电站的稳定运行造成损害。

针对以上电站与特殊生态环境的协同关系分析，在电站的选址、建设及后续维护中需要制订相应的防护措施，实现经济效益、社会效益及生态效益的最大化。①风沙防护，包括对风沙运移规律、防风治沙技术及积尘清洁技术的研究。通过对风沙运移规律的研究，制订相对应的风沙防护措施，如沙障沙带阻沙，生态修复、生物结皮、方格治沙等方式固沙及输沙导沙技术，有利于促进光伏发电站与沙漠环境的有机结合。积尘清洁技术主要是为了提升发电效率，目前主要包括人工清洗，喷淋，自清洁装置，涂层及静电、激光、声波除尘技术。②水循环利用技术，受地理自然条件所限，西北荒漠及青藏高原地区大型光伏电站的组件表面清洁普遍面临用水匮乏、水质较差、清洁质量低、周期短、成本高等诸多问题。目前相关的解决途径一是集水，包括降水、清洗后水、露水、空气中水分的收集再利用；二是光伏太阳能水泵水利用系统的开发，合理开发地下水；三是水处理循环利用，"光伏+水务"的模式，利用光伏电站提供电源与水处理系统有机结合，实现水循环利用，解决缺水问题。③抗高温辐射，一方面是利用降温技术，包括自然降温，强制循环降温技术，以及辐射散热涂层技术，降低光伏组件的运行温度；另一方面是选择耐高温辐射紫外老化的光伏组件材料，如晶硅、薄膜类以及新型材料钙钛矿电池等相较非晶硅类具有较高的温度稳定性，以及耐老化的新型封装材料等。④抗冻胀冻融，对于在冻土区建设的光伏电站必须考虑到差异冻胀融沉对光伏组件发电量造成的不利影响，需对光伏支架、支架基础、光伏发电设备做相应的抗冻措施，防冻胀措施总体可以分为两个方面，一方面是地基土的改良；另一方面是基础和结构物抗冻胀。⑤抵御自然灾害，包括大风灾害、覆冰覆雪、地震、雷击。防大风灾害一方面可以从光伏电站周围环境进行改善，主要是建立风障，降低风速；另一方面从改善光伏支架、桩基础、组件及光伏阵列的倾角和排列方式来降低风荷载。防覆冰覆雪，可以利用加热措施、超声波、化学除雪及涂层技术减少覆冰覆雪。防雷击，可以通过部署浪涌保护器、阵列采用金属框架等电位连接以及屏蔽措施减少雷击的损害。防地震，主要通过选址避开不稳定区域，选择高抗震性光伏支架等措施减少地震影响。

6.1.4 专利态势分析

专利态势分析利用统计方法或数据处理手段使专利信息具有总揽全局及预测的功能，通过专利分析使普通的信息上升为领域发展中有价值的情报，是保障领域技术竞争领先的有效手段。对高寒荒漠地区太阳能电站与生态环境协同发展作用研究领域的专利进行统计分析，结合前期文献调研，为便于专利的梳理，获取重要专利信息，根据第 3 章对光伏电站与特殊生态环境协同关系相关领域的文献及网络信息数据调研，将该领域的专利检索整体分为四个大方向，包括荒漠地区与高寒地区均适用的水资源循环再利用技术和积尘清洁技术两个方向，以及区分荒漠地区和高寒地区特色的荒漠光伏电站和高寒光伏电站两个方向。

从四个相关方向的专利检索来看，专利布局最多的为积尘清洁技术方向，有10 920 组；其次是高寒地区光伏电站相关专利，有 3735 组；针对荒漠地区光伏电站及水资源循环再利用技术的专利相对较少，均为 2000 组左右。

1）荒漠地区光伏电站专利

在 158 个国家/地区/专利组织中共检索到涉及荒漠地区光伏电站的专利2736 条，2273 组简单同族，其中有效专利 999 件、审中专利 263 件、PCT 指定期内专利 2 件，共计 1264 组简单同族。世界主要国家、地区、专利组织申请和授权涉及荒漠地区光伏电站的相关专利呈现前期缓慢增长、中期迅猛增长、后期稳定的趋势。第一件专利是 1978 年 11 月 17 日申请的 "JP1980068682A 太阳能电池装置"，此后多年专利申请数量不多，处于漫长的起步萌芽期，这种状态一直持续至 2006 年，年均申请数量不足 10 件；2007～2015 年处于缓慢发展期，年均申请数量不足 100 件；2016～2023 年，每年申请数量快速增加，年度增长速度飞快，与光伏产业的快速发展密切相关，最多申请量为 2022 年和 2023 年，专利申请数量均高达 263 件。中国共有 1975 件专利，占全部专利数量的 86.89%，遥遥领先其他国家。位于专利数量前 10 位的国家依次是中国、韩国（69 件）、日本（65 件）、德国（26 件）、美国（23 件）、印度（16 件）、西班牙（12 件）、俄罗斯（11 件）、巴西（6 件）、意大利（6 件）。

在中国申请专利（有效、审中、PCT 指定期内专利）方面：主要分布于江苏、浙江、北京、广东、安徽等省份。技术领域方面主要分布在：①光伏模块的支撑结构；②不包括在 H02S 10/00—H02S 30/00 中的与光伏模块结合的组件或配附件；③用于电池组的充电或去极化或用于由电池组向负载供电的装置。

专利申请人方面：专利申请人力量相对集中，主要集中于中国，TOP1 是浙江正泰新能源开发有限公司。进入专利申请人 TOP10 榜单的既有企业还有高校和科研院所。排名前三位的机构依次是浙江正泰新能源开发有限公司、中国科学院西北生态环境资源研究院、南京国电南自新能源工程技术有限公司。其中，浙江正泰新能源开发有限公司相关荒漠地区光伏电站有效、审中、PCT 指定期内专利总数共计 11 件，主要技术领域涉及防风性能好、提升发电效率同时降低发电成本的光伏跟踪系统、光伏组件定位用连接组件结构、光伏组件与檩条的连接结构、光伏安装结构、光伏支架以及矩阵式光伏系统等。

2）高寒地区光伏电站专利

在 158 个国家/地区/专利组织中共检索到涉及高寒地区光伏电站的专利 4202 条，3735 组简单同族，其中有效专利 1702 件、审中专利 328 件，共计 2030 组简单同族，无 PCT 指定期内专利。世界主要国家、地区、专利组织申请、授权涉及高寒地区光伏电站的相关专利呈现前期缓慢增长、中期迅猛增长、后期稳定发展的趋势。第一件专利是 1976 年 10 月 6 日申请的 "US4063963A 地面光伏太阳能电池板"，此后多年专利申请数量不多，处于漫长的起步萌芽期，这种状态一直持续至 2004 年，年均申请数量不足 10 件；2005~2011 年，处于缓慢发展期，年均申请数量不足 100 件；2012~2023 年，每年申请数量快速增加，年度增长速度飞快，与光伏产业的快速发展密切相关；最多申请量为 2022 年，专利申请数量高达 448 件。中国共有 3235 件专利，占全部专利数量的 86.61%，遥遥领先其他国家。位于专利数量前 10 位的国家依次是中国、日本（215 件）、韩国（145 件）、美国（28 件）、德国（18 件）、土耳其（9 件）、印度（6 件）、俄罗斯（6 件）、法国（5 件）、巴西（4 件）。

在中国申请专利（有效、审中、PCT 指定期内专利）方面：主要分布于江苏、浙江、北京、广东、山东等省份。技术领域方面主要分布在：①不包括在 H02S 10/00—H02S 30/00 中的与光伏模块结合的组件或配附件；②光伏模块的支撑结构；③用于电池组的充电或去极化或用于由电池组向负载供电的装置。

专利申请人方面：专利申请人力量相对集中，主要集中于中国，进入专利申请人 TOP10 榜单的大多是企业。排名前三位的机构依次是国家电网有限公司、辽宁太阳能研究应用有限公司、北京兴天通电讯科技有限公司。其中，国家电网有限公司相关高寒地区光伏电站专利共计 37 件，主要技术领域涉及高海拔地区光伏计算方法的专利；高海拔光伏电站检测和监控方面专利；光伏电站除雪、除冰、防雷等专利。

3）光伏电站水资源循环再利用技术专利

在 158 个国家/地区/专利组织中共检索到涉及大规模太阳能系统水资源循环再利用的专利 2566 条，2244 组简单同族，其中有效专利 1042 件、审中专利 279 件、PCT 指定期内专利 3 件，共计 1324 组简单同族。世界主要国家、地区、专利组织申请、授权涉及光伏电站水资源循环再利用的专利呈现前期缓慢增长、中期迅猛增长、后期稳定的趋势。第一件专利是 1982 年 11 月 24 日申请的 "FR2545864A1 植物集雨屋顶"，此后多年专利申请数量不多，处于漫长的起步萌芽期，这种状态一直持续至 2008 年，年均申请数量不足 10 件；2009~2015 年处于缓慢发展期，年均申请数量不足 100 件；2016~2013 年，每年申请数量快速增加，这与光伏产业的快速发展密切相关，最多申请量为 2023 年，专利申请数量高达 292 件。中国共有 2057 件专利，占全部专利数量的 91.67%，遥遥领先其他国家。位于专利数量前 10 位的国家依次是中国、韩国（37 件）、美国（20件）、日本（19 件）、西班牙（13 件）、德国（11 件）、印度（9 件）、巴西（7件）、法国（6 件）、罗马尼亚（5 件）。

在中国申请专利（有效、审中、PCT 指定期内专利）方面：主要分布于江苏、广东、浙江、山东、安徽等省份。技术领域方面主要分布在：①不包括在H02S 10/00—H02S 30/00 中的与光伏模块结合的组件或配附件；②光伏模块的支撑结构；③饮用水或自来水的取水或集水的方法或装置。

专利申请人方面：专利申请人力量相对集中，主要集中于中国，其中企业 7家，高校和科研院所 3 家，排名前三位的机构依次是湖北金宝马环保科技有限公司、中国华能集团清洁能源技术研究院有限公司、西安热工研究院有限公司。其中，湖北金宝马环保科技有限公司相关光伏电站水资源循环再利用专利共计 10件，主要技术领域为光伏供电的污水处理系统，以及水上治理智能光伏曝气时变节能系统、风能太阳能互补供电的水上曝气机控制系统。

4）光伏电站积尘清洁技术专利

在 158 个国家/地区/专利组织中共检索到涉及光伏电站积尘清洁的专利12 926条，10 920 组简单同族，其中有效专利 5548 件、审中专利 1607 件、PCT指定期内专利 15 件，共计 7170 组简单同族。世界主要国家、地区、专利组织申请、授权涉及光伏电站积尘清洁的专利呈现前期缓慢增长、中期迅猛增长、后期稳定的趋势。第一件专利是 1979 年 2 月 2 日申请的 "BE873886A 太阳能电池板清洁装置"，此后多年专利申请数量不多，处于漫长的起步萌芽期，这种状态一直持续至 2006 年，年均申请数量不足 10 件；2007～2010 年处于缓慢发展期，年均申请数量不足 100 件；2011～2023 年，每年申请数量快速增加，年度增长速度飞快，与光伏产业的快速发展密切相关，最多申请量为 2023 年，专利申请数量高达 1682 件。中国共有 9807 件专利，占全部专利数量的 89.81%，遥遥领先其他国家。位于专利数量前 10 位的国家依次是中国、韩国（295 件）、印度（200件）、日本（102 件）、美国（75 件）、德国（63 件）、意大利（37 件）、以色列（34 件）、西班牙（31 件）、土耳其（23 件）。

在中国申请专利（有效、审中、PCT 指定期内专利）方面：主要分布于江苏、浙江、广东、山东、安徽等省份。技术领域方面主要分布在：①不包括在H02S 10/00—H02S 30/00 中的与光伏模块结合的组件或配附件；②利用工具的清洁方法；③一般用于清洁机器或设备的附件或零件。

专利申请人方面：专利申请人力量相对集中，主要集中于中国，进入专利申请人 TOP20 榜单的大多是企业，只有两家高校，没有科研院所。排名前五位的机构依次是深圳怪虫机器人有限公司、杭州舜海光伏科技有限公司、仁洁智能科技有限公司、湖州丽天智能科技有限公司、中国华能集团清洁能源技术研究院有限公司。其中，深圳怪虫机器人有限公司相关光伏电站积尘清洁专利共计 78 件，主要技术领域为光伏清洁机器人；无人清洗装置；光伏清洁机器人防摔感知的、自主规划的、辅助定位的方法。

6.1.5 专利技术及布局分析

1. 荒漠地区光伏电站

根据对光伏电站与荒漠地区的相互影响及风沙防护相关技术的调研结果，进一步对专利检索结果进行分类，荒漠光伏电站相关专利共计 2273 组，布局方向包括器件性能与设计、防风沙、对生态环境的影响、电站效益、电站选址规划等。

（1）器件性能与设计方向的专利最多，占据本方向专利的 78.18%，有 1777 组专利。器件包括光伏面板或组件（又可以细分为电池、背板、边框、封装等相关材料）、光伏支架、逆变器、电缆等。荒漠环境适用的器件性能与设计主要目的为可以承受荒漠地区高温紫外老化、隐裂、热斑、性能衰减、防大风灾害、抗震、防风沙侵蚀和磨损等，这些需求可以总结为防风以及耐候性。目前的专利中，防风抗震的器件性能是主要布局类别，有 1549 组，主要是与光伏面板连接固定结构也就是光伏支架、底座或跟踪安装机构有关。专利的发展主要体现在两个方面：一是减少光伏组件面临的风荷载，二是提升组件本身的抗应力的能力。相关专利技术包括支架高度和连接方式的改变，如高度可调节支架，L 型构件组合安装框架连接支架，可根据风荷载强度设置固定强度的支架，可随风荷载改变采光面的支架等。随着可自动跟踪追日防风安装机构的发展，相关专利增多，自动跟踪系统一方面可以根据太阳方向改变角度提升发电效率，另一方面也可以根据风向改变角度达到智能防风抗震的效果。光伏支架的安装基础也对防风抗震性能造成影响，专利中在这一方向也有涉及，如钢筋混凝土基础，灌注桩基础，预埋固设有加强钢网、防风沙掏蚀作用的光伏支架基础等。近年来，随着大跨度柔性支架的出现，组件防风抗震性能进一步得到提升。除此之外，通过改善光伏支架的材质和添加其他配置，也可以达到防风抗震性。针对光伏器件耐候性的专利相对较少（424 组），涉及的器件包括太阳能电池面板、背板封装材料、背膜、电缆、组件边框、逆变器、支架等，专利围绕提高耐高低温、耐老化、防隐裂、防热斑、防性能衰减以及风沙侵蚀和磨损等展开，通过提升光伏器件的材质性能，完善光伏器件结构设计或施加功能性涂层等技术达到以上目的，提升光伏组件使用寿命及发电效率。对光伏组件背板的专利布局最多，从背板相关的材料及结构设计进行改进。关于电池组件的保护层相关专利较多，还有少量针对光伏电缆、组件边框、光伏支架等耐候性相关专利等。

（2）防风沙相关专利主要从以下方向开展，风沙运动（包括风力模拟分析、风洞试验、风沙监测）以及防风沙技术（防护林、板间板下种植、防风墙、草方格、石方格、灌溉以及电站整体设计等）。防风治沙技术方向相关专利共计632组，一方面是防风挡沙装置，如防风墙、防风网、挡沙板等；另一方面与生态改善相关，如生物结皮，种植防护林，板下、板间、电场周围种植植物，灌溉措施等。近年来涉及的主要为与生态改善相关的技术；此外，还可以从电站的整体规划设计实现防风治沙效果。风沙输移规律相关专利较少，共计17组，其中主要与风洞试验相关，以及与风沙模拟及监测相关。

（3）与生态环境的影响相关的专利仅有13组，包括对气候、风沙阻挡、植物群落的影响，没有其他方面相关专利。

（4）与电站效益相关的专利包括电站效益的评估方法、电站效益增效方法，仅有13组，包括种植中药、智慧沙漠绿洲系统运行以及农植光伏互补等。

（5）电站选址规划，主要是电站设计参数相关，据此为电站选址提供依据。目前，这些方面的专利还相对较少，仅有6组，包括仿真计算模型、巡检方法及系统、电站参数化方法以及电站运行状态模拟等。

2. 高寒地区光伏电站

根据光伏电站与高寒高海拔高原地区的相互影响及防护相关技术的调研结果，进一步对本部分检索数据进行分类，将共计3735组专利分为五个大类，包括器件性能与设计、防冻胀冻融、防自然灾害（地震雷击）、电站选址规划、电站效益。目前，对生态环境的影响暂未有专利布局。

（1）器件性能与设计方向的专利是最多的，有1962组专利，占据整体专利的52.53%。针对高寒高海拔高原地区的低温、温差大、紫外线强等区域特点，适用于这些地区的光伏器件需具备良好的耐高低温、耐老化、耐紫外辐射、防冻、融雪融冰等性能。这些需求可以总结为防覆冰覆雪以及耐候性。目前的专利防覆冰覆雪的器件性能是主要布局类别，有1727组，一方面通过加热方式进行融雪融冰去除冰雪，并通过融雪积雪监测传感器的加入和电路的持续改进，使得融雪融冰方式更加高效、智能化；另一方面是通过安装结构或安装方式进行改进，减少积雪的覆盖或者刮除冰雪；或者是两种方式进行结合。加热方式进行融雪融冰去除冰雪是主要的方式，专利布局的技术方向中，一是不同位置配置的加热装置，二是改变加热源的能量来源，三是对控制系统的改进，主要是积雪监测及融雪控制。安装结构的改进，包括配置防雪罩、刮雪装置、鼓风机、无人机、水射流喷嘴、爆震除冰雪装置等或者非接触式除雪或者喷涂防雪涂层。耐候性专利布局相对较少，不足 200 组，涉及方向包含太阳能组件相关材料（如耐候性涂层、耐高低温中空玻璃、黑色背板材料等），耐候耐高低温和紫外辐射电缆，支架保护涂料或涂层等。其中，耐候性光伏电缆的专利布局最多，主要通过对电缆结构和材料的改善提高耐候性。

（2）防地震雷击方向的专利也比较多，占据 47.50%，共计有 1774 组，其中防雷击占大部分，相关专利 1222 组，地震相关专利 552 组。高原山地区域常会发生雷电天气，雷电会对太阳能组件运行效果产生影响，也会制约太阳能板的常规化应用，目前防雷电雷击相关的专利涉及的方向包括设置有防雷击保护器、雷电检测装置的降低雷电浪涌损坏的太阳能电池组件，防雷击电缆，光伏阵列防雷汇流箱，防雷击安装支架，逆变器防雷装置，电站防雷装置结构及安装技术（避雷针等）。与抗震性相关的专利主要为抗震支架、抗震性电池组件安装结构、抗震装置；建立地震预测控制系统、灾害预警系统。其中最多的为与抗震支架或者安装结构相关的专利。与抗震支架或者安装结构相关的专利主要是从其安装结构、方法及支架类型方向展开布局，一般是通过安装弹性部件等缓冲构件或吸震机构或者柔性大跨度光伏支架等来实现。

（3）防冻胀冻融相关专利较少，共计 28 组，起步较晚，最早的专利申请于 2015 年，涉及的方向全部为抗冻胀光伏支架和桩基础，布局专利涉及桩基础结构和施工工艺、支架结构、桩基础导热或加热装置等。通过桩基础结构和施工工艺技术的改善可以提高桩基的稳定性，消除或减少冻胀融沉造成的影响，从支架结构设计上来达到增加高寒冻土区支架稳定性的目的；通过导热或加热装置，实现对周围土壤温度的调节，解决冻拔冻胀融沉问题。

（4）电站选址规划及电站效益方向的专利很少，分别有 2 组和 1 组，专利全部申请于 2023 年。专利主要是与电站设计相关，包括电站阵列排布设计、绿色施工方法及电站组件 Voc 修正方法。

3. 光伏电站水资源循环再利用

根据水循环利用技术的调研结果，进一步对检索数据进行分析，共计 2244 组专利，其整体分为三个大类，包括集水、光伏水泵、水处理等。

（1）集水方向的专利最多，有 1355 组专利，占该方向专利的 60.38%。早期与光伏集水相关的专利技术主要为装设有光伏面板的建筑物屋顶或者相关设备顶部的雨水收集技术，设置集雨通道连接水箱收集雨水。2000 年之后，开始逐步出现光伏组件或者光伏电站直接配置的集水装置，集水装置可以设置在光伏面板边框侧面、下边缘或者设置在光伏支架或支架底座的集水槽，也可以设置在光伏面板下方的集水渠，可以收集自然降水（雨水，露水，雪水）或清洗用水，同时集水箱可以连接过滤净化处理装置及循环泵，实现水收集、净化、循环使用一体化连接。集水目的，一方面是作为光伏面板或光伏电站的清洁、冷却用水及光伏阵列荒漠化效应地面的植被灌溉等；另一方面改变雨水流经路线，避免雨水滑落在光伏板前沿下方地面、促进植物生长过高遮挡光伏板而影响正常发电。此外，还有少量关于大气水收集的相关技术，其适用于沙漠等高温低湿环境中空气制水。

（2）水处理可以充分利用太阳能提供电源与水处理系统有机结合，将收集的雨雪水及清洗或生产生活污水等进行处理，实现水循环利用，解决缺水问题。利用太阳能作为水处理电源的相关专利，有 547 组，占据该方向专利的 24.38%，目前的专利申请侧重于提高发电效率及污水处理效果，具体布局方向包括改变光伏面板的材质、排列方式、架设方式或者配置集水、光催化、生物净水装置等。

（3）光伏水泵系统以太阳能发电作为动力合理开发地下水，可用于满足边远偏僻地区农牧民的清洁饮用水问题，建立地下暗管灌溉系统，解决沙漠戈壁荒漠等干旱地区农作物水利用以及光伏电站清洁用水、生活用水、工业用水等用水问题。目前光伏水泵相关的专利相对较少，不足 200 组，主要是对光伏水泵的设计及性能提升，改进方向为实现简单化、高效化、低成本化、智能化发展；还有少许专利是应用光伏水泵的灌溉或用水体系的设计及完善。

4. 光伏电站积尘清洁技术

光伏电站积尘清洁方向专利数量较多，共计 10 920 组，根据专利的具体布局类别，又可以分为喷淋技术，自清洁装置，涂层，激光、静电和声波除尘。

（1）自清洁装置方向的专利最多，有 9597 组专利，尤其是近几年发展迅猛，仍然处于快速发展期。发展布局中，涵盖的方向主要是对清洁装置的移动方向及速度的控制，对清洁装置停机的把控措施，对监控系统的配置，对多阵列或者不同角度阵列清洗的应对措施以及节水环保清洗装置。通过对以上方向的布局，使得自清洁装置对光伏组件或阵列的清洗实现高效环保无死角，适合多种场合，延长设备使用寿命，同时控制更加智能化。

（2）喷淋技术相关专利987 组，主要从以下方向开展：对喷淋水流速度和喷头的调控、配置控制系统、与其他清洗装置结合，以及集水水循环等。通过对以上方向的布局，使得喷淋技术在光伏组件或阵列的清洗中实现更加高效节水环保，同时使控制更加智能化。

（3）涂层的作用主要是改变玻璃表面特性，超疏水涂层或超亲水涂层使微粒不易在表面沉积或易于被清除，添加光催化剂的涂层可以光催化降解有机污染物。此部分的专利目前还相对较少，共有 363 组。在涂层的组成材料、涂层结构及涂层的功能方向不断改善，使得自清洁涂层性能不断提高。涉及的涂层根据组成材料分类，主要包括光催化氧化物、无机氧化物、有机聚合物、贵金属、硅酸盐等；根据涂层结构分类，包括表面绒毛结构、纳米级间距凹凸不同疏水层、荷叶仿生结构、三维交联网状结构、纳米片结合网状结构等；根据涂层附加功能分类，除了自清洁相关的超疏水、超疏油、超亲水以及光催化外，还包括高透光、耐磨、减反增透、自修复、超耐候、耐老化防腐、耐酸、高附着力、常温固化、阻燃、平滑不开裂等。

（4）激光、静电、声波除尘技术在大规模电站除尘中应用还比较少，但近年专利中有将这些技术与应用较广泛的喷淋或自清洁装置结合起来，进一步提升清洁功效。整体来看，相关专利涉及的较少，目前仅有 247 组，静电除尘和超声波的相对较多，而激光除尘技术较少。

6.2　专利布局建议

根据对大规模太阳能利用与特殊生态环境协同作用的调研及专利分析的总结，提出该领域专利布局建议。

6.2.1　荒漠地区光伏电站专利布局建议

目前专利的具体布局类别，可以包括器件性能与设计、防风沙、电站选址规划、电站效益以及对生态环境的影响。

（1）器件性能与设计是目前专利申请的热门布局方向，占据本方向专利的78.18%，尤其是更加关注防风相关器件性能与设计的布局，也就是基于光伏面板连接固定结构光伏支架、底座或跟踪安装机构有关的专利。该领域发展相对成熟。但是在耐受荒漠地区高温紫外老化、隐裂、热斑、性能衰减、风沙侵蚀和磨损等方向相关的专利布局相对较少（目前共计 424 组，主要是组件背板相关），未来的专利申请一方面可围绕适用于荒漠环境的太阳能电池面板、背板封装材料、背膜、电缆、组件边框、逆变器、支架等器件的耐候性展开，从器件材质、器件结构设计或涂层技术等方向进行改善，提升光伏组件使用寿命及发电效率；另一方面可以从选择合适的器件构建适用于荒漠地区光伏发电系统的更加宏观的方向进行专利布局。

（2）防风沙技术作为与荒漠地区光伏电站特殊生态环境密切相关的技术，应该作为重点布局方向。目前相关的专利主要侧重于防风沙技术方向，包括防风挡沙装置和生态改善相关的专利，但是整体来看专利数量及涉及方法还是较少（632组）。未来的专利申请布局可以将现存的所有沙漠防风治沙技术与光伏电站相结合，从机械沙障、化学治沙、植物固沙、防风带网、输沙导风工程等技术类型层面，以及治沙技术选择的材料方面和电站整体布局规划方向进行专利重点布局。

（3）风沙输移规律、电站选址规划、电站效益及对生态环境的影响相关的专利均不足20组，属于专利空白领域，未来可以对这四个方向加速布局，抢占空白点。在风沙输移规律方向可以具体布局风洞试验、风沙模拟及监测相关理论模型和实验装置器械；电站选址规划方向可以布局荒漠地区电站整体及阵列设计布局、电站设计参数化方法及软件系统、电站运行状态仿真计算模拟等；电站效益方向重点突出效益评估理论方法以及提升电站效益的方法（板间板下种植、养殖种类规划配置等）；对生态环境的影响方向可以从对荒漠光伏电站土壤、动植物群落、局地微气候等的监测装置设备、计算模拟、理论模型以及应对影响的方法技术等布局。

6.2.2 高寒地区光伏电站专利布局建议

目前专利的具体布局类别又可以包括器件性能与设计、防地震雷击、防冻胀冻融、电站选址规划、电站效益以及对生态环境的影响。

（1）器件性能与设计和防地震雷击的专利在该领域专利较多，占比分别为52.53%和47.50%，属于热门布局领域。目前，在器件性能设计方向的专利主要为防覆冰覆雪，通过加热方式和安装结构方式或者是两种方式结合的方法进行改善。但是针对高寒地区的低温、温差大、紫外线强等区域特点适用的耐高低温、耐老化、耐紫外辐射、防冻等性能的光伏器件的专利布局还相对较少，不足200组，且主要与耐候光伏电缆相关。未来的专利申请在这一领域建议重点布局高寒地区耐候性太阳能组件相关材料，如耐候性涂层、耐高低温中空玻璃、黑色背板材料等，以及耐候耐高低温和紫外辐射电缆、耐候性材料光伏支架及保护涂料或涂层等；此外，还可以从选择合适的器件构建适用于高寒地区光伏发电系统的更加宏观的方向进行专利布局。目前防地震雷击的相关专利相对较多，尤其是雷击防护措施，在高寒地区高原山地区域建设的光伏电站需考虑偶发性地震或雷击的影响，除在选址之前进行气象、地形因素的考察尽量减少发生概率外，电站设计过程中也需做好应对措施，确保万无一失。未来的专利申请在防雷击方向可继续从电池组件、支架、逆变器、光伏阵列、光伏电站等方面做好布局，将其他领域防雷击技术方法包括汇流箱、雷剑检测装置、防雷击保护器、避雷针等与光伏发电系统结合；抗震性相关的专利可继续布局抗震支架、抗震性电池组件安装结构、抗震装置以及引入地震预测控制系统、灾害预警系统等。

（2）防冻胀冻融是高寒地区建立光伏电站所面临的重要挑战，但是目前相关专利申请起步晚、数量少，属于重点布局领域和空白领域。因而，未来的专利布局建议：一是需从桩基础结构和施工工艺、支架结构、桩基础导热或加热装置等多方向加速展开申请，及时占领先机，布局空白点；二是将冻土工程领域防冻胀冻融重要技术结合光伏电站设计规划重点布局。

（3）高寒地区光伏电站选址规划、电站效益领域相关专利分别仅有 2 组和 1组，对生态环境的影响专利目前还未有申请，均属于该领域的空白布局点。未来可针对高寒地区电站整体及阵列设计、效益评估理论方法以及提升电站效益的方法、电站设计参数化方法及软件系统、电站运行状态仿真计算模拟等进行专利布局。对生态环境的影响方向可以从对高寒地区光伏电站周围土壤、动植物群落、局地微气候等的监测装置设备、计算模拟、理论模型以及应对影响的方法技术等方面进行布局。

6.2.3 光伏电站水资源循环再利用技术专利布局建议

光伏电站水资源循环再利用技术专利布局的类别可以分为集水、光伏水泵、水处理，目前专利数量 2244 组，主要为近年申请的专利。

（1）集水方向的专利是最多的，有 1355 组专利，占据该方向专利的60.38%，属于该领域的热门方向。同时，集水作为干旱缺水地区水源的重要来源方法，也是该领域的重点关注领域。目前的专利布局主要包括设置在光伏组件不同位置的集水装置，以及结合净化装置与循环装置的专利。未来在该方向的布局建议，一方面是加重布局与水净化及水循环装置相结合的集水体系，实现水收集、净化、循环使用一体化；另一方面是重点布局与清洁装置或清洁方法相结合的集水技术，解决大规模电站清洗用水可循环利用问题。

（2）利用太阳能作为水处理电源的相关专利有 547 组，占据该方向专利的24.38%，目前的专利申请侧重于提高发电效率及污水处理效果，具体布局方向包括改变光伏面板的材质、排列方式、架设方式或者配置集水、光催化、生物净水装置等。未来的布局建议包括与光伏电站结合在一起的水处理体系的"光伏水务"的设计及规划。

（3）光伏水泵相关的专利相对较少，不足 200 组，主要是对光伏水泵的设计及性能提升。未来的专利申请建议布局提升光伏水泵的简单化、高效化、低成本化、智能化等方向，加大光伏水泵智能控制系统的研发，以及应用光伏水泵的灌溉或用水体系的规划设计及完善。

6.2.4　光伏电站积尘清洁技术专利布局建议

整体来看，光伏电站积尘清洁技术发展成熟，专利数量过万条，尤其是近年来更是飞速发展。根据专利布局的类别可以分为自清洁装置、喷淋技术、涂层，以及激光、静电、声波除尘技术。

（1）在该方向上，自清洁装置方向的专利最多，有 9597 组，占该方向专利的 87.88%，属于积尘清洁技术的热门发展方向，同时作为更为智能化、高效化的一种方法，也属于领域发展的重点方向。目前专利布局的方向包括对清洁装置的移动方向及速度的控制，对清洁装置停机的把控措施，对监控系统的配置，对多阵列或者不同角度阵列清洗的应对措施以及节水环保清洗装置。未来的专利布局建议进一步在多阵列大幅面或不同角度清洗方向的清洁机器人展开布局，适应大规模的荒漠地区特殊生态环境和特殊地形的光伏电站的高效智能清洗；同时重点布局与集水、水处理技术相结合的清洁方法或者无水清洁装置，适应荒漠等缺水地区的大规模光伏电站清洁应用。

（2）喷淋技术的相关专利占该方向专利的 9.04%，目前的布局主要针对喷淋水流速度和喷头的调控、配置控制系统、与其他清洗装置结合，以及集水水循环等。喷淋技术对水的需求量较大，在荒漠地区的大规模光伏电站应用成本较高。未来的布局可重点围绕与节水、集水、水处理等结合的方向，实现水循环利用，降低成本。

（3）自清洁涂层和激光、静电、声波除尘技术相关的专利目前相对较少，占该方向专利的比例均不足 5%，目前因为成本或者操作难度的问题在实际应用中也仅实现小规模的应用或还处于实验室研发阶段。未来的专利布局中可以将这些较为新型的方法或技术与应用较成熟广泛的喷淋或自清洁装置结合起来，进一步提升清洁功效。

后 记

我国高寒荒漠地区的光照条件非常优越，太阳能辐射量是全国最高的区域之一，可以充分利用丰富的太阳能资源，为电网提供稳定的清洁能源。同时，国家高度重视可再生能源的发展，出台了一系列支持政策，为高寒荒漠地区的能源产业发展提供了宝贵的政策红利。

在国家重点研发计划课题"青藏高原大规模太阳能风能发电系统与生态环境协同设计技术"（2022YFB4202102）以及项目承担单位中国电建集团西北勘测设计研究院有限公司提供技术支持下，我们完成了《高寒荒漠地区太阳能电站与生态环境协同发展技术及专利分析》一书。本书不仅为太阳能领域的学术研究提供了系统的理论框架和技术支持，还为相关产业的发展提供了重要的参考依据，对推动太阳能技术的进步和应用具有重要的学术价值和实践意义。

在本书的调研过程中，我们得到了中国科学院西北生态环境资源研究院多个部门的大力支持与鼎力协助。其中，沙漠与沙漠化研究室、文献情报中心不仅提供了翔实可靠的基础资料，为研究奠定了坚实的数据基础；干旱区生态安全与可持续发展全国重点实验室还为我们营造了宽松且便利的研究环境，有力保障了各项研究工作的顺利推进。此外，刘蔚老师、白光祖老师、常宗强老师、陈松丛老师凭借深厚的学术造诣与丰富的实践经验，为相关研究或工作提供了专业指导；张圆、何晨晨、邢瑜、王伊蒙等同学不仅慷慨提供了部分珍贵照片，丰富了研究素材，还提出了诸多极具建设性的宝贵意见，为本书的完善贡献了重要力量。在此，我们向所有给予支持与帮助的单位和个人致以最诚挚的感谢！